▶▶ 观看二维码教学视频的操作方法

本套丛书提供书中实例操作的二维码教学视频，读者可以使用手机微信中的"扫一扫"功能，扫描本书前言中的"扫一扫，看视频"二维码图标，即可打开本书对应的同步教学视频界面。

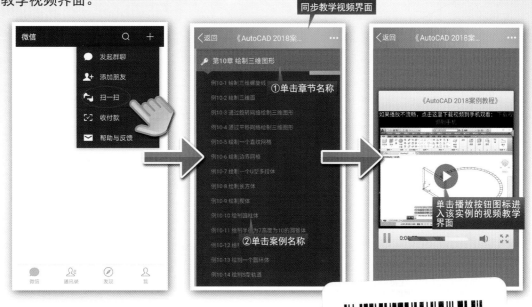

▶▶ 推送配套资源到邮箱的操作方法

本套丛书提供扫码推送配套资源到邮箱的功能，读者可以使用手机微信中的"扫一扫"功能，扫描本书前言中的"扫码推送配套资源到邮箱"二维码图标，即可快速下载图书配套的相关资源文件。

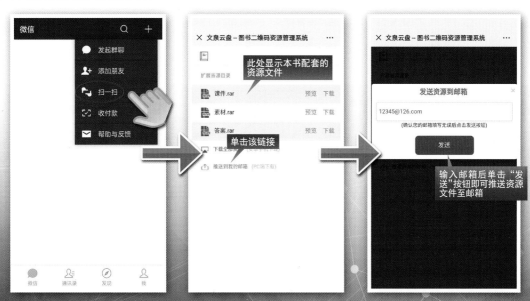

[配套资源使用说明]

▶▶ 电脑端资源使用方法

　　本套丛书配套的素材文件、电子课件、扩展教学视频以及云视频教学平台等资源，可通过在电脑端的浏览器中下载后使用。读者可以登录本丛书的信息支持网站（http://www.tupwk.com.cn/teaching）下载图书对应的相关资源。

　　读者下载配套资源压缩包后，可在电脑中对该文件解压缩，然后双击名为 Play 的可执行文件进行播放。

▶▶ 扩展教学视频&素材文件

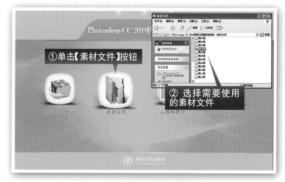

▶▶ 云视频教学平台

▶公司年度总结报告

▶公司宣传PPT

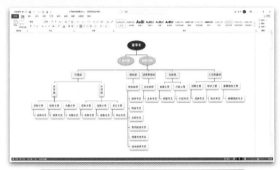

▶公司组织结构图

▶劳动合同书

▶入职登记表

▶员工手册

▶审阅档案管理制度

▶数据透视图

▶ 直方图分析

▶ 散文集

▶ 公司内刊

▶ 商务计划书PPT

▶ 教学课件PPT

▶ 商场购物指南PPT

▶ 产品推广PPT

▶ 公司产品简介PPT

计算机应用案例教程系列

Office 2021
办公应用案例教程

石育澄　编著

清華大學出版社
北京

内 容 简 介

本书以通俗易懂的语言、翔实生动的案例全面介绍了使用 Office 2021 进行办公的操作方法和使用技巧。全书共分 12 章,内容涵盖了 Office 办公基础知识、Word 基础办公应用、Word 图文混排、Word 版面设计、Excel 基础办公应用、公式与函数应用、管理和分析表格数据、PowerPoint 基础办公应用、幻灯片版式和动画设计、放映与发布演示文稿、Office 移动和共享办公、综合办公应用案例等。

与书中同步的案例操作教学视频可供读者随时扫码观看。本书还提供与内容相关的扩展教学视频和云视频教学平台等资源的 PC 端下载地址,方便读者扩展学习。本书具有很强的实用性和可操作性,是一本适合高等院校及各类社会培训机构的优秀教材,也是广大初、中级计算机用户的首选参考书。

本书对应的电子课件、实例源文件和配套资源可以到 http://www.tupwk.com.cn/teaching 网站下载,也可以扫描前言中的二维码推送配套资源到邮箱。扫描前言中的视频二维码可以直接观看教学视频。

图书在版编目 (CIP) 数据

Office 2021 办公应用案例教程 / 石育澄编著. —北京:清华大学出版社,2024.6

计算机应用案例教程系列

ISBN 978-7-302-66417-8

I. ①O… II. ①石… III. ①办公自动化—应用软件—高等学校—教材 IV. ①TP317.1

中国国家版本馆 CIP 数据核字(2024)第 111505 号

责任编辑:胡辰浩
封面设计:高娟妮
版式设计:妙思品位
责任校对:孔祥亮
责任印制:杨 艳

出版发行:清华大学出版社
　　　网　　　址:https://www.tup.com.cn,https://www.wqxuetang.com
　　　地　　　址:北京清华大学学研大厦 A 座　　　邮　　　编:100084
　　　社 总 机:010-83470000　　　邮　　　购:010-62786544
　　　投稿与读者服务:010-62776969,c-service@tup.tsinghua.edu.cn
　　　质 量 反 馈:010-62772015,zhiliang@tup.tsinghua.edu.cn
印 装 者:天津鑫丰华印务有限公司
经　　　销:全国新华书店
开　　本:185mm×260mm　　　印　　张:18.75　　　插页:2　　　字　　数:480 千字
版　　次:2024 年 8 月第 1 版　　　印　　次:2024 年 8 月第 1 次印刷
定　　价:69.00 元

产品编号:093088-01

前言

熟练使用计算机已经成为当今社会不同年龄段的人群必须掌握的一种技能。为了使读者在短时间内轻松掌握计算机各方面应用的基本知识，并快速解决生活和工作中遇到的各种问题，清华大学出版社组织了一批教学精英和业内专家特别为计算机学习用户量身定制了这套"计算机应用案例教程系列"丛书。

二维码教学视频和配套资源

➤ 选题新颖，结构合理，内容精练实用，为计算机教学量身打造

本套丛书注重理论知识与实践操作的紧密结合，同时贯彻"理论+实例+实战"三阶段教学模式，在内容选择、结构安排上更加符合读者的认知规律，从而达到老师易教、学生易学的效果。丛书采用双栏紧排的格式，合理安排图与文字的占用空间，在有限的篇幅内为读者提供更多的计算机知识和实战案例。丛书完全以高等院校及各类社会培训机构的教学需要为出发点，紧密结合学科的教学特点，由浅入深地安排章节内容，循序渐进地完成各种复杂知识的讲解，使学生能够一学就会、即学即用。

➤ 教学视频，一扫就看，配套资源丰富，全方位扩展知识能力

本套丛书提供书中案例操作的二维码教学视频，读者使用手机扫描下方的二维码，即可观看本书对应的同步教学视频。此外，本书配套的素材文件、与本书内容相关的扩展教学视频以及云视频教学平台等资源，可通过在 PC 端的浏览器中下载后使用。用户也可以扫描下方的二维码推送配套资源到邮箱。

(1) 本书配套资源和扩展教学视频文件的下载地址如下。

    http://www.tupwk.com.cn/teaching

(2) 本书同步教学视频和配套资源的二维码如下。

扫一扫，看视频   扫码推送配套资源到邮箱

➤ 在线服务，疑难解答，贴心周到，方便老师定制教学课件

便捷的教材专用通道(QQ：22800898)为老师量身定制实用的教学课件。老师也可以登录本丛书的信息支持网站(http://www.tupwk.com.cn/teaching)下载图书对应的电子课件。

本书内容介绍

《Office 2021办公应用案例教程》是这套丛书中的一本,该书从读者的学习兴趣和实际需求出发,合理安排知识结构,由浅入深、循序渐进,通过图文并茂的方式讲解使用Office 2021进行办公的操作方法。全书共分12章,主要内容如下。

第1章介绍Office 2021办公基础知识,包括Office的安装、工作界面、自定义工作环境,以及与ChatGPT结合使用等内容。

第2~4章介绍Word基础办公应用、图文混排及版面设计等内容。

第5~7章介绍Excel基础办公应用、公式与函数应用,以及管理和分析表格数据等内容。

第8~10章介绍PowerPoint基础办公应用、幻灯片版式和动画设计,以及放映与发布演示文稿等内容。

第11章介绍Office移动和共享办公,包括Outlook邮件管理、三组件协同办公及使用手机办公等内容。

第12章通过3个综合案例讲解Office 2021在办公应用中的方法和技巧。

读者定位和售后服务

本套丛书为所有从事计算机教学的老师和自学人员而编写,是一套适合高等院校及各类社会培训机构的优秀教材,也可作为初、中级计算机用户的首选参考书。

如果您在阅读图书或使用计算机的过程中有疑惑或需要帮助,可以登录本丛书的信息支持网站(http://www.tupwk.com.cn/teaching)联系我们,本丛书的作者或技术人员会提供相应的技术支持。

由于作者水平有限,本书难免有不足之处,欢迎广大读者批评指正。我们的邮箱是992116@qq.com,电话是010-62796045。

"计算机应用案例教程系列"丛书编委会

2024年3月

目录

第1章

Office 办公基础知识

　　Office 2021 是 Microsoft 公司推出的最新的办公软件，由许多实用组件程序所组成，包含 Word 文字处理、Excel 电子表格和 PowerPoint 幻灯片制作等办公应用工具。本章将简单介绍 Office 2021 的办公应用和基础知识。

本章对应视频

1.1 Office 2021 简介

　　Office 2021 包括 Word 2021、Excel 2021、PowerPoint 2021 等多种组件。Word、Excel、和 PowerPoint 这三个软件是日常办公中最常用的三大组件,简称为办公三剑客,它们分别应用于文字处理领域、表格数据处理领域和幻灯片演示领域。

1.1.1 初识 Office 2021

　　微软最新的 Office 版本为 Office 2021。Office 2021 当前可选版本为 Office 家庭和学生版 2021、Office 小型企业版 2021 及 Office 专业版 2021。

　　▶ Office 家庭和学生版 2021:家庭和学生版从功能上来看,仅包含了 Word、Excel 和 PowerPoint 这三个基础功能组件。若平时仅使用这三个功能组件,推荐入手这个版本,价格也是三者中最便宜的。

　　▶ Office 小型企业版 2021:小型企业版从功能上来看,在家庭和学生版的基础上多了 Outlook 邮箱功能,如果公司需要使用邮箱功能,推荐入手该版本。

　　▶ Office 专业版 2021:专业版从功能上来看,在小型企业版的基础上多了 Publisher 桌面出版、Access 数据库的功能,价格也是三者中最贵的。

　　用户可以根据自身需求和价格因素,选择适合自己的版本。

　　Office 2021 系统要求:处理器需 1.1GHz 或更快,双核;操作系统为 Windows 10 或 Windows 11;内存需 4 GB 以上;磁盘空间需 4 GB 以上;显示器需 1280×768 屏幕分辨率以上;显卡图形硬件加速需要 DirectX 9 或更高版本。

1.1.2 Office 2021 办公应用

　　Office 2021 中的 Word、Excel 和 PowerPoint 这三个软件是日常办公最常用的办公组件,分别对应文字、表格和幻灯片办公应用。

1. Word 2021 功能应用

　　Word 2021 与以往的版本相比,在功能和性能上有了更多的改进。使用 Word 2021 来处理文件,能大大提高企业办公自动化的效率。

　　Word 2021 主要有以下几种用于办公的功能。

　　▶ 文字处理:Word 2021 是一个功能强大的文字处理软件,利用它可以输入文字,并可为文字设置不同的字体样式和大小。

　　▶ 表格制作:Word 2021 不仅能处理文字,还能制作各种表格,使文字内容更加清晰,如图 1-1 所示。

图 1-1

　　▶ 文档组织:在 Word 2021 中可以建立任意长度的文档,还能对长文档进行各种编辑管理。

　　▶ 图形图像处理:在 Word 2021 中可以插入图形图像,如文本框、艺术字和图表等,制作出图文并茂的文档,如图 1-2 所示。

图 1-2

▶ 页面设置及打印：在 Word 2021 中可以设置出各种各样的版式，以满足不同用户的需求。使用打印功能可轻松地将电子文本打印到纸上，打印界面如图 1-3 所示。

图 1-3

2. Excel 2021 功能应用

Excel 是一款非常优秀的电子表格制作软件，不仅广泛应用于财务部门，很多其他用户也使用 Excel 来处理和分析其业务信息。Excel 2021 主要负责数据计算工作，具有数据录入与编辑、表格美化、数据计算、数据分析与数据管理等功能。

Excel 2021 主要有以下几种用于办公的功能。

▶ 创建统计表格：Excel 2021 的制表功能可以把用户所用到的数据输入 Excel 中以形成表格。

▶ 进行数据计算：在 Excel 2021 的工作表中输入完数据后，可以对用户所输入的数据进行计算，如进行求和、求平均值、求最大值及最小值等。此外，Excel 2021 还提

供强大的公式运算与函数处理功能，可以对数据进行更复杂的计算工作，如图 1-4 所示。

$=D3*IF(D3>15000,15\%,IF(D3>5000,10\%,IF(D3>2000,8\%,2\%)))$				
B	C	D	E	F
姓名	性别	业绩	提成金额	
王启元	男	7889	788.9	
马文哲	女	6399	639.9	
刘小辉	男	8761	876.1	
董建涛	女	19890	2983.5	
许知远	男	23197	3479.55	
徐克义	女	7682	768.2	
张芳宁	女	1319	26.38	
王志达	男	6789	678.9	
邹一超	男	17682	2652.3	
陈明明	女	8762	876.2	
徐凯杰	男	17682	2652.3	

图 1-4

▶ 进行数据分析：Excel 2021 提供了多种数据分析功能，使用排序、筛选和分类汇总等功能，可以对表格中的数据做进一步的归类与组织，如图 1-5 所示。

	A	B	C	D		E	F	G
1	地区	一月	二月	三月		地区		
2	北京市	118.59	129.1	140.2		安徽省		
3	天津市	101.49	140.2	130.2				
5	山西省	349.55	301.3	402.3		北京市		
6	内蒙古自治区	3848.6	3900.1	4200.2		福建省		
7	辽宁省	1055.17	880.2	1021.3		河北省		
8	吉林省	2208.17	200.32	878.3		河南省		
10	上海市	116.9	110.2	102.3				
11	江苏省	357.56	322	492.3		黑龙江省		
12	浙江省	1697.2	1678.32	1578.31		吉林省		
13	安徽省	974.52	1032.3	898.3		江苏省		
14	福建省	3062.75	3182.32	2897.32				
15	江西省	3155.33	2933.32	2873.98				
16	山东省	300.45	200.3	298.3				

图 1-5

▶ 建立多样化的统计图表：在 Excel 2021 中，可以根据输入的数据来建立统计图表，以便更加直观地显示数据之间的关系，让用户可以比较数据之间的变动和趋势等，如图 1-6 所示。

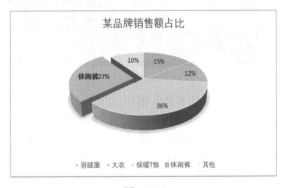

图 1-6

3. PowerPoint 2021 功能应用

PowerPoint 是一款演示文稿软件，使用它可以制作出丰富多彩的幻灯片，并使其带有各种特效，使所有信息可以更漂亮地显现出来，吸引观众的眼球。

PowerPoint 2021 主要有以下几种用于办公的功能。

▶ 多媒体商业演示：PowerPoint 可以为各种商业活动提供一个内容丰富的多媒体产品或服务演示的平台，帮助销售人员向最终用户演示产品或服务的优越性。图 1-7 所示为商业演示幻灯片。

图 1-7

▶ 多媒体交流演示：PowerPoint 演示文稿是宣讲者的演讲辅助手段，以交流为用途，被广泛用于培训、研讨会、产品发布等领域。图 1-8 所示为演讲型幻灯片。

图 1-8

▶ 多媒体娱乐演示：因为 PowerPoint 支持文本、图像、动画、音频和视频等多种媒体内容的集成，所以，很多用户都使用 PowerPoint 来制作各种娱乐性质的演示文稿，例如手工剪纸图案集、相册等，通过 PowerPoint 的丰富表现功能来展示多媒体娱乐内容。图 1-9 所示为相册幻灯片。

图 1-9

1.1.3　Office 2021 新增功能

随着版本的更迭，Office 2021 中的 Word、Excel、PowerPoint 等各组件也新增了一些特色功能。

▶ 新的色彩主题：Office 2021 增加了新的色彩主题，深色模式提供深色画布，但文件色彩仍会是亮白色。此功能在编辑 Word 等文档时效果更好，在【选项】对话框中可以设置色彩主题，如图 1-10 所示。

图 1-10

▶ 改进的搜索功能：在 Office 2021 中，可以更容易查找信息。单击【Microsoft 搜索】文本框，或按 Alt+Q 快捷键，然后在输入任何内容之前，搜索功能会重新调用最近使用的命令，并根据用户要执行的操作来给出建议的操作，如图 1-11 所示。

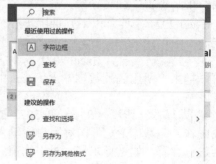

图 1-11

多人共同创作：用户和同事开启此功能即可共同处理同一份文件。当用户和同事共同创作时，可以在几秒钟内快速看到彼此的变更，并在每次打开文档时快速了解更改的内容。单击功能区左上角的【分享】按钮，即可在下方弹出【共享】面板。若使用的是旧版 Office 组件，或者用户不是订阅者，仍然可以在其他人使用文件的同时编辑文件，但无法进行即时共同处理。

内置图像搜索：在网络上搜索出图片然后插入 PowerPoint 演示文稿中并不轻松。微软也考虑到了用户这方面的需求，用户只需在 Office 2021 中使用必应就能搜索并找到合适的图片，然后将其插入任何 Office 文档中。此外，Office 还持续新增丰富的媒体内容至 Office 内容库，包括库存影像、图示、图标等收藏媒体库。

新增 Excel 函数：函数功能是 Excel 功能的重要组成部分，为了方便用户进行数据统计、计算，Office 2021 增加了许多函数。例如，查找函数 XLOOKUP、XMATCH，向计算结果分配名称的函数 LET，动态数组中还编写了6个新函数来加速计算和处理数据，包括 FILTER、SORT、SORTBY、UNIQUE、SEQUENCE 和 RANDARRAY。

云服务器增强：使用 Office 2021，几乎可以在任何位置、用任何设备访问与共享文档，Outlook 支持 OneDrive 附件和自动权限设置。在线发布文档后，通过计算机或基于 Windows Mobile 的智能手机可以在任何位置访问、查看和编辑这些文档。

1.2　Office 2021 的安装和卸载

要运行 Office 2021，首先要将其安装到计算机。安装完毕后，就可使用它完成相应的任务了。学会安装后还需要学习如何卸载 Office 2021。

1.2.1　使用 Office 部署工具安装

用户可在 Microsoft 公司官方网站下载 Office 部署工具，进行安装 Office 2021 的操作。

【例 1-1】在计算机中安装 Office 2021。🔘视频

step 1 通过 Microsoft 公司官方网站免费下载最新版的"Office 部署工具"(简称 ODT)，如图 1-12 所示。

图 1-12

step 2 运行下载的"Office 部署工具"文件，根据提示完成工具的安装，如图 1-13 所示。

图 1-13

step 3 访问 Microsoft 公司官方提供的"Microsoft 应用版管理中心"官方网页：https://config.office.com/，以选择的方式创建一个configuration.xml 文件(安装配置文件)，单击【导出】按钮，将创建的文件导出至本地计算机硬盘中，如图 1-14 所示。

图 1-14

step 4 在打开的对话框中选中【保留当前配置】单选按钮后,单击【确定】按钮。

step 5 打开【将配置导出到 XML】对话框后,选中【我接受许可协议中的条款】复选框,并在【文件名】文本框中输入"configuration",然后单击【导出】按钮,如图 1-15 所示。

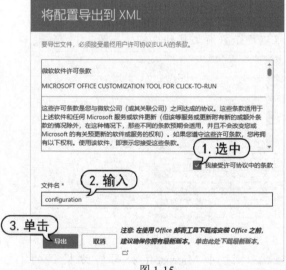

图 1-15

step 6 将导出的 configuration.xml 文件复制到步骤 2 安装的"Office 部署工具"的安装文件夹中,在文件夹的地址栏输入 cmd 后按 Enter 键,打开命令提示行窗口,然后输入命令:"setup /configure configuration.xml",如图 1-16 所示,并按 Enter 键。

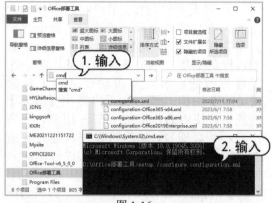

图 1-16

step 7 此时,系统将打开如图 1-17 所示的安装界面,自动在计算机中安装 Office 2021。

图 1-17

1.2.2 卸载 Office 2021

安装完 Office 2021 后,如果程序出错,可以进行修复,或者将其卸载后重新安装。

step 1 按 Windows+R 快捷键打开"运行"命令框,输入"Control",然后按 Enter 键,如图 1-18 所示。

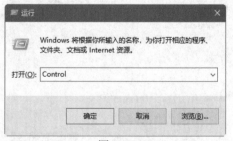

图 1-18

step 2 打开【控制面板】窗口,单击【卸载程序】链接,如图 1-19 所示。

图 1-19

图 1-20

图 1-21

step 3 打开【程序和功能】窗口，找到 Office 2021 程序，右击会弹出两个选项，分别是【卸载】和【更改】选项，此时选择【卸载】选项，如图 1-20 所示。

step 4 弹出 Microsoft 对话框，单击【卸载】按钮，即可开始卸载 Office 2021，如图 1-21 所示。

1.3　Office 2021 的工作界面

　　Office 2021 的工作界面在 Office 2019 版本的基础上，又进行了一些优化。它将所有的操作命令都集成到功能区中不同的选项卡下，用户在功能区中即可方便地使用各组件的各种功能。

1.3.1　Word 2021 工作界面

　　启动 Word 2021 后，桌面上就会出现 Word 2021 的工作界面。该界面主要由标题栏、快速访问工具栏、功能区、文档编辑区和状态栏等组成，如图 1-22 所示。

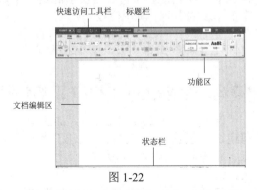

图 1-22

　　▶ 标题栏：标题栏位于窗口的顶端，用于显示当前正在运行的程序名及文件名等信息。标题栏最右端有 3 个按钮，分别为最小化按钮、最大化(还原)按钮和关闭按钮，

此外还有一个【功能区显示选项】按钮，单击该按钮可以选择显示或隐藏功能区。

　　▶ 快速访问工具栏：用户可以单击自定义快速访问工具栏按钮，在弹出的下拉菜单中单击未打钩的选项，为其在快速访问工具栏中创建一个图标按钮。在默认状态下，快速访问工具栏中包含 3 个快捷按钮，分别为【保存】按钮、【撤销】按钮和【恢复】按钮，如图 1-23 所示。

图 1-23

　　▶ 功能区：在 Word 2021 中，功能区是完成文本格式操作的主要区域。在默认状态下，功能区主要包含【文件】【开始】【插入】【设计】【布局】【引用】【邮件】【审阅】【视图】【帮助】10 个基本选项卡中的工具按钮。

　　▶ 文档编辑区：文档编辑区是用户输入和编排文档内容的区域。打开 Word 时，编辑区是空白的，只有一个闪烁的光标(即插入点),用于定位即将要输入文字的位置。当文档编辑区中不能显示文档的所有内容时,在其右侧或底部自动出现滚动条,通过拖动滚动条可显示其他内容。在【视图】选项卡的【显示】组中选中【标尺】复选框,可以在文档编辑区中显示标尺和制表符。标尺常用于对齐文档中的文本、图形、表格或者其他元素。制表符用于选择不同的制表位,如左对齐式制表位、首行缩进、左缩进和右缩进等。

> 状态栏:状态栏位于 Word 窗口的底部,显示当前文档的信息,如当前显示的文档是第几页、第几节和当前文档的字数等。在状态栏中还可以显示一些特定命令的工作状态。状态栏中有视图按钮,用于切换文档的视图方式。另外,通过拖动右侧的【显示比例】中的滑块,可以直观地改变文档编辑区的大小。

1.3.2 Excel 2021 工作界面

启动 Excel 2021 后,就可以看到 Excel 2021 主界面,如图 1-24 所示。

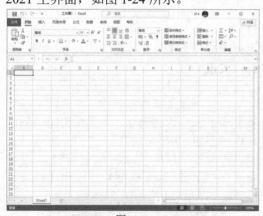

图 1-24

Excel 2021 的工作界面和 Word 2021 类似,其中相似的元素在此不再重复介绍了,仅介绍一下 Excel 特有的编辑栏、工作表编辑区、行号、列标和工作表标签等元素。

> 编辑栏:在编辑栏中主要显示的是当前单元格中的数据,可在编辑框中对数据直接进行编辑。其中的单元格名称框显示当前单元格的名称;在默认状态下只有插入函数按钮 f_x,当在单元格中输入数据时会自动出现另外两个按钮 ✕ 和 ✓,如图

1-25 所示,单击 f_x 按钮可以打开【插入函数】对话框,可以在该对话框中选择需在当前单元格中插入的函数;编辑框用来显示或编辑当前单元格中的内容,有公式和函数时则显示公式和函数。

图 1-25

> 工作表编辑区:相当于 Word 的文档编辑区,是 Excel 的工作平台和编辑表格的重要区域,其位于操作界面的中间位置。

> 行号和列标:行号和列标是确定单元格位置的重要依据,也是显示工作状态的一种导航工具。其中,行号由阿拉伯数字组成,列标由大写的英文字母组成。单元格的命名规则是:列标+行号。例如第 C 列的第 3 行称为 C3 单元格,如图 1-26 所示。

图 1-26

> 工作表标签:在一个工作簿中可以有多个工作表,工作表标签表示的是每个对应工作表的名称,如图 1-27 所示。

图 1-27

1.3.3 PowerPoint 2021 工作界面

PowerPoint 2021 的工作界面主要由标题栏、功能区、预览窗格、幻灯片编辑窗口、状态栏、快捷按钮和显示比例滑块等元素组成。

和其他组件相似的元素在此不再重复介绍了,仅介绍一下 PowerPoint 特有的预览窗格、快捷按钮和显示比例滑块等元素,如图 1-28 所示。

预览窗格

幻灯片编辑窗口

快捷按钮和显示比例滑块

图 1-28

▶ 预览窗格：该窗格显示了幻灯片的缩略图，单击某个缩略图可在主编辑窗口查看和编辑该幻灯片，如图 1-29 所示。

图 1-29

▶ 快捷按钮和显示比例滑块：该区域包括 6 个快捷按钮和一个【显示比例滑块】，其中 4 个视图按钮可快速切换视图模式；一个比例按钮可快速设置幻灯片的显示比例；最右边的一个按钮可使幻灯片以合适比例显示在主编辑窗口；另外通过拖动【显示比例滑块】，可以直观地改变文档编辑区的大小。

1.4　自定义工作环境

Office 2021 具有统一风格的界面，但为了方便用户操作，可以对软件的工作环境进行自定义设置，例如设置功能区和快速访问工具栏等，本节将以 Word 2021 为例介绍自定义设置的操作。

1.4.1　自定义功能区

Word 2021 的功能区将所有选项功能巧妙地集中在一起，以便于用户查找与使用。根据需要，用户可以在功能区中添加新选项卡和新组，并增加新组中的按钮。

【例 1-2】在 Word 2021 中添加新选项卡、新组和新按钮。 ●视频

step 1 启动 Word 2021，在功能区选择【文件】选项卡，在打开的界面中选择【选项】命令，如图 1-30 所示。

图 1-30

step 2 打开【Word 选项】对话框，选择【自定义功能区】选项卡，单击下方的【新建选项卡】按钮，如图 1-31 所示。

图 1-31

step ③ 此时,在【自定义功能区】选项组的【主选项卡】列表框中显示【新建选项卡(自定义)】和【新建组(自定义)】选项,选择【新建选项卡(自定义)】选项,单击【重命名】按钮,如图 1-32 所示。

step ④ 打开【重命名】对话框,在【显示名称】文本框中输入"自定义选项卡",单击【确定】按钮,如图 1-33 所示。

图 1-32

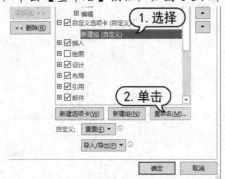

图 1-33

step ⑤ 在【自定义功能区】选项组的【主选项卡】列表框中选中【新建组(自定义)】选项,单击【重命名】按钮,如图 1-34 所示。

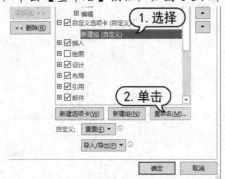

图 1-34

step ⑥ 打开【重命名】对话框,在【显示名称】文本框中输入"自定义新建组",然后单击【确定】按钮,如图 1-35 所示。

图 1-35

step ⑦ 返回【Word 选项】对话框,在【主选项卡】列表框中显示重命名后的选项卡和组,在【从下列位置选择命令】下拉列表框中选择【不在功能区中的命令】选项,如图 1-36 所示。

图 1-36

step ⑧ 在下方的列表框中选择【管理样式】选项,单击【添加】按钮,即可将其添加到新建的【自定义新建组】组中,然后单击【确定】按钮,完成自定义设置,如图 1-37 所示。

图 1-37

step 9　返回 Word 2021 工作界面，此时显示【自定义选项卡】选项卡，打开该选项卡，即可看到【自定义新建组】组中的【管理样式】按钮，如图 1-38 所示。

图 1-38

1.4.2　自定义快速访问工具栏

快速访问工具栏中包含一组独立于当前所显示选项卡的命令，是一个可自定义的工具栏。用户可以快速地自定义常用的命令按钮，单击【自定义快速访问工具栏】下拉按钮，从弹出的下拉菜单中选择一种命令，即可将该命令按钮添加到快速访问工具栏中。

【例 1-3】设置 Word 2021 快速访问工具栏。
📹 视频

step 1　启动 Word 2021，在快速访问工具栏中单击【自定义快速访问工具栏】下拉按钮，在弹出的菜单中选择【通过电子邮件发送】命令，如图 1-39 所示，将其添加到快速访问工具栏中。

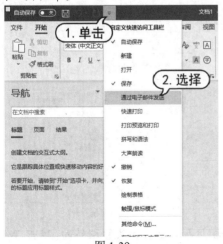

图 1-39

step 2　在快速访问工具栏中单击【自定义快速访问工具栏】下拉按钮，在弹出的菜单中选择【其他命令】命令，如图 1-40 所示。

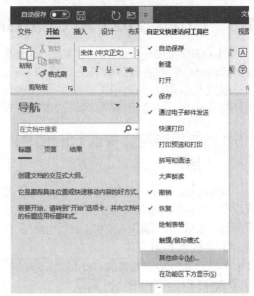

图 1-40

step 3　打开【Word 选项】对话框，打开【快速访问工具栏】选项卡，在【从下列位置选择命令】下拉列表中选择【常用命令】选项，并且在下面的列表框中选择【插入图片】选项，然后单击【添加】按钮，将其添加到【自定义快速访问工具栏】列表框中，然后单击【确定】按钮，如图 1-41 所示。

图 1-41

step 4　此时完成快速访问工具栏的设置，快速访问工具栏的效果如图 1-42 所示。

图 1-42

1.5 Office 2021和ChatGPT的结合

ChatGPT(Chat Generative Pre-trained Transformer)是由 OpenAI 开发的一种基于 Transformer 架构的自然语言生成模型,广泛应用于各种自然语言处理任务和应用场景,例如:生成与给定上下文相关的连贯和有逻辑性的文本;从背景知识中提取信息,分析并回答用户提出的问题;自动编写代码片段或完成给定的编程任务等。

1.5.1 使用浏览器安装 ChatGPT 插件

Windows 自带的 Microsoft Edge 浏览器可以免费获得 ChatGPT 插件,安装该插件后即可一边使用 Office 2021,一边运行 ChatGPT 提问和解答。

【例1-4】为 Windows 自带的 Microsoft Edge 浏览器安装 ChatGPT 插件。📹视频

step 1 打开 Microsoft Edge 浏览器后,单击浏览器界面右上角的【设置及其他】按钮…,在弹出的列表中选择【扩展】选项,如图1-43所示。

图 1-43

step 2 在打开的【扩展】界面中选择【管理扩展】选项,如图1-44所示。

图 1-44

step 3 打开扩展管理界面,单击【获取 Microsoft Edge 扩展】按钮,如图1-45所示。

图 1-45

step 4 在打开的界面中搜索 WeTab 插件并单击【获取】按钮,如图1-46所示。在打开的提示对话框中单击【安装】按钮,安装该插件。

图 1-46

step 5 再次进入扩展管理界面,单击 WeTab 插件右侧的 ⬤▭,使其状态变为 ▭⬤,启用该插件,如图1-47所示。

图 1-47

step 6　在 Microsoft Edge 的导航标签中单击【Chat AI】标签，如图 1-48 所示。

图 1-48

step 7　在打开的 Chat AI 登录界面中单击【登录/注册】按钮，如图 1-49 所示，在打开的界面中输入邮箱地址和登录密码，然后单击【登录】按钮，如图 1-50 所示，即可登录 Chat AI。

图 1-49

step 8　若用户是第一次使用 Chat AI，可以单击图 1-50 所示界面右下角的【马上注册】按钮，进入 WeTab 注册界面，使用电子邮箱注册 WeTab。

图 1-50

step 9　完成以上操作后，将打开 Chat AI 界面，在该界面底部的文本框中用户可以向人工智能提出问题，如图 1-51 所示。

图 1-51

1.5.2　ChatGPT 在 Office 中的应用

使用 ChatGPT 可以很方便地在 Office 2021 中解决各种问题，提高工作效率。

比如需要在 Word 中写一篇工作周记，用户可以先在 Chat AI 界面中输入写作要求，然后复制如图 1-52 所示的 ChatGPT 的答复到 Word 中，最后根据需求进行润色修改。

图 1-52

在 Excel 中，用户可以使用 ChatGPT 生成简单的公式，来解决表格中的数据计算问题。例如，图 1-53 所示表格是某公司销售情况统计表，需要根据 D 列和 E 列的数据在 F 列计算商品的"销售金额"。

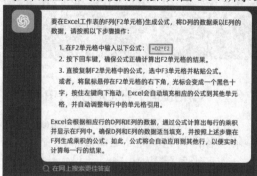

图 1-53

用户只需要向 ChatGPT 正确地提出问题，例如提问：要在 Excel 工作表的 F 列(F2 单元格)生成公式，将 D 列的数据乘以 E 列的数据。ChatGPT 就会根据问题自动生成公式，并给出公式的使用方法，如图 1-54 所示。

图 1-54

将 Excel 中的数据提供给 ChatGPT，还可以让人工智能对数据进行自动分析。例如，图 1-55 所示为某公司一季度销售数据报表中的一部分数据。

17	地区	销售数量	销售金额	实现利润
18	华东	59万件	300万	190万
19	华北	80万件	218万	97万
20	西北	70万件	215万	94万
21	西南	58万件	152万	97万

图 1-55

复制 Excel 中的以上数据，粘贴至 ChatGPT 中，要求人工智能分析这段数据。

ChatGPT 将会自动分析数据，并给出分析结果，如图 1-56 所示。

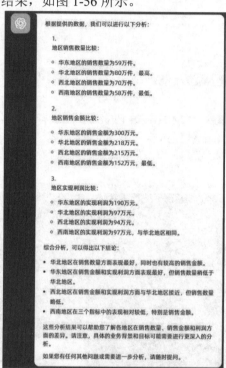

图 1-56

如果使用 PowerPoint 制作 PPT，可以在排版设计时运用 ChatGPT 给用户指明视觉化呈现的方向，这样 PPT 演示效果一定会提升很多，比如将 PPT 里的文字发给 ChatGPT，问它如何排版，如图 1-57 所示。

图 1-57

1.5.3　使用ChatGPT 应注意的问题

在将 Office 与 ChatGPT 结合使用时，用户应注意以下几个问题。

▶ ChatGPT 会根据其训练数据中的上下文生成回答，但有时可能会出现误解或混淆。在向其提问时，用户应确保问题或指令清晰明了，帮助 ChatGPT 更好地理解用户的意图。

▶ ChatGPT 是一个公共平台，无法保证用户个人重要信息或企业敏感数据的安全性。因此，在使用 ChatGPT 的过程中，应避免向其提供个人身份证号码、银行卡号或企业保密数据。

▶ ChatGPT 可能会生成错误或不适合问题的答案。如果用户遇到这种情况，可以尝试重新表达问题，添加更多的上下文或提供例子来使问题指令更加清晰、明确，帮助 ChatGPT 更准确地回答问题。

▶ ChatGPT 是一个通用的 AI 模型，它无法提供法律或专业职业咨询。对于超出 Office 软件范畴的一些特定领域的问题，ChatGPT 可能无法给出准确的答案。

▶ ChatGPT 有时可能会生成令人意外或不太合理的回答。因此，在结合 ChatGPT 处理 Office 中比较重要的问题时，最好通过交叉验证来查询问题结果是否正确。

1.6　Office 2021 和 Python 的交互

在 Python 中与 Word、Excel、PowerPoint 等进行交互，用户可以使用 Python 的强大功能来处理 Office 中需要重复执行的工作，实现 Office 自动化操作。

▶ 编辑 Word 文档。通过编写 Python 程序，可以编辑文档中的文本、样式、段落、表格、图片等各种元素，如图 1-58 所示。

图 1-58

▶ 批量处理 Word 文档。Python 提供了多个库来自动操作 Word 文档，如 Pandas、openpyxl 和 xlwings。通过编写 Python 程序，可以批量创建、打开、重命名、合并/拆分和删除 Word 文档等。

▶ 快速对比两个 Excel 文件的差异。通过编写 Python 程序，自动对比两个 Excel 文件中数据的差异，并标注有差异的数据，如图 1-59 所示。

	A	B	C	D
1	部门	姓名	性别	业绩
2	销售A	李亮辉	男	156
3	销售A	林雨馨	女	98
4	销售A	莫静静	女	112
5	销售A	刘乐乐	女	139
6	销售A	许朝霞	女	93
7	销售A	段程鹏	男	87
8	销售A	杜芳芳	女	91
9	销售A	杨晓亮	男	132
10	销售A	张珺涵	男	183

文件1

	A	B	C	D
1	部门	姓名	性别	业绩
2	销售A	李亮辉	男	156
3	销售A	林雨馨	女	98
4	销售A	莫静静	女	112
5	销售A	刘乐乐	女	217
6	销售A	许朝霞	女	93
7	销售A	段程鹏	男	87
8	销售A	杜芳芳	女	91
9	销售A	杨晓亮	男	309
10	销售A	张珺涵	男	183

文件2

图 1-59

▶ 读取多个Excel 文件并实现数据的汇总统计。Python 程序可以读取多个 Excel 文件，并自动汇总文件数据，例如读取记录不同产品销售情况的文件(多个文件)，并在一个 Excel 工作表中汇总每个产品的销售最大值、最小值、平均值及总和等。

▶ 安装 python-pptx,这是一个操作 PPT (.pptx)文件的 Python 库，可以创建新的演示文稿，也可以对现有的演示文稿进行修改。比如图 1-60 所示代码的功能为添加一个一英寸的圆角矩形的形状,形状的水平/垂直位置距幻灯片左上角 2 英寸,此时幻灯片中的效果如图 1-61 所示。

```
1  from pptx import Presentation
2  from pptx.enum.shapes import MSO_SHAPE
3  from pptx.util import Inches
4
5  prs = Presentation()
6  title_only_slide_layout = prs.slide_layouts[5] #仅标题版式
7  slide = prs.slides.add_slide(title_only_slide_layout)
8
9  shapes = slide.shapes
10 left = top = Inches(2.0) # 设置形状的位置
11 width = height = Inches(1.0) # 设置形状的大小
12 shape = shapes.add_shape(
13     MSO_SHAPE.ROUNDED_RECTANGLE, left, top, width, height
14 )
15
16 prs.save('实例.pptx')
```

图 1-60

图 1-61

1.7 案例演练

本章介绍了 Office 2021 办公应用的基础知识，以及 Office 与 ChatGPT 和 Python 的一些常见结合应用。下面的案例演练将帮助用户掌握 Word 2021 的基本设置，以及结合 ChatGPT 在 Python 中与 Excel 进行交互的方法。

1.7.1 Word 2021 的基本设置

【例 1-5】在 Word 2021 中进行页面、显示、校对、保存和输入法等基本设置。🎬视频

step 1 启动 Word 2021，新建一个空白页，选择【布局】选项卡，单击【纸张大小】下拉按钮，在弹出的下拉列表中选择【A4】选项，如图 1-62 所示。

图 1-62

step 2 单击【页边距】下拉按钮，在弹出的下拉列表中选择【自定义页边距】选项，如图 1-63 所示。

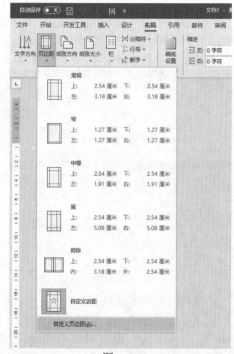

图 1-63

step 3 打开【页面设置】对话框，设置【上】和【下】微调框数值为【2.5 厘米】，【左】和【右】微调框数值为【3 厘米】，然后单击【确定】按钮，如图 1-64 所示。

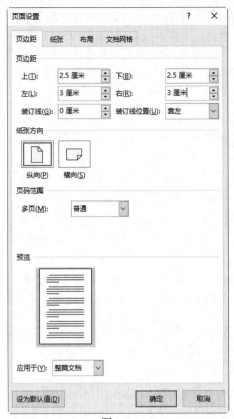

图 1-64

step 4 选择【视图】选项卡，在【显示】组中选中【标尺】复选框，如图 1-65 所示，或按 R 键激活此命令，即可在工作区的顶部和左侧显示标尺。

图 1-65

step 5 在【显示】组中选中【导航窗格】复选框，如图 1-66 所示。

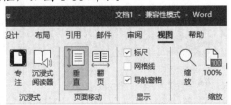

图 1-66

step 6 此时，即可在文档左侧显示【导航】窗格，如图 1-67 所示。

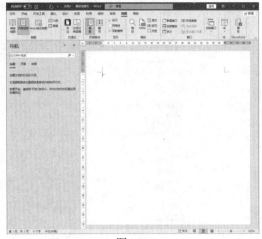

图 1-67

step 7 选择【文件】选项卡，在显示的界面中选择【选项】选项，在打开的【Word 选项】对话框中选择【显示】选项卡，用户可以在【始终在屏幕上显示这些格式标记】选项区域中设置显示辅助文档编辑的格式标记，如图 1-68 所示，这些标记不会在打印文档时被打印在纸上。

图 1-68

step 8 在【Word 选项】对话框中选择【校对】选项卡，在显示的选项区域中单击【自动更正选项】按钮，如图 1-69 所示。

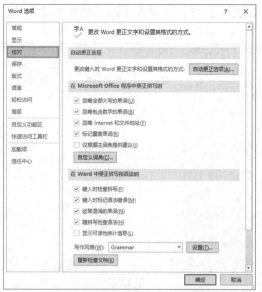

图 1-69

step 9 打开【自动更正】对话框，选择【键入时自动套用格式】选项卡，取消【自动编号列表】复选框的选中状态，如图 1-70 所示，然后单击【确定】按钮可以取消 Word 2021 默认自动启动的【自动编号列表】功能。在编辑 Word 文档时关闭该功能，有助于提高文档的输入效率。

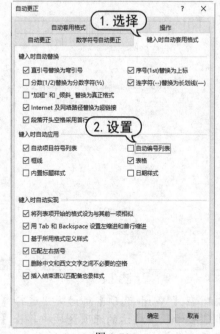

图 1-70

step 10 在【Word 选项】对话框中选择【保存】选项卡，在显示的选项区域中可以设置 Word 软件保存文档的格式、自动保存时间以及自动恢复文件的保存位置，如图 1-71 所示。

图 1-71

step 11 按 Win+I 快捷键，打开【设置】窗口，选择【时间和语言】|【语言】选项，单击【键盘】选项，如图 1-72 所示。

图 1-72

step 12 打开【键盘】窗口，单击【替代默认输入法】下拉按钮，从弹出的下拉列表中选择一种输入法，如图 1-73 所示。

图 1-73

1.7.2 使用 PyCharm 工具

【例1-6】安装 Python 与 PyCharm 工具，并使用 ChatGPT 编写一段程序，在指定文件夹中自动创建名为"财务部""销售部""物流部"的 Excel 文件，测试 Python 与 Excel 的交互效果。

▶ 视频

step 1 通过 Python 官方网站下载并安装 Python 解释器。打开 Edge 浏览器访问 Python 官方网站，选择下载 Windows 版的 Python 安装文件。

step 2 双击下载的 Python 安装文件，打开安装界面，选中 Add python. exe to PATH 复选框后，单击 Install Now 按钮，然后根据提示即可完成 Python 解释器的安装，如图1-74 所示。

图 1-74

step 3 下一步安装常用的 Python 工具，即 PyCharm。访问 PyCharm 官方网站，下载安装文件，然后运行该文件安装 PyCharm，如图1-75 所示。

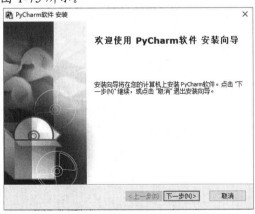

图 1-75

step 4 使用 PyCharm 编写一段简单的程序代码，测试 Excel 与 Python 的交互功能。在本地电脑硬盘创建一个用于存放代码的目录，例如 D: \Excel。

step 5 打开 D: \Excel 文件夹，在空白处右击鼠标，从弹出的菜单中选择【新建】|【文本文档】命令，创建一个名为"批量创建 Excel 文件.py"的文件，如图1-76 所示。

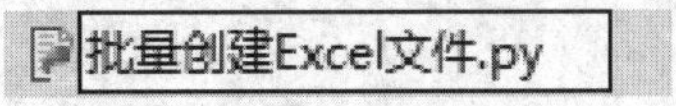

批量创建Excel文件.py

图 1-76

step 6 右击"批量创建 Excel 文件.py"的文件，从弹出的菜单中选择【打开方式】| PyCharm 命令，启动 PyCharm，编辑"批量创建 Excel 文件.py"文件。

step 7 打开 ChatGPT 后输入提问：编写一个 Python 程序，在"D: \Excel"中创建名为"财务部""销售部""物流部"的 Excel 文件。单击 ChatGPT 生成代码右上角的【复制】按钮复制代码，如图1-77 所示。

图 1-77

step 8 切换至 PyCharm，将复制的代码粘贴至处于编辑状态的"批量创建 Excel 文件.py"文件中，如图1-78 所示。

step 9 关闭 PyCharm 软件，在 D: \Excel 文件夹的地址栏中输入 cmd 并按回车键，打开命令行窗口，输入命令：python 批量创建 Excel 文件.py，如图1-79 所示。

图 1-78

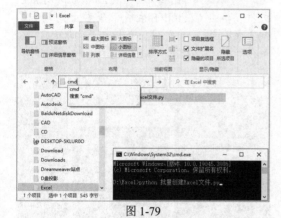

图 1-79

step⑩ 稍等片刻后，D：\Excel 文件夹中将自动创建"财务部.xlsx""销售部.xlsx""物流部.xlsx" 3 个 Excel 文件，如图 1-80 所示。

图 1-80

第 2 章

Word 基础办公应用

　　Word 2021 是 Office 2021 软件中的文字处理组件，是电脑办公自动化中最常用的文档制作软件之一。在 Word 中通过输入文本，并利用编辑功能对其进行调整和优化，让我们能够轻松地组织和格式化各类文档中的文本内容。本章将结合案例，主要介绍输入和编辑文本、文本与段落格式的设置、项目符号和编号的使用等内容。

本章对应视频

例 2-1　制作公司会议通知　　　　例 2-4　添加边框和底纹
例 2-2　设置文本段落格式　　　　例 2-5　添加水印
例 2-3　设置项目符号和编号　　　例 2-6　制作劳动合同书

2.1　输入和编辑文档内容

在 Word 2021 中创建文档后，需输入并编辑文本内容。在编辑文档的过程中，需要对文本进行选取、复制、移动、删除、查找和替换等操作。

2.1.1　新建和保存文档

Word 文档是文本、图片等对象的载体，要制作出一篇工整、漂亮的文档，首先必须创建一个新文档。

1. 新建文档

空白文档是指文档中没有任何内容的文档。选择【文件】选项卡，在打开的界面中选择【新建】选项，打开【新建】选项区域，然后在该选项区域中单击【空白文档】选项即可创建一个空白文档，如图 2-1 所示。

图 2-1

> **知识点滴**
>
> 模板是 Word 预先设置好内容格式的文档。Word 2021 为用户提供了多种具有统一规格、统一框架的文档模板，如传真、信函和简历等。在【新建】界面的搜索框中输入关键词，可以搜索模板进行下载。

2. 打开和关闭文档

打开文档是 Word 的一项基本操作，对于任何文档来说都需要先将其打开，然后才能对其进行编辑。编辑完成后，可将文档关闭。找到文档所在的位置后，双击 Word

文档，或者右击 Word 文档，从弹出的快捷菜单中选择【打开】命令，可直接打开该文档。

用户还可在一个已打开的文档中打开另外一个文档。单击【文件】按钮，选择【打开】命令，然后选择【浏览】选项，如图 2-2 所示。

图 2-2

打开【打开】对话框，选择需要打开的 Word 文档，单击【打开】按钮，即可将其打开，如图 2-3 所示。

图 2-3

当用户不需要再使用某文档时，应将其关闭。如果文档经过了修改，但没有保存，那么在进行关闭文档操作时，将会自动弹出信息提示框提示用户进行保存。常用的关闭文档的方法如下。

> ▶ 单击标题栏右侧的【关闭】按钮×。
> ▶ 按 Alt+F4 组合键。
> ▶ 单击【文件】按钮，从弹出的界面中选择【关闭】命令，关闭当前文档。
> ▶ 右击标题栏，从弹出的快捷菜单中选择【关闭】命令。

3. 保存文档

如果要对新建的文档进行保存，可单击【文件】按钮，在打开的界面中选择【保存】命令，或单击快速访问工具栏上的【保存】按钮🖫，打开【另存为】界面，选择【浏览】选项，如图 2-4 所示。

图 2-4

在打开的【另存为】对话框中设置文档的保存路径、名称及保存格式，然后单击【保存】按钮，如图 2-5 所示。

图 2-5

2.1.2　Word 视图模式

在对文档进行编辑时，由于编辑的着重点不同，可以选择不同的视图方式进行编辑，以便更好地完成工作。

Word 2021 为用户提供了 5 种文档显示的方式，即页面视图、阅读视图、Web 版式视图、大纲视图和草稿视图，如图 2-6 所示。

图 2-6

> ▶ 页面视图：页面视图是 Word 默认的视图模式，该视图中显示的效果和打印的效果完全一致。在页面视图中可看到页眉、页脚、水印和图形等各种对象在页面中的实际打印位置，便于用户对页面中的各种元素进行编辑，如图 2-7 所示。

图 2-7

🔖 **知识点滴**

在页面视图模式中，页与页之间具有一定的分界区域，双击该区域，即可将页与页相连显示。

> ▶ 阅读视图：为了方便用户阅读文章，Word 设置了阅读视图模式。该视图模式比较适用于阅读比较长的文档，如果文字较

多，它会自动分成多屏以方便用户阅读。在该视图模式中，可对文字进行勾画和批注，如图 2-8 所示。

图 2-8

▶ Web 版式视图：Web 版式视图是几种视图方式中唯一一个按照窗口的大小来显示文本的视图，使用这种视图模式查看文档时，无须拖动水平滚动条就可以查看整行文字，如图 2-9 所示。

图 2-9

▶ 大纲视图：对于一个具有多重标题的文档来说，用户可以使用大纲视图来查看该文档。这是因为大纲视图是按照文档中标题的层次来显示文档的，用户可将文档折叠起来只看主标题，也可展开文档查看全部内容，如图 2-10 所示。

▶ 草稿视图：草稿视图是 Word 中最简化的视图模式，在该视图中不显示页边距、页眉和页脚、背景、图形图像以及没有设置

为"嵌入型"环绕方式的图片。因此这种视图模式仅适合编辑内容和格式都比较简单的文档，如图 2-11 所示。

图 2-10

图 2-11

2.1.3　输入文档内容

在 Word 2021 中，建立文档的目的是输入文本内容。用户可以根据需要输入中英文本、特殊符号、日期和时间等各类型文本。

1. 中英文输入

一般情况下，系统会自带一些基本的输入法，用户也可以添加和安装其他输入法，这些输入法都是通用的。

选择一种中文输入法后，即可在插入点处开始输入中文文本。

用户可以通过按 Shift 键切换中英文状态，在输入英文的时候需要注意以下几点。

▶ 按 Caps Lock 键可输入英文大写字母，再次按该键可输入英文小写字母。

▶ 按 Shift 键的同时按双字符键将输入上档字符；按 Shift 键的同时按字母键将输入英文大写字母。

▶ 按 Enter 键，插入点自动移到下一行行首。

▶ 按空格键，在插入点的左侧插入一个空格符号。

2. 输入符号

在 Word 2021 中可以通过键盘输入常用中文或英文的基本符号，如中文标点符号有句号、逗号、括号、冒号、引号和连字符等，还可以在 Word 中选择【插入】选项卡，在【符号】组中单击【符号】下拉按钮，在弹出的下拉列表中选择常用符号，如图 2-12所示。

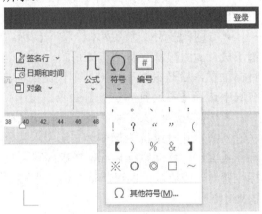

图 2-12

选择【其他符号】选项，可以打开【符号】对话框，在【符号】选项卡和【特殊字符】选项卡中查找想要插入的符号，如图 2-13 所示。

具体的符号类型和外观可能因所选的字体、字形或语言设置而不同。

图 2-13

3. 输入日期和时间

在 Word 2021 中输入日期格式的文本时，可自动显示当前日期，按 Enter 键即可完成当前日期的输入。用户还可以根据需要通过【日期和时间】对话框，快速插入当前日期和时间，并且可以设置自动更新，能够轻松地为文档添加时间信息。

选择【插入】选项卡，在【文本】组中单击【日期和时间】按钮，打开【日期和时间】对话框，如图 2-14 所示。

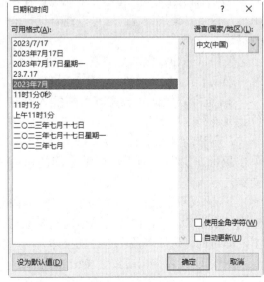

图 2-14

在【日期和时间】对话框中，各选项的功能如下。

▶【可用格式】列表框：用来选择日期和时间的显示格式。

▶【语言(国家/地区)】下拉列表：用来选择日期和时间应用的语言，如中文或英文。

▶【使用全角字符】复选框：选中该复选框，可以用全角方式显示插入的日期和时间。

▶【自动更新】复选框：选中该复选框，日期和时间将会根据当前的系统时间进行更新。

▶【设为默认值】按钮：单击该按钮可将当前设置的日期和时间格式保存为默认的格式。

2.1.4 编辑文档内容

在输入文本内容的过程中，通常需要对文本进行选取、复制、移动、删除、查找和替换等操作。熟练地掌握这些操作，可以节省大量的时间，提高文档编辑工作的效率。

1. 使用键盘+鼠标选取文本

在Word 2021中进行文本编辑操作之前，必须选取操作的文本。选择文本既可以使用鼠标，也可以使用键盘，还可以结合鼠标和键盘进行选择。

使用鼠标和键盘结合的方式，不仅可以选择连续的文本，还可以选择不连续的文本。

▶ 选择连续的较长文本：将插入点定位到要选择区域的开始位置，按住 Shift 键不放，再移动光标至要选择区域的结尾处，单击鼠标左键即可选择该区域之间的所有文本内容。

▶ 选取不连续的文本：选取任意一段文本，按住 Ctrl 键，再拖动鼠标选取其他文本，即可同时选取多段不连续的文本。

▶ 选取整篇文档：按住 Ctrl 键不放，将光标移到文本编辑区左侧空白处，当光标变成 形状时，单击鼠标左键即可选取整篇文档。

▶ 选取矩形文本：将插入点定位到开始位置，按住 Alt 键并拖动鼠标，即可选取矩形文本。

2. 移动文本

移动文本是指将当前位置的文本移到另外的位置，在移动的同时，会删除原来位置上的文本。移动文本后，原来位置的文本消失。

移动文本的方法如下。

▶ 选择需要移动的文本，右击并从弹出的快捷菜单中选择【剪切】命令，或者按 Ctrl+X 快捷键激活【剪切】命令，在目标位置处按 Ctrl+V 快捷键即可移动文本。

▶ 选择需要移动的文本，在【开始】选项卡的【剪贴板】组中，单击【剪切】按钮，在目标位置处单击【粘贴】按钮。

▶ 选择需要移动的文本，按 F2 键，在目标位置处，按 Enter 键即可移动文本。

▶ 选择需要移动的文本，按下鼠标右键不放，此时鼠标光标变为 形状，拖动至目标位置，松开鼠标后弹出一个快捷菜单，在其中选择【移动到此位置】命令。

▶ 选择需要移动的文本后，按下鼠标左键不放，此时鼠标光标变为 形状，并出现一条虚线，移动鼠标光标，当虚线移到目标位置时，释放鼠标即可将选取的文本移到该处。

3. 复制文本

复制文本操作可以使得编辑和管理文本变得更加高效和便捷，在保留原始文本的同时可以重复使用文本内容，避免不必要的重复操作。

复制文本的方法如下。

▶ 选取需要复制的文本，右击并从弹出的快捷菜单中选择【复制】命令，或者按 Ctrl+C 快捷键激活【复制】命令，把插入点移到目标位置，再按Ctrl+V 快捷键粘贴文本。

选择需要复制的文本，在【开始】选项卡的【剪贴板】组中，单击【复制】按钮，将插入点移到目标位置处，单击【粘贴】按钮。

选择需要复制的文本，按 Shift+F2 快捷键，在目标位置处按 Enter 键即可。

选取需要复制的文本，按下鼠标右键不放，此时鼠标光标变为形状，拖动至目标位置，松开鼠标会弹出一个快捷菜单，在其中选择【复制到此位置】命令。

选择需要复制的文本，然后将鼠标指针定位在选中的文本上并按住鼠标左键和 Ctrl 键不放，移动鼠标指针到所需要的位置后，松开鼠标即可复制文本。

4. 删除文本

通过删除文本可以修正错误、清除格式或删除不需要的内容。

删除文本的操作方法如下。

按 Backspace 键，删除光标左侧的文本；按 Delete 键，删除光标右侧的文本。

选择文本，按 Backspace 键或 Delete 键均可删除所选文本。

5. 撤销和恢复文本

编辑文档时，Word 2021 会自动记录最近执行的操作，因此当操作错误时，可以通过撤销功能将错误操作撤销。如果误撤销了某些操作，还可以使用恢复操作将其恢复。常用的撤销操作主要有以下两种。

在快速访问工具栏中单击【撤销】按钮，撤销上一次的操作。单击按钮右侧的下拉按钮，可以在弹出的列表中选择要撤销的操作。

多次按 Ctrl+Z 快捷键，可以撤销多个操作。

恢复操作用来还原撤销操作，恢复撤销以前的文档。常用的恢复操作主要有以下两种。

在快速访问工具栏中单击【恢复】按钮，恢复操作。

按 Ctrl+Y 快捷键，恢复最近的撤销操作，这是 Ctrl+Z 快捷键的逆操作。

6. 查找和替换文本

使用查找和替换功能，可以节省用户在篇幅比较长的文档中查找和修改文本的时间和精力。

用户可以指定要查找的文本，然后输入要替换为的新文本。Word 将全部替换每个匹配项，从而快速更改文档中的多个文本，减少手动修改文本的工作量。

在【开始】选项卡的【编辑】组中单击【查找】按钮，打开【导航】窗格，在【导航】文本框中输入需要查找的文本。

单击【开始】选项卡，在【编辑】组中单击【替换】按钮，或者按 Ctrl+H 快捷键打开【查找和替换】对话框，在【查找内容】文本框中输入文本，如果是查找文本，单击【查找下一处】按钮来定位到下一个匹配项，如果是替换文本，单击【替换】或【全部替换】按钮来替换当前匹配项，如图 2-15 所示。

图 2-15

【查找和替换】功能还提供了一些高级选项，例如仅在选择范围内查找或替换、区分大小写、全字匹配、使用通配符、格式替换等。这些选项为用户提供了更大的灵活性和更准确的操作。

2.1.5 制作公司会议通知

下面以制作“公司会议通知”文档为例，介绍在 Word 2021 中输入和编辑文本的操作。

【例 2-1】新建一个名为“公司会议通知”的文档，在其中输入文本内容、符号、日期和时间，并对文本进行编辑操作。

视频+素材 (素材文件\第 02 章\例 2-1)

step 1 启动 Word 2021，新建一个以“公司会议通知”为名的空白文档。将光标定位在第一行，并输入文字“公司会议通知”，如图 2-16 所示。

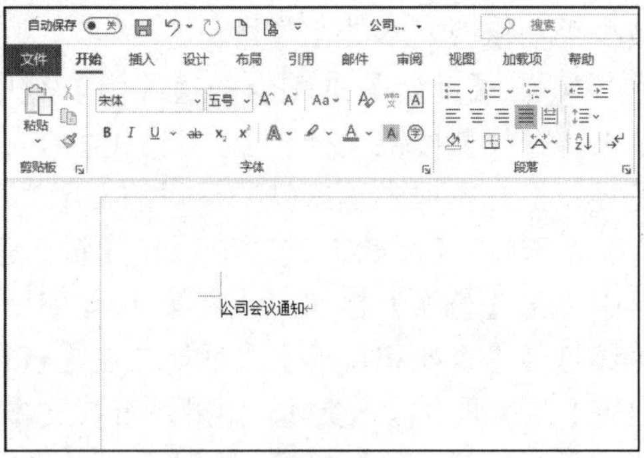

图 2-16

step 2 按 Enter 键，将插入点跳转至下一行的行首，继续输入多段正文文本，如图 2-17 所示。

公司会议通知
尊敬的全体员工：
根据我司年度工作计划，现定于 2023.10.10 上午 9:00 在公司大会议室召开公司年度绩效总结会议。在此，诚挚邀请各位员工参加此次重要会议，共同回顾和总结过去一年的工作成果，并展望未来的发展方向。
会议内容如下：
开幕致辞：公司高层领导将发表开幕致辞，对全体员工的辛勤工作和付出表示感谢，并介绍会议的背景和目的。
绩效回顾与总结：我们将回顾过去一年的绩效情况，包括业绩指标完成情况、团队合作、个人成长等方面。同时还将对公司整体绩效进行分析和评估，以明确公司的现状和挑战。
成果分享：各部门和团队将有机会分享过去一年的工作成果和经验，并介绍关键项目的进展和成果。通过分享，我们可以相互借鉴经验，促进全公司的学习和进步。
展望未来：在会议的最后，我们将共同展望公司的发展方向和目标，共同制定明年的工作计划和目标，并讨论如何更好地实现公司战略，提升整体绩效。
请各位员工准时参加此次会议，并提前做好相关准备。会议期间，我们将为您提供充分的时间进行互动交流和讨论，以期达成更好的共识和决策。
如有任何疑问，请随时向本部门的会务专员咨询。提前谢谢大家的参与和支持！

公司高层领导
日期：

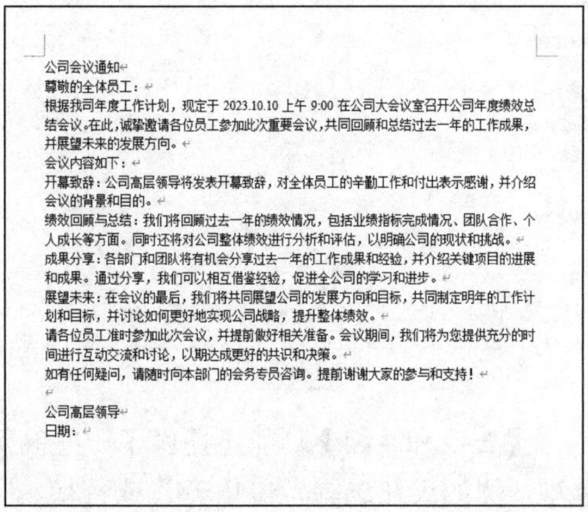

图 2-17

step 3 将插入点定位到文本“日期:”开头处，打开【插入】选项卡，在【符号】组中单击【符号】下拉按钮，从弹出的下拉菜单中选择【其他符号】命令，打开【符号】对话框的【符号】选项卡，在【字体】下拉列表中选择【宋体】选项，在下面的列表框中选择星形符号，然后单击【插入】按钮，输入符号，如图 2-18 所示。

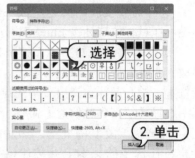

图 2-18

step 4 将光标定位到“日期:”后，打开【插入】选项卡，在【文本】组中单击【日期和时间】按钮，打开【日期和时间】对话框，选择一种格式，单击【确定】按钮即可插入当天的日期，如图 2-19 所示。

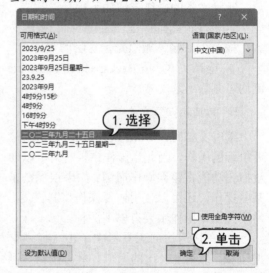

图 2-19

step 5 在【开始】选项卡的【编辑】组中单击【查找】按钮，打开【导航】窗格。在【导航】文本框中输入文本“公司”，此时 Word 2021 自动在文档编辑区中以黄色高亮显示所查找到的文本，如图 2-20 所示。

图 2-20

step 6 在【开始】选项卡的【编辑】组中，单击【替换】按钮，打开【查找和替换】对话框的【替换】选项卡，此时【查找内容】文本框中显示文本"公司"，在【替换为】文本框中输入文本"新泰公司"，单击【全部替换】按钮，如图 2-21 所示。

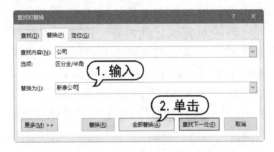

图 2-21

step 7 替换完成后，打开完成替换提示框，单击【确定】按钮，如图 2-22 所示。

图 2-22

step 8 返回【查找和替换】对话框，单击【关闭】按钮，返回文档窗口，查看替换后的文本，如图 2-23 所示，最后单击■按钮保存文档。

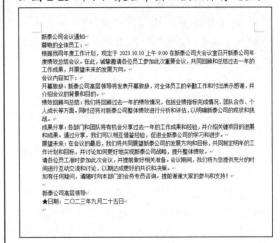

图 2-23

2.2　设置文本和段落格式

在 Word 文档中输入的文本默认字体为宋体，默认字号为五号，为了使文档更加美观、条理更加清晰，通常需要对文本和段落进行格式化操作，如设置字体、字号、字体颜色、段落间距、段落缩进等。

2.2.1　设置文本格式

要设置文本格式，有以下几种方式。

1. 使用【字体】组设置

选择【开始】选项卡，在【字体】组中包含字体、字号、字形等设置选项，用户可以使用其中的选项设置文本格式，如图 2-24 所示。

图 2-24

其中各字符格式按钮的功能分别如下。

▶ 字体：指文字的外观，Word 2021 提供了多种字体，默认字体为宋体。

▶ 字形：指文字的一些特殊外观，如加粗、倾斜、下画线、上标和下标等，单击【删除线】按钮 ab，可以为文本添加删除线效果。

▶ 字号：指文字的大小，Word 2021提供了多种字号。

▶ 字符边框：为文本添加边框，单击带圈字符按钮，可为字符添加圆圈效果。

▶ 文本效果：为文本添加特殊效果，单击该按钮，从弹出的菜单中可以为文本设置轮廓、阴影、映像和发光等效果。

▶ 字体颜色：指文字的颜色，单击【字体颜色】按钮右侧的下拉箭头，在弹出的菜单中可选择需要的颜色命令。

▶ 字符缩放：增大或者缩小字符。

▶ 字符底纹：为文本添加底纹效果。

2. 使用【字体】对话框设置

【字体】对话框中提供了【字体】选项卡和【高级】选项卡，使用这两个选项卡，用户能够更精确地调整文本的格式。在【开始】选项卡的【段落】组中单击【对话框启动器】按钮 ⌐，或者按 Ctrl+D 快捷键，可打开【字体】对话框，如图2-25所示。

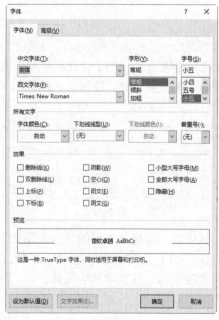

图 2-25

3. 使用浮动工具栏设置

选择要设置格式的文本，此时选择文本区域的右上角将出现浮动工具栏，使用其提供的设置选项即可设置文本的【字体】【字号】【字体颜色】等格式，如图2-26所示。

图 2-26

2.2.2 设置段落对齐方式

在撰写文档时，设置段落格式是不可或缺的步骤。Word 2021中提供了对齐方式、缩进、行间距等功能。

通过设置段落对齐，可以确定段落中文本的位置，如左对齐、居中对齐、右对齐、两端对齐或分散对齐。设置段落对齐方式时，先选定要对齐的段落，然后可以通过单击【开始】选项卡【段落】组(或浮动工具栏)中的相应按钮来实现，如图 2-27所示，也可以通过【段落】对话框来实现。

图 2-27

这5种对齐方式的说明如下。

▶ 左对齐：左对齐的方式为默认设置，文本在左侧对齐，右侧留出不对齐的空白。快捷键为 Ctrl+L。

▶ 居中对齐：文本在水平方向上居中对齐，左右两侧留出相等的空白。快捷键为 Ctrl+E。

▶ 右对齐：文本在右侧对齐，左侧留出不对齐的空白。快捷键为 Ctrl+R。

▶ 两端对齐：文本在左右两侧对齐，每一行的长度都相等。在必要时，会调整字母之间和单词之间的距离。快捷键为 Ctrl+J。

▶ 分散对齐：文本在左右两边对齐，同时会调整字母之间的距离和单词之间的距离，以使每一行的长度相等。快捷键为 Ctrl+Shift+D。

2.2.3 设置段落缩进

段落缩进是指段落中的文本与页边距之间的距离，可有效区分文档中不同段落之间的逻辑关系和结构层次。Word 2021 提供了以下 4 种段落缩进的方式。

▶ 左缩进：设置整个段落左边界的缩进位置。

▶ 右缩进：设置整个段落右边界的缩进位置。

▶ 悬挂缩进：设置段落中除首行以外的其他行的起始位置。

▶ 首行缩进：设置段落中首行的起始位置。

1. 使用标尺设置缩进量

使用水平标尺，在 Word 中可以直观地调整段落的缩进量、文本对齐、表格布局以及其他元素的位置和间距，帮助用户在编辑文档时获得更好的排版效果和布局控制。水平标尺包括首行缩进、悬挂缩进、左缩进和右缩进这 4 个标记，如图 2-28 所示。

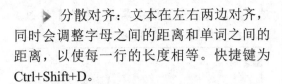

图 2-28

使用标尺设置段落缩进时，在文档中选择要改变缩进的段落，然后拖动缩进标记到缩进位置，可以使某些行缩进。在拖动鼠标时，整个页面上出现一条垂直虚线，以显示新边距的位置。

> **知识点滴**
>
> 在使用水平标尺格式化段落时，按住 Alt 键不放，使用鼠标拖动标记，水平标尺上将显示具体的度量值。拖动首行缩进标记到缩进位置，将以左边

界为基准缩进第一行；拖动悬挂缩进标记至缩进位置，可以设置除首行外的所有行缩进；拖动左缩进标记至缩进位置，可以使所有行均左缩进。

2. 使用【段落】对话框设置缩进量

使用【段落】对话框可以准确地设置缩进尺寸。选择【开始】选项卡，单击【段落】组中的【对话框启动器】按钮，打开【段落】对话框的【缩进和间距】选项卡，在该选项卡中进行相关设置即可设置段落缩进，如图 2-29 所示。

图 2-29

用户还可以按 Ctrl + M 快捷键激活【首行缩进】命令，按 Ctrl + Shift + M 快捷键可撤销【首行缩进】命令。

2.2.4 设置段落间距

段落间距的设置包括对文档的行间距和段间距的设置。行间距是指同一段落中行与行之间的距离；段间距指的是不同段落之间的距离，包括段前间距和段后间距，段前间距指当前段落与前一个段落之间的距离，段后间距指当前段落与下一个段落之间的距离。

1. 设置行间距

行间距决定段落中各行文本之间的垂直距离。Word 2021 默认的行间距值是单倍行距，用户可以根据需要重新对其进行设置。在【段落】对话框中选择【缩进和间距】选项卡，在【行距】下拉列表中选择相应选

项，并在【设置值】微调框中输入数值即可，如图 2-30 所示。

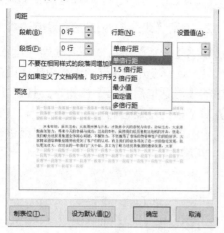

图 2-30

用户还可以选择需要调整的段落后，按 Ctrl+1 快捷键设置为单倍行距，按 Ctrl+5 快捷键设置为 1.5 倍行距，按 Ctrl+2 快捷键设置为双倍行距。

2. 设置段间距

段间距决定段落前后空白距离的大小。在【段落】对话框中打开【缩进和间距】选项卡，在【段前】和【段后】微调框中输入值，就可以设置段间距。

2.2.5 设置格式案例

下面使用一个具体案例来介绍文本段落格式的设置方法。

【例 2-2】 在"公司会议通知"文档中设置文本段落格式。

视频+素材 (素材文件\第 02 章\例 2-2)

step 1 启动 Word 2021，打开例 2-1 制作的"公司会议通知"文档，选中标题文本"新泰公司会议通知"，然后在【开始】选项卡的【字体】组中单击【字体】下拉按钮，并在弹出的下拉列表中选择【微软雅黑】选项；单击【字体颜色】下拉按钮，在打开的颜色面板中选择【蓝色】选项；单击【字号】下拉按钮，从弹出的下拉列表中选择【二号】

选项，在【段落】组中单击【居中】按钮，此时标题效果如图 2-31 所示。

图 2-31

step 2 选中正文内容，选择【开始】选项卡，在【段落】组中单击【对话框启动器】按钮，打开【段落】对话框。打开【缩进和间距】选项卡，在【缩进】选项区域的【特殊】下拉列表中选择【首行】选项，并在【缩进值】微调框中输入"2 字符"，单击【确定】按钮，如图 2-32 所示。

图 2-32

step 3　设置完成后，选择的段落文本即可按照设置进行首行缩进，效果如图 2-33 所示。

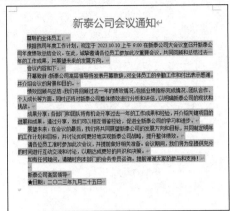

新泰公司会议通知

尊敬的全体员工：

根据我司年度工作计划，现定于 2023.10.10 上午 9:00 在新泰公司大会议室召开新泰公司年度绩效总结会议。在此，诚挚邀请各位员工参加此次重要会议，共同回顾和总结过去一年的工作成果，并展望未来的发展方向。

会议内容如下：

开幕致辞：新泰公司高层领导将发表开幕致辞，对全体员工的辛勤工作和付出表示感谢，并介绍会议的背景和目的。

绩效回顾与总结：我们将回顾过去一年的绩效情况，包括业绩指标完成情况、团队合作、个人成长等方面。同时还将对新泰公司整体绩效进行分析和评估，以明确新泰公司的现状和挑战。

成果分享：各部门和团队将有机会分享过去一年的工作成果和经验，并介绍关键项目的进展和成果。通过分享，我们可以相互借鉴经验，促进全新泰公司的学习和进步。

展望未来：在会议的最后，我们将共同展望新泰公司的发展方向和目标，共同制定明年的工作计划和目标，并讨论如何更好地实现新泰公司战略，提升整体绩效。

请各位员工准时参加此次会议，并提前做好相关准备。会议期间，我们将为您提供充分的时间进行互动交流和讨论，以期达成更好的共识和决策。

如有任何疑问，请随时向本部门的会务专员咨询。提前谢谢大家的参与和支持！

新泰公司高层领导

★日期：二〇二三年九月二十五日

图 2-33

step 4　打开【段落】对话框的【缩进和间距】选项卡，在【缩进】选项区域的【左侧】和【右侧】微调框中输入数值“4 字符”，然后单击【确定】按钮，设置段落缩进，如图 2-34 所示。

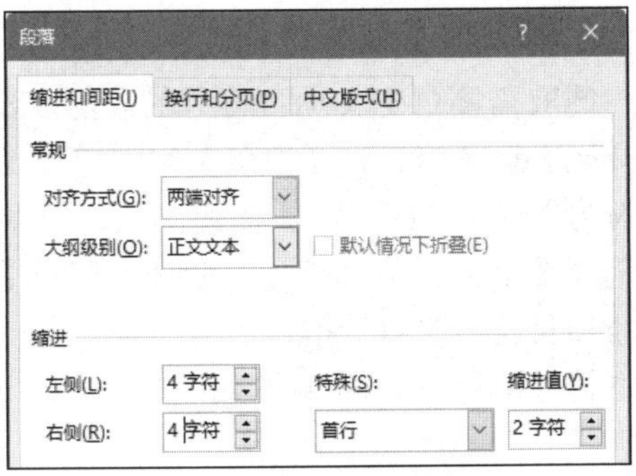

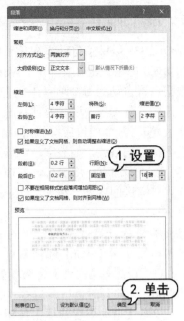

图 2-34

step 5　打开【段落】对话框的【缩进和间距】选项卡，在【间距】选项区域的【段前】和【段后】微调框内输入“0.2 行”；在【行距】下拉列表中选择【固定值】选项，在其右侧的【设置值】微调框中输入“18 磅”，单击【确定】按钮，如图 2-35 所示。

图 2-35

step 6　完成以上设置后，文档中正文的效果如图 2-36 所示。

新泰公司会议通知

尊敬的全体员工：

根据我司年度工作计划，现定于 2023.10.10 上午 9:00 在新泰公司大会议室召开新泰公司年度绩效总结会议。在此，诚挚邀请各位员工参加此次重要会议，共同回顾和总结过去一年的工作成果，并展望未来的发展方向。

会议内容如下：

开幕致辞：新泰公司高层领导将发表开幕致辞，对全体员工的辛勤工作和付出表示感谢，并介绍会议的背景和目的。

绩效回顾与总结：我们将回顾过去一年的绩效情况，包括业绩指标完成情况、团队合作、个人成长等方面。同时还将对新泰公司整体绩效进行分析和评估，以明确新泰公司的现状和挑战。

成果分享：各部门和团队将有机会分享过去一年的工作成果和经验，并介绍关键项目的进展和成果。通过分享，我们可以相互借鉴经验，促进全新泰公司的学习和进步。

展望未来：在会议的最后，我们将共同展望新泰公司的发展方向和目标，共同制定明年的工作计划和目标，并讨论如何更好地实现新泰公司战略，提升整体绩效。

请各位员工准时参加此次会议，并提前做好相关准备。会议期间，我们将为您提供充分的时间进行互动交流和讨论，以期达成更好的共识和决策。

如有任何疑问，请随时向本部门的会务专员咨询。提前谢谢大家的参与和支持！

新泰公司高层领导

★日期：二〇二三年九月二十五日

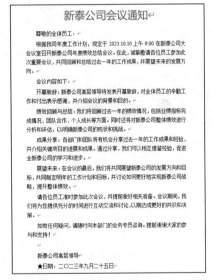

图 2-36

2.3　设置项目符号和编号

在 Word 2021 中，用户不仅可以使用内置的多种标准的项目符号和编号，还可以自定义项目符号和编号。项目符号和编号主要用来创建有序或无序列表。通过设置项目符号和编号，可以为文章、报告或其他文档添加项目列表，有助于展示和组织文档内容。

2.3.1 添加项目符号和编号

Word 2021 提供了自动添加项目符号和编号的功能。当用户输入文本时，Word 2021 可以根据设置自动为每个项目生成符号，如圆点、方框、箭头等。设置为项目符号或编号格式后，编写每个项目后按 Enter 键，Word 可以根据特定的格式，如数字、字母或罗马数字等，自动添加下一个编号，并根据需要进行样式和缩进的调整。按两次 Enter 键即可结束编号。

自动编号的开启或关闭属于对软件本身的设置，需要在【Word 选项】对话框中修改。用户可以选择【文件】|【选项】选项，打开【Word 选项】对话框，选择【校对】选项卡，单击【自动更正选项】按钮，弹出【自动更正】对话框，在【自动套用格式】选项卡中可对其进行设置。

若用户想添加无序列表，选择【开始】选项卡，在【段落】组中单击【项目符号】下拉按钮，从弹出的下拉菜单中选择不同样式的项目符号，如图 2-37 所示。

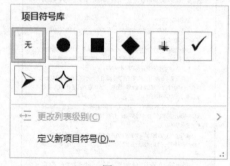

图 2-37

若用户想添加有序列表，选取要添加符号的段落，选择【开始】选项卡，在【段落】组中单击【编号】按钮，将自动在每一段落前面添加编号，并将以"1.""2.""3."的形式编号。

如果要添加其他样式的编号，单击【编号】下拉按钮，从弹出的下拉菜单中选择编号的样式，如图 2-38 所示。

图 2-38

2.3.2 自定义项目符号和编号

用户可根据文档具体要求，自主选择符号样式、编号格式。自定义项目符号和编号功能，可以满足用户的具体需求和个性化要求。

1. 自定义项目符号

选取需要自定义项目符号的段落，选择【开始】选项卡，在【段落】组中单击【项目符号】下拉按钮，在弹出的下拉菜单中选择【定义新项目符号】命令，打开【定义新项目符号】对话框，在其中自定义一种项目符号即可，如图 2-39 所示。

图 2-39

在弹出的【定义新项目符号】对话框中，用户可以进行各种自定义设置，具体如下。

▶【符号】按钮：单击该按钮，打开【符号】对话框，可从中选择合适的符号作为项目符号，如图 2-40 所示。

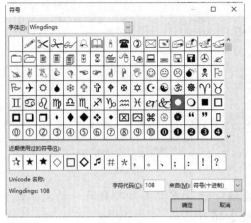

图 2-40

▶【图片】按钮：单击该按钮，打开【插入图片】窗格，如图 2-41 所示。可从网上选择合适的图片符号作为项目符号，也可以单击【浏览】按钮，导入本地电脑的图片作为项目符号。插入后的图片将会自动调整为适当的大小，并将其作为自定义项目符号添加到【定义新项目符号】对话框中的预览区域。

图 2-41

▶【字体】按钮：单击该按钮，打开【字体】对话框，在该对话框中可设置项目符号的字体格式，如图 2-42 所示。

图 2-42

▶【对齐方式】下拉列表：在该下拉列表中列出了 3 种项目符号的对齐方式，分别为左对齐、居中对齐和右对齐。

▶【预览】区域：可以预览用户设置的项目符号的效果。

2. 自定义编号

选取需要自定义编号的段落，选择【开始】选项卡，在【段落】组中单击【编号】下拉按钮，从弹出的下拉菜单中选择【定义新编号格式】命令，打开【定义新编号格式】对话框。单击【字体】按钮，可以在打开的【字体】对话框中设置编号的字体格式；在【编号样式】下拉列表中选择一种编号的样式，或者在【编号格式】框中输入用户想要的编号样式；在【对齐方式】下拉列表中选择编号的对齐方式，如图 2-43 所示。

图 2-43

2.3.3 进行项目符号和编号设置

下面使用一个具体案例介绍项目符号和编号的设置方法。

【例 2-3】 在"校园跳蚤市场活动方案"文档中添加并设置项目符号和编号。

🔘 视频+素材 (素材文件\第 02 章\例 2-3)

step 1 启动 Word 2021 应用程序，打开"校园跳蚤市场活动方案"文档，选择需要设置编号的文本，如图 2-44 所示。

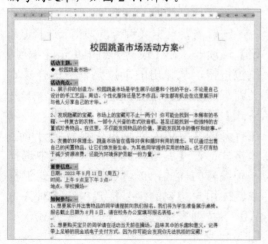

图 2-44

step 2 选择【开始】选项卡，在【段落】组中单击【编号】下拉按钮 ⋮≡，从弹出的

列表框中选择编号样式，即可为所选段落添加编号，如图 2-45 所示。

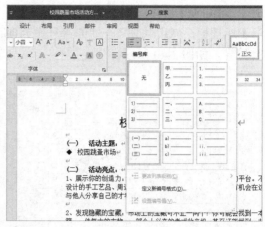

图 2-45

step 3 选择需要添加项目符号的文本，如图 2-46 所示。

图 2-46

step 4 在【开始】选项卡的【段落】组中单击【项目符号】下拉按钮，从弹出的下拉菜单中选择一种项目符号，为段落添加项目符号，如图 2-47 所示。

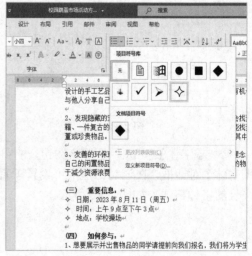

图 2-47

step 5　选择文本"校园跳蚤市场"左侧的项目符号，如图 2-48 所示。

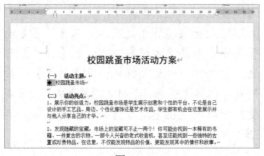

图 2-48

step 6　按 Backspace 键即可将多余的项目符号删除，如图 2-49 所示。

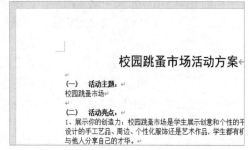

图 2-49

2.4　设置边框和底纹

为增强文本视觉效果，在输入文本后通常会为文本设置边框和底纹，不仅是为了美化文档，更是为了使关键信息脱颖而出，区分文档中不同的板块内容。在 Word 2021 中，用户可以根据需要自定义边框及底纹的样式。

2.4.1　设置边框

在 Word 2021 中边框可以应用于整个文档、段落、标题、表格或文本，使内容更加清晰可辨。

1. 为文本或段落设置边框

选择要添加边框的文本或段落，在【开始】选项卡的【段落】组中单击【边框】下拉按钮，在弹出的菜单中选择【边框和底纹】命令，打开【边框和底纹】对话框的【边框】选项卡，在其中可以设置边框的样式、颜色、宽度等，如图 2-50 所示。

图 2-50

【边框】选项卡中各选项的功能如下。

▶ 【设置】选项区域：提供了 5 种边框样式，通过选择不同的样式，可以给文档添加不同类型的边框效果。

▶ 【样式】列表框：该列表框提供了多种线条样式供用户选择。

▶ 【颜色】下拉列表：用于自定义边框的颜色。

▶ 【宽度】下拉列表：用于调整边框的宽度。

▶ 【应用于】下拉列表框：用于设定边框应用的对象是文字或段落。

2. 为页面设置边框

页面边框适用于多种类型的文档，无论是公司报告、商务信函，还是宣传材料等，设置页面边框都能为整个文档创建一个清晰的框架。

打开【边框和底纹】对话框，选择【页面边框】选项卡，用户可以在其中进行相关设置，还可以在【艺术型】下拉列表中选择一种艺术型样式，然后单击【确定】按钮，即可为页面应用艺术型边框。

2.4.2 设置底纹

设置底纹，可以为文字或者段落添加装饰性背景。需要注意的是，底纹无法应用于整个页面。

打开【边框和底纹】对话框，选择【底纹】选项卡，用户可以选择不同的填充颜色和图案来设置底纹的样式，如图2-51所示。

图 2-51

2.4.3 为文档添加边框和底纹

下面使用一个具体案例介绍添加边框和底纹的方法。

【例 2-4】在"校园跳蚤市场活动方案"文档中，为文本、段落及页面设置边框和底纹。

视频+素材（素材文件\第 02 章\例 2-4）

step 1 启动 Word 2021 应用程序，打开"校园跳蚤市场活动方案"文档，选择要添加边框的段落，如图 2-52 所示。

图 2-52

step 2 选择【开始】选项卡，在【段落】组中单击【边框】下拉按钮，在弹出的菜单中选择【边框和底纹】命令。

step 3 打开【边框】选项卡，在【设置】选项区域中选择【方框】选项；在【样式】列表框中选择一种线型样式；在【颜色】下拉列表中选择【橙色，个性色 2】色块；在【宽度】下拉列表框中选择【1.5 磅】选项，单击【确定】按钮，如图 2-53 所示。

图 2-53

step 4 此时，即可为文档中所选段落添加一个边框效果，如图 2-54 所示。

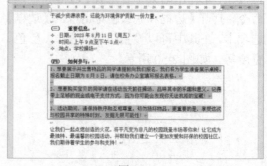

图 2-54

step 5 打开【边框和底纹】对话框，切换至【页面边框】选项卡，选择【方框】选项；在【艺术型】下拉列表中选择一种样式，单击【确定】按钮，如图 2-55 所示。

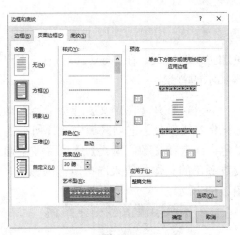

图 2-55

step **6** 此时，即可为文档整个页面添加一个边框效果，如图 2-56 所示。

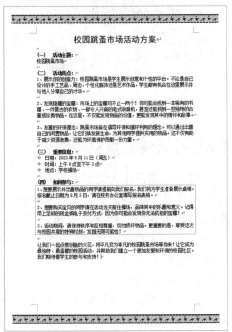

图 2-56

step **7** 选择需要添加底纹的文本，选择【开始】选项卡，在【字体】组中单击【文本突出显示颜色】按钮，即可快速为文本添加黄色底纹，如图 2-57 所示。

step **8** 选择需要添加底纹的段落，打开【边框和底纹】对话框，选择【底纹】选项卡，单击【填充】下拉按钮，从弹出的颜色面板

中选择【蓝色，个性色 1，淡色 80%】色块，然后单击【确定】按钮，如图 2-58 所示。

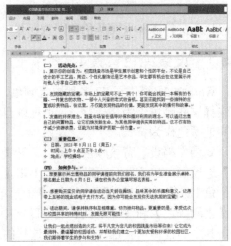

图 2-57

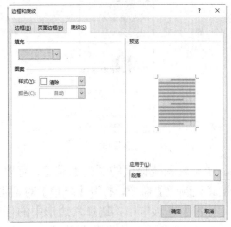

图 2-58

step **9** 此时，为文档中所选段落添加了一种淡蓝色的底纹，如图 2-59 所示。

图 2-59

2.5　设置文档背景

为文档添加上丰富多彩的背景，可以使文档更加生动和美观。在 Word 2021 中，用户不仅可以为文档添加页面颜色和图片背景，还可以添加水印背景。

2.5.1　设置纯色背景

Word 2021 提供了 70 多种内置颜色，可以选择这些颜色作为文档背景，也可以自定义其他颜色作为背景。

要为文档设置背景颜色，可以打开【设计】选项卡，在【页面背景】组中单击【页面颜色】按钮，将打开【页面颜色】子菜单。在【主题颜色】和【标准色】选项区域中，单击其中的任何一个色块，即可把选择的颜色作为背景，如图 2-60 所示。

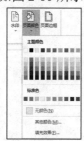

图 2-60

如果对系统提供的颜色不满意，可以选择【其他颜色】命令，打开【颜色】对话框。在【标准】选项卡中，选择六边形中的任意色块，即可将选中的颜色作为文档页面背景，如图 2-61 所示。

图 2-61

另外，打开【自定义】选项卡，拖动鼠标光标在【颜色】选项区域中选择所需的背景色，或者在【颜色模式】选项区域中通过设置颜色的具体数值来选择所需的颜色，如图 2-62 所示。

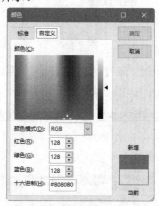

图 2-62

2.5.2　设置背景填充

使用一种颜色作为背景色，对于一些页面而言显得过于单调乏味。为此，Word 2021 还提供了其他多种文档背景填充效果，如渐变背景效果、纹理背景效果、图案背景效果及图片背景效果等。

要设置背景填充效果，可以打开【设计】选项卡，在【页面背景】组中单击【页面颜色】按钮，在弹出的菜单中选择【填充效果】命令，打开【填充效果】对话框，其中包括以下 4 个选项卡。

▶【渐变】选项卡：可以通过选中【单色】或【双色】单选按钮来创建不同类型的渐变效果，在【底纹样式】选项区域中选择渐变的样式，如图 2-63 所示。

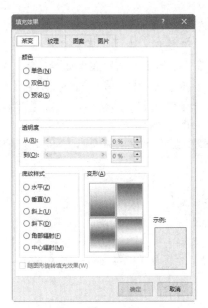

图 2-63

▶【纹理】选项卡：可以在【纹理】选项区域中选择一种纹理作为文档页面的背景。单击【其他纹理】按钮，如图 2-64 所示，可以添加自定义的纹理作为文档的页面背景。

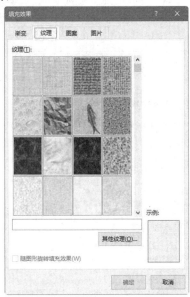

图 2-64

▶【图案】选项卡：可以在【图案】选项区域中选择一种基准图案，并在【前景】

和【背景】下拉列表中选择图案的前景和背景颜色，如图 2-65 所示。

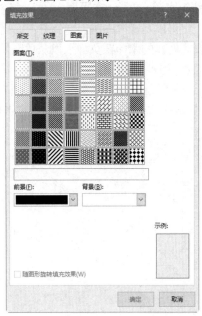

图 2-65

▶【图片】选项卡：单击【选择图片】按钮，如图 2-66 所示，从打开的【选择图片】对话框中选择一个图片作为文档的背景。

图 2-66

2.5.3 设置水印效果

所谓水印，是指印在页面上的一种透明的花纹，它可以是一幅图画、一个图表或一种艺术字体。创建的水印在页面上以灰色显示，成为正文的背景，起到美化文档的效果。

打开【设计】选项卡，在【页面背景】组中单击【水印】按钮，在弹出的水印样式列表框中可以选择内置的水印选项，如图 2-67 所示。

图 2-67

若选择【自定义水印】命令，将打开【水印】对话框，在其中可以自定义水印样式，如图片水印、文字水印等。

下面使用一个具体案例介绍添加水印的设置方法。

【例 2-5】在"公司会议通知"文档中添加自定义水印。

视频+素材 （素材文件\第 02 章\例 2-5）

step 1 启动 Word 2021 应用程序，打开"公司会议通知"文档，打开【设计】选项卡，在【页面背景】组中单击【水印】按钮，从弹出的菜单中选择【自定义水印】命令。

step 2 打开【水印】对话框，选中【文字水印】单选按钮，在【文字】文本框中输入文本；在【字体】下拉列表中选择【华文隶书】选项；在【颜色】面板中选择【绿色】色块，并选中【斜式】单选按钮，单击【确定】按钮，如图 2-68 所示。

图 2-68

step 3 此时，即可将水印添加到文档中，每页的页面将显示同样的水印效果，如图 2-69 所示。

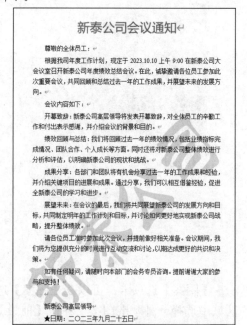

图 2-69

2.6　案例演练

本节将通过制作"劳动合同书"文档案例，帮助用户巩固本章所学知识。

【例 2-6】制作"劳动合同书"文档，并在其中设置文本和段落的格式。

📹视频+素材 (素材文件\第 02 章\例 2-6)

step 1 启动 Word 2021 应用程序，新建一个文档，并将其以"劳动合同书"为名保存，选择【布局】选项卡，在【页面设置】组中单击【纸张大小】下拉按钮，在弹出的下拉列表中选择【A4】选项，如图 2-70 所示。

图 2-70

step 2 在【页面设置】组中单击【对话框启动器】按钮，打开【页面设置】对话框，设置【上】和【下】微调框数值为"2.5 厘米"，【左】和【右】微调框数值为"3 厘米"，然后单击【确定】按钮，如图 2-71 所示。

图 2-71

step 3 将光标定位在第一行，并输入第一页的文本内容，如图 2-72 所示。

图 2-72

step 4 选择第一行文本，设置字体为【仿宋】、字号为【四号】。然后在【段落】组中单击【右对齐】按钮，设置文本右对齐；单击【行和段落间距】按钮，选择【3.0】选项，如图 2-73 所示。

图 2-73

step 5 选择文字"劳动合同书"，在【字体】组中单击【对话框启动器】按钮，打开【字体】对话框，单击【中文字体】下拉按钮，选择【宋体】选项，在【字号】列表框中选择【初号】选项，然后单击【确定】按钮，如图2-74所示。

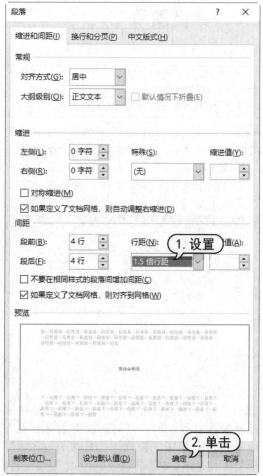

图2-74

step 6 在【字体】组中单击【加粗】按钮**B**，然后在【段落】组中单击【居中】按钮≡，设置文本居中对齐。

step 7 选择【开始】选项卡，在【段落】组中单击【对话框启动器】按钮，打开【段落】对话框，在【缩进和间距】选项卡中设置【段前】和【段后】微调框数值为"4行"，设置【行距】为【1.5倍行距】，然后单击【确定】按钮，如图2-75所示。

step 8 选择文字"劳动合同书"，然后选择【开始】选项卡，在【段落】组中单击"中文版式"按钮 ∀ ，在弹出的下拉列表中选择【调整宽度】命令，如图2-76所示。

图2-75

图2-76

step 9　打开【调整宽度】对话框，设置【新文字宽度】微调框数值为"7字符"，然后单击【确定】按钮，如图 2-77 所示。

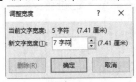

图 2-77

step 10　选择第 3 行文本，设置字体为【宋体(中文正文)】、字号为【三号】，然后在【段落】组中不断单击【增加缩进量】按钮，即可以一个字符为单位向右侧缩进至合适位置，如图 2-78 所示。

图 2-78

step 11　在【开始】选项卡的【剪贴板】组中单击【格式刷】按钮，当鼠标指针变为形状时，拖动鼠标选择第 4 行到第 6 行文本，应用第 3 行的文本格式，如图 2-79 所示。

step 12　选择第 3 行到第 6 行的文本，在【段落】组中单击【行和段落间距】按钮，在弹出的下拉列表中选择【2.5】选项，表示将行距设置为 2.5 倍行距，如图 2-80 所示。

图 2-79

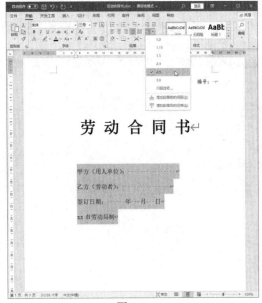

图 2-80

step 13　选择第 3 行文本，然后选择【布局】选项卡，在【段落】组中设置【段前】文本框数值为"8行"，如图 2-81 所示。

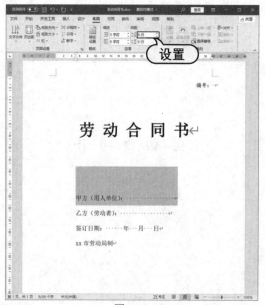

图 2-81

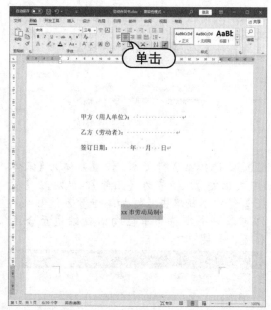

图 2-83

step⑭ 选择第 5 行文本，然后选择【布局】选项卡，在【段落】组中设置【段后】文本框数值为"8 行"，如图 2-82 所示。

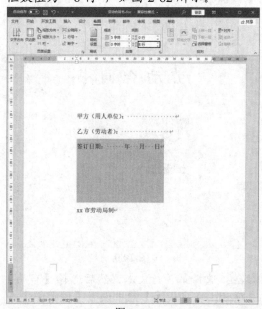

图 2-82

step⑮ 选择最后一段文本，再选择【布局】选项卡，在【段落】组中设置【左缩进】微调框数值为"0"，然后在【段落】组中单击【居中】按钮，设置文本居中对齐，如图 2-83 所示。

step⑯ 将光标移到文本"xx 市劳动局制"后方，选择【插入】选项卡，在【页面】组中单击【分页】下拉按钮，在弹出的下拉列表中单击【分页】按钮，插入分页符，如图 2-84 所示。

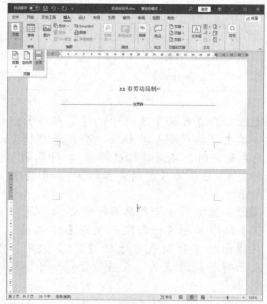

图 2-84

step⑰ 按照步骤 3 的方法输入其他内容，然后选择正文内容，右击并从弹出的快捷菜单中选择【段落】命令，如图 2-85 所示。

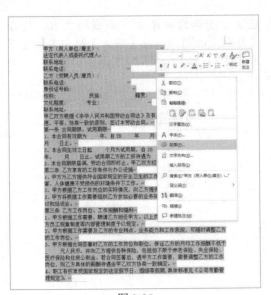

图 2-85

step 18 打开【段落】对话框，单击【行距】下拉按钮，选择【1.5 倍行距】选项，然后单击【确定】按钮，如图 2-86 所示。

图 2-86

step 19 选择需要首行缩进的文字内容，右击并从弹出的快捷菜单中选择【段落】命令，打开【段落】对话框，单击【特殊】下拉按钮，选择【首行】选项，设置【缩进值】微调框数值为 "2 字符"，然后单击【确定】按钮，如图 2-87 所示。

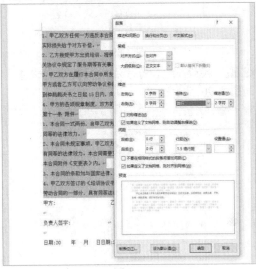

图 2-87

step 20 在水平标尺上单击，添加一个【左对齐制表符】符号 ，如图 2-88 所示。

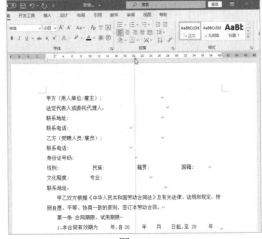

图 2-88

step 21 将光标移到文本 "专业" 之前，然后按 Tab 键，此时光标后的文本自动与制表符对齐，如图 2-89 所示。

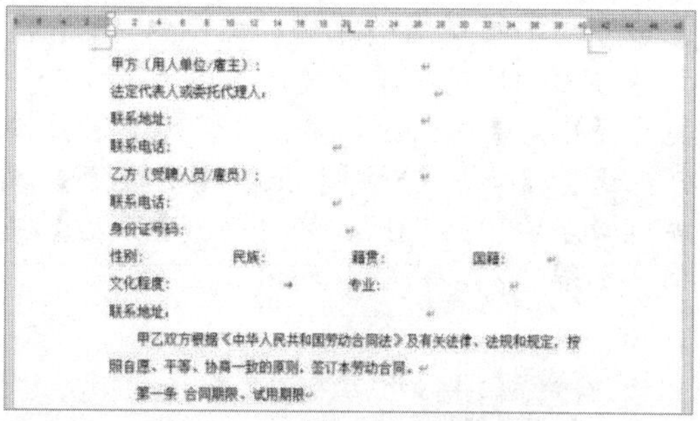
甲方（用人单位/雇主）：
法定代表人或委托代理人：
联系地址：
联系电话：
乙方（受聘人员/雇员）：
联系电话：
身份证号码：
性别：　民族：　籍贯：　国籍：
文化程度：　专业：
联系地址：
甲乙双方根据《中华人民共和国劳动合同法》及有关法律、法规和规定，按照自愿、平等、协商一致的原则，签订本劳动合同。
第一条 合同期限、试用期限

图 2-89

step 22 按步骤 21 的方法定位其余的文本，如图 2-90 所示。

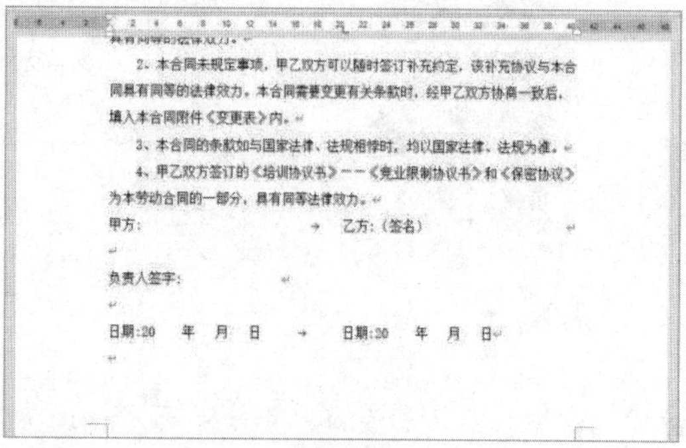
2、本合同未规定事项，甲乙双方可以随时签订补充约定，该补充协议与本合同具有同等的法律效力，本合同需要变更有关条款时，经甲乙双方协商一致后，填入本合同附件《变更表》内。
3、本合同的条款如与国家法律、法规相悖时，均以国家法律、法规为准。
4、甲乙双方签订的《培训协议书》－－《竞业限制协议书》和《保密协议》为本劳动合同的一部分，具有同等法律效力。
甲方：　乙方：（签名）
负责人签字：
日期:20　年　月　日　日期:20　年　月　日

图 2-90

step 23 选择需要添加下画线的文本，选择【开始】选项卡，在【字体】组中单击【下画线】按钮 U ˇ，添加下画线，如图 2-91 所示。

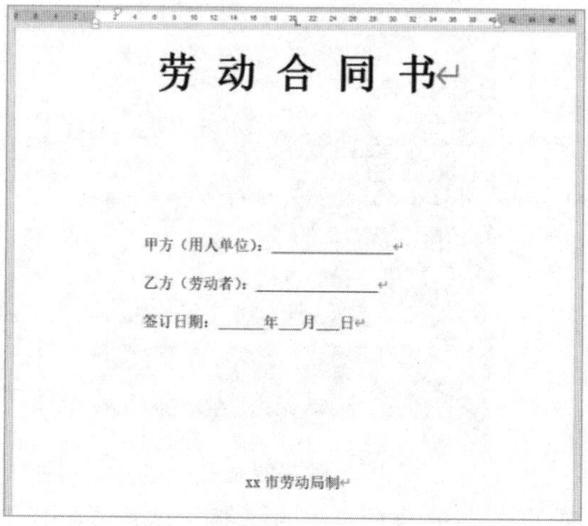
劳 动 合 同 书
甲方（用人单位）：____________
乙方（劳动者）：____________
签订日期：_____年__月__日
xx 市劳动局制

图 2-91

第3章

Word 图文混排

在 Word 文档中适当地插入一些图形和图片，不仅会使文章显得生动有趣，还能帮助读者更直观地理解文章内容。本章将主要介绍 Word 2021 的图形及表格等元素的处理，从而实现文档的图文混排。

本章对应视频

例 3-1 插入并编辑图片　　　　例 3-4 制作销售统计图表
例 3-2 制作公司内刊　　　　　例 3-5 制作公司组织结构图
例 3-3 制作新员工入职登记表

3.1 插入与编辑图片

为了使文档更加美观、生动，可以在其中插入图片对象。在 Word 2021 中，用户不仅可以插入系统提供的图片，还可以从其他程序或位置导入图片，甚至可以使用屏幕截图功能直接从屏幕中截取画面。

3.1.1 插入图片

在文档中插入图片，能为文档赋予更生动、直观的视觉效果。用户可以插入本地计算机、联机、屏幕截图的图片到文档中。

1. 插入联机图片

Office 所提供的联机图片内容非常丰富，设计精美、构思巧妙，能够表达不同的主题，适合制作各种文档。

选择【插入】选项卡，在【插图】组中单击【图片】下拉按钮，选择【联机图片】选项。此时将自动查找网络上与关键字相关的联机图片，用户可以选择多张所需的图片，然后单击【插入】按钮，将联机图片插入 Word 文档中，如图 3-1 所示。

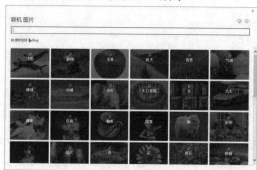

图 3-1

2. 插入图像集

Word 2021 为用户提供多种图像和图标素材，可为文档添加丰富的图像内容。其中包含六类，分别是"图像""图标""人像抠图""贴纸""插图""卡通人物"。

选择【插入】选项卡，在【插图】组中单击【图片】下拉按钮，选择【图像集】选项。此时用户可以根据需要选择图片，然后单击【插入】按钮，即可将所选图片插入 Word 文档中，如图 3-2 所示。

图 3-2

3. 插入屏幕截图

Word 2021 中的【屏幕截图】功能非常方便实用，能够轻松地捕捉到整个屏幕、特定窗口或选定区域，可将其直接插入文档中。

首先打开需要进行截屏的画面，然后选择【插入】选项卡，在【插图】组中单击【屏幕截图】下拉按钮，在弹出的菜单中选择一个需要截图的窗口，即可将该窗口截取，并显示在文档中。若想截图屏幕中的部分内容，可以选择【屏幕剪辑】选项，如图 3-3 所示。

图 3-3

4. 插入本机图片

在 Word 2021 中可以选择并添加保存在本地计算机上的图片文件。Word 支持多种常见的图片格式，如 JPEG、PNG、GIF 和 TIFF 格式等，确保所选的图片文件格式与 Word 兼容。

选择【插入】选项卡，在【插图】组中单击【图片】下拉按钮，选择【此设备】选项，如图 3-4 所示。

图 3-4

打开【插入图片】对话框，选择图片，然后单击【插入】按钮，即可在文档中插入图片，或者单击【插入】下拉按钮，可以选择以插入或者链接的方式插入图片，如图 3-5 所示。

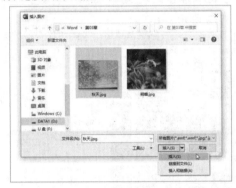

图 3-5

3.1.2　编辑图片

在文档中插入图片后，经常还需要进行设置才能满足用户的需求。插入图片后，自动打开【图片格式】选项卡，使用相应的功能工具，可以设置图片的颜色、大小、版式和样式等。

【例 3-1】　新建"楼盘宣传单"文档，插入并编辑图片。

视频+素材（素材文件\第 03 章\例 3-1）

step 1　启动 Word 2021 应用程序，新建名为"楼盘宣传单"的文档，选择【插入】选项卡，在【插图】组中单击【图片】下拉按钮，选择【此设备】选项。打开【插入图片】对话框，选择图片，然后单击【插入】按钮，如图 3-6 所示。

图 3-6

step 2　在打开的【图片格式】选项卡中单击【裁剪】下拉按钮，在弹出的菜单中选择【裁剪为形状】|【椭圆】选项，即可将图片裁剪为所选的预设形状，如图 3-7 所示。

图 3-7

step 3　选择 4 个顶点中的任意一个控制点，按住 Ctrl 键拖放，使图片在原位置等比例进行缩放，如图 3-8 所示。

图 3-8

step 4　在【大小】组中的【高度】文本框和【宽度】文本框中设置图片的大小，如图 3-9 所示。

图 3-9

step **5** 在【排列】组中单击【环绕文字】下拉按钮，在弹出的下拉列表中单击【紧密型环绕】选项。此时，图片周围的文字紧密围绕在图片四周。选择图片，将其拖曳至合适的位置，如图 3-10 所示。

图 3-10

step **6** 选择图片，在【图片格式】选项卡的【图片样式】组中单击【其他】按钮，在弹出的下拉列表中选择一种图片样式，此时，图片将应用设置的图片样式，如图 3-11 所示。

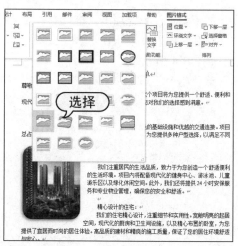

图 3-11

step **7** 在【调整】组中单击【艺术效果】下拉按钮，在下拉列表中选择一种效果，如图 3-12 所示。

图 3-12

3.2 使用图形

除了插入图片，Word 2021 还提供了形状、艺术字、文本框以及 SmartArt 图形等多种元素，可用于修饰文档。

3.2.1 插入形状

形状可以是线条、箭头、矩形、圆形等各种几何图形，用来突出重点、强调关键信息，或者用于辅助创建图表、流程图和其他可视化元素来展示复杂的概念和关系。借助 Word 的【绘制形状】功能，用户可以根据需要选择、绘制和编辑各种形状，以满足不同文档的设计要求。

1. 绘制形状图形

选择【插入】选项卡，在【插图】组中单击【形状】按钮，从弹出的列表中选择【太阳形】按钮，如图 3-13 所示。

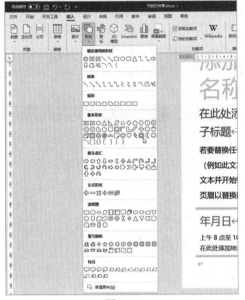

图 3-13

在文档中拖动鼠标即可绘制对应的图形，如图 3-14 所示。

图 3-14

2. 编辑形状图形

绘制完自选图形后，系统自动打开【形状格式】选项卡，使用该选项卡中相应的命令按钮可以设置自选图形的格式。例如，设置自选图形的大小、形状样式和位置等，如图 3-15 所示。

图 3-15

3.2.2 插入文本框

文本框可以帮助用户在文档中展示多样化的文本内容，无论是创建简单的标注、添加引用、设计海报，还是制作名片，用户不仅能够独立编辑文本框内的内容，还能调整文本框的位置、边框和颜色等。

1. 插入内置文本框

内置文本框是 Word 提供的一系列预定义样式和格式的文本框，它们具有各种不同的形状、颜色和布局，例如简单文本框、奥斯汀提要栏、边线型引述和花丝提要栏等。用户可以从中选择所需的文本框样式插入文档中，无须从头设计和布局。

选择【插入】选项卡，在【文本】组中单击【文本框】下拉按钮，从弹出的列表框中选择一种内置的文本框样式，如图 3-16 所示，即可快速地将其插入文档的指定位置。

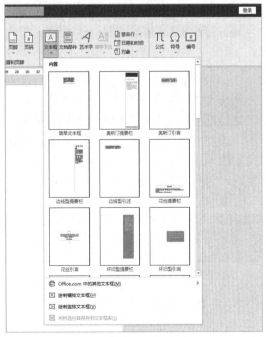

图 3-16

2. 手动绘制文本框

用户不仅可以插入内置的文本框，还可以手动绘制横排或竖排文本框。通过掌握绘制文本框的技巧，可以实现更自由和创新的排版效果。用户可以在文本框插入文本、图片和表格等。

选择【插入】选项卡，在【文本】组中单击【文本框】按钮，从弹出的下拉菜单中选择【绘制横排文本框】或【绘制竖排文本框】命令。此时，当鼠标指针变为十字形状时，在文档的适当位置单击并拖动到目标位置，释放鼠标，即可绘制出以拖动的起始位置和终止位置为对角顶点的文本框，如图3-17所示。

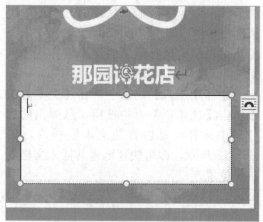

图 3-17

3. 设置文本框

插入文本框后，通过设置文本框，可以帮助用户更好地布局和排版文档中的内容。

绘制好文本框后，自动打开【形状格式】选项卡，使用该选项卡中的相应工具按钮，可以设置文本框的各种效果，如图3-18所示。

图 3-18

3.2.3 插入艺术字

在制作文档时，用户可以使用 Word 2021 提供的艺术字功能，在文档中添加一些独特的、艺术性的字体效果。通过插入艺术字，可以赋予文档标题、重要段落或标语等部分更加醒目的效果。

1. 添加艺术字

选择【插入】选项卡，在【文本】组中单击【艺术字】下拉按钮，在弹出的如图3-19所示的菜单中选择艺术字的样式，即可在Word 文档中插入艺术字。

插入艺术字的方法有两种:一种是先输入文本，再将输入的文本设置为艺术字样式；另一种是先选择艺术字样式，再输入需要的艺术字文本。

图 3-19

2. 编辑艺术字

艺术字具有各种独特的字体样式和装饰效果，利用 Word 中的艺术字功能来展示扭曲形状和三维轮廓的效果，都能增添文档的个性化和视觉冲击力。

选择艺术字，选择【形状格式】选项卡，使用该选项卡中的相应工具按钮，可以设置艺术字的样式、填充效果等属性，还可以对艺术字进行大小调整、旋转或添加阴影、添加三维效果等操作，如图3-20所示。

图 3-20

3.2.4 插入 SmartArt 图形

SmartArt 图形功能可以为文档提供可视化的信息展示和组织结构，帮助用户更清晰地说明概念、比较数据、展示流程和组织结构，以及创建其他类型的可视化内容。

1. 创建 SmartArt 图形

利用 SmartArt 图形可以使文档更具吸引力、易读性和信息准确性。

选择【插入】选项卡，在【插图】组中单击 SmartArt 按钮，如图 3-21 所示，打开【选择 SmartArt 图形】对话框，根据需要选择合适的类型即可。

图 3-21

如图 3-22 所示，在【选择 SmartArt 图形】对话框中，主要列出了如下几种 SmartArt 图形类型。

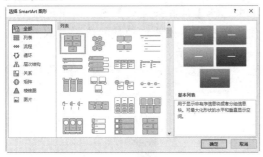

图 3-22

> 列表：显示无序信息。
> 流程：在流程或时间线中显示步骤。
> 循环：显示连续的流程。
> 层次结构：创建组织结构图，显示决策树。
> 关系：对连接进行图解。
> 矩阵：显示各部分如何与整体关联。
> 棱锥图：显示与顶部或底部最大一部分之间的比例关系。

> 图片：显示嵌入图片与文字的结构图。

2. 编辑 SmartArt 图形

借助 SmartArt 图形的编辑功能，用户可以调整布局、样式和内容，以满足文档的需求，可以将复杂的信息转化为易于理解的图形展示。

在【SmartArt 设计】和【格式】选项卡中可对 SmartArt 图形进行编辑操作，如添加和删除形状、套用形状样式等，如图 3-23 所示。

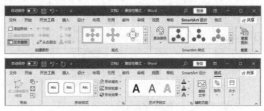

图 3-23

3.2.5　制作公司内刊

下面以制作"公司内刊"文档为例，介绍插入形状、文本框、艺术字、SmartArt 图形等的操作方法。

【例 3-2】制作"公司内刊"文档。
🔘 视频+素材 (素材文件\第 03 章\例 3-2)

step 1 启动 Word 2021，创建名为"公司内刊"的文档，单击【设计】选项卡中的【页面颜色】下拉按钮，选择一种页面颜色，如图 3-24 所示。

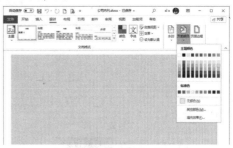

图 3-24

step 2 单击【插入】选项卡中的【图片】按钮，选择【此设备】选项，打开【插入图片】对话框，选择 3 张图片，如图 3-25 所示，单击【插入】按钮。

图 3-25

step 3 分别选中插入的 3 张图片，在【图片格式】选项卡的【排列】组中单击【环绕文字】按钮，在弹出的下拉菜单中选择【浮于文字上方】选项，如图 3-26 所示，然后设置 3 张图片的大小和位置。

图 3-26

step 4 接下来添加文本框，单击【插入】选项卡中的【文本框】按钮，在弹出的下拉菜单中选择【绘制横排文本框】选项，在页面中按住鼠标左键不放并拖动鼠标绘制 2 个文本框，然后输入文本并设置格式，如图 3-27 所示。

图 3-27

step 5 选中 2 个文本框，在【形状格式】选项卡中分别单击【形状填充】和【形状轮廓】按钮，选择【无填充】和【无轮廓】选项，如图 3-28 所示。

图 3-28

step 6 接下来添加形状图形，单击【插入】选项卡中的【形状】按钮，在弹出的下拉菜单中选择【双箭头直线】选项，在页面中按住鼠标左键不放并拖动鼠标绘制形状图形，如图 3-29 所示。

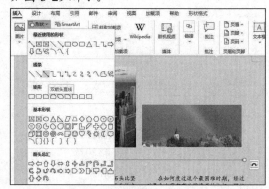

图 3-29

step 7 选中箭头形状，在【形状格式】选项卡中单击【形状轮廓】按钮，选择【浅绿】选项，如图 3-30 所示。

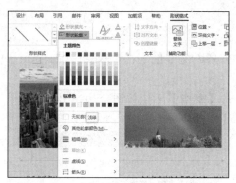

图 3-30

step 8 选中箭头形状，在【形状格式】选项卡中单击【形状轮廓】按钮，选择【粗细】|【2.25 磅】选项，如图 3-31 所示。

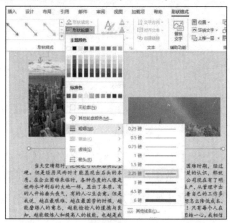

图 3-31

step 9 接下来添加艺术字，打开【插入】选项卡，在【文本】组中单击【艺术字】下拉按钮 ，打开艺术字列表框，选择一种样式，如图 3-32 所示。

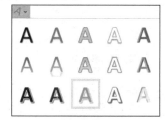

图 3-32

step 10 输入文字后，在【形状格式】选项卡的【艺术字样式】组中单击【文本效果】下拉按钮 A，选择【映像】|【半映像：接触】选项，如图 3-33 所示。

图 3-33

step 11 接下来添加 SmartArt 图形，单击【插入】选项卡【插图】组中的 SmartArt 按钮，打开【选择 SmartArt 图形】对话框，选择一款流程图形选项，单击【确定】按钮，如图 3-34 所示。

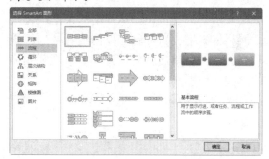

图 3-34

step 12 设置 SmartArt 图形的环绕方式为【浮于文字上方】，输入文字后，在【SmartArt设计】选项卡中选择样式和颜色，如图 3-35所示。

图 3-35

3.3 使用表格

为了更形象地说明问题，常常需要在文档中制作各种各样的表格。Word 2021 提供了强大的表格功能，可以快速地创建与编辑表格。

3.3.1 插入表格

Word 2021 提供了多种创建表格的方法，不仅可以通过按钮或对话框完成表格的创建，还可以根据内置样式快速插入表格。如果表格比较简单，还可以直接拖动鼠标来绘制表格。

1. 插入快速表格

将光标定位在需要插入表格的位置，然后选择【插入】选项卡，在【表格】组中单击【表格】下拉按钮，从弹出的菜单中会出现网格框。拖曳鼠标确定要创建表格的行数和列数，然后单击就可以完成一个规则表格的创建，如图 3-36 所示。

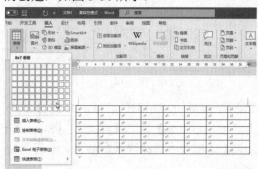

图 3-36

但是这种方法一次最多只能插入 8 行 10 列的表格，并且不套用任何样式，列宽是按窗口调整的。所以这种方法只适用于创建行、列数较少的表格。

2. 使用【插入表格】对话框

使用【插入表格】对话框为创建表格提供了更加精确的方式，用户可以更好地控制表格的行数和列数。

选择【插入】选项卡，在【表格】组中单击【表格】下拉按钮，从弹出的菜单中选择【插入表格】命令，如图 3-37 所示。

图 3-37

打开【插入表格】对话框，在【列数】和【行数】微调框中可以指定表格的列数和行数，单击【确定】按钮，如图 3-38 所示。

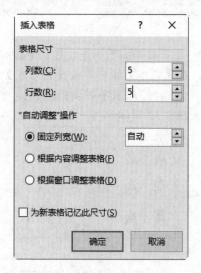

图 3-38

插入的表格效果如图 3-39 所示。

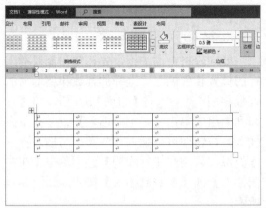

图 3-39

3. 手动绘制表格

通过手工绘制表格，用户可以根据自己的需求和设计理念，直接在文档中创造独特的表格布局及绘制一些带有斜线表头的表格。这种方式虽然不再受限于预设的模板和格式，但表格的尺寸准确度不高。

选择【插入】选项卡，在【表格】组中单击【表格】下拉按钮，从弹出的菜单中选择【绘制表格】命令，此时鼠标光标变为 ✐ 形状。拖曳鼠标，会出现一个表格的虚框，待达到合适大小后，释放鼠标即可生成表格的边框。

在表格边框的任意位置，单击选择一个起点，向右(或向下)拖曳绘制出表格中的横线(或竖线)，如图 3-40 所示。

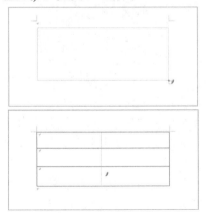

图 3-40

在表格的第 1 个单元格中，单击选择一个起点，向右下方拖曳即可绘制一个斜线表格，如图 3-41 所示。

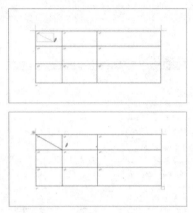

图 3-41

> **知识点滴**
>
> 如果在绘制过程中出现错误，打开【布局】选项卡，在【绘图】组中单击【橡皮擦】按钮，单击要删除的表格线段。按照线段的方向拖曳鼠标，该线段呈高亮显示，松开鼠标，该线段将被删除。

4. 应用表格样式

Word 2021 为用户提供了多种预设的表格样式，用户可以根据需求选择合适的表格样式。

在【插入】选项卡的【表格】组中单击【表格】下拉按钮，从弹出的菜单中选择【快速表格】命令的子命令，如图 3-42 所示。

图 3-42

此时即可插入带有格式的表格，无须自己设置，只需在其中修改数据即可，如图 3-43 所示。

图 3-43

3.3.2 编辑表格

表格中的每一格称为单元格，每个单元格都可以包含文本、数字、公式、图像等。在表格中，用户可以进行编辑文本或数据，插入行、列和单元格，删除行、列和单元格，合并和拆分单元格等操作。

1. 选定行、列和单元格

对表格进行格式化之前，首先要选定表格编辑对象，然后才能对表格进行操作。选定表格编辑对象的鼠标操作方式有如下几种。

▶ 选定一个单元格：将鼠标移动至该单元格的左侧区域，当光标变为 ◢ 形状时单击。

▶ 选定整行：将鼠标移动至该行的左侧，当光标变为 ◿ 形状时单击。

▶ 选定整列：将鼠标移动至该列的上方，当光标变为 ↓ 形状时单击。

▶ 选定多个连续的单元格：沿被选区域左上角向右下角拖动鼠标。

▶ 选定多个不连续的单元格：选取第 1 个单元格后，按住 Ctrl 键不放，再分别选取其他的单元格。

▶ 选定整个表格：移动鼠标到表格左上角的图标 ⊞ 时单击。

2. 插入行、列和单元格

要向表格中添加行，先选定与需要插入行的位置相邻的行，选择的行数和要增加的行数相同，然后选择【布局】选项卡，在【行和列】组中单击【在上方插入】或【在下方插入】按钮即可。插入列的操作与插入行基本类似，只需在【行和列】组中单击【在左侧插入】或【在右侧插入】按钮，如图 3-44 所示。

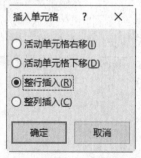

图 3-44

此外，单击【行和列】组中的【对话框启动器】按钮 ⌐，打开【插入单元格】对话框，选中【整行插入】或【整列插入】单选按钮，单击【确定】按钮，同样可以插入行或列，如图 3-45 所示。

图 3-45

要插入单元格，可先选定若干个单元格，选择【布局】选项卡，单击【行和列】组中的【对话框启动器】按钮 ⌐，打开【插入单元格】对话框。

如果要在选定的单元格左边添加单元格，可选择【活动单元格右移】单选按钮，此时增加的单元格会将选定的单元格和其右侧的单元格向右移动相应的列数；如果要在选定的单元格上边添加单元格，可选中【活动单元格下移】单选按钮，此时增加的单元格会将选定的单元格和其下方的单元格向下移动相应的行数，而且在表格最下方也增加了相应数目的行。

3. 删除行、列和单元格

选定需要删除的行，或将鼠标放置在该行的任意单元格中，在【行和列】组中单击【删除】下拉按钮，在打开的下拉菜单中选择【删除行】命令即可。删除列的操作与删除行基本类似，从弹出的删除菜单中选择【删除列】命令即可，如图 3-46 所示。

图 3-46

要删除单元格，可先选定若干个单元格，然后选择【布局】选项卡，在【行和列】组中单击【删除】按钮，从弹出的菜单中选择【删除单元格】命令，或者右击并从弹出的快捷菜单中选择【删除单元格】命令，打开【删除单元格】对话框，选择移动单元格的方式即可，如图 3-47 所示。

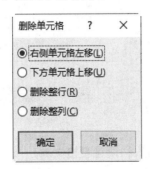

图 3-47

4. 合并和拆分单元格

在 Word 2021 中，通过合并多个单元格，可以创建更大的单元格来容纳更多内容或者创建跨列或跨行的表格布局。而拆分单元格，可以将一个单元格拆分成多个单元格，达到增加行数和列数的目的。

在表格中选择要合并的单元格，选择【布局】选项卡，在【合并】组中单击【合并单元格】按钮，如图 3-48 所示。或者在选择的单元格中右击，从弹出的快捷菜单中选择【合并单元格】命令。

图 3-48

此时 Word 就会删除所选单元格之间的边界，建立一个新的单元格，并将原来单元格的列宽和行高合并为当前单元格的列宽和行高，如图 3-49 所示。

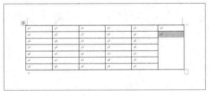

图 3-49

选取要拆分的单元格，选择【布局】选项卡，在【合并】组中单击【拆分单元格】按钮，或者右击选中的单元格，从弹出的快捷菜单中选择【拆分单元格】命令，打开【拆分单元格】对话框，在【列数】和【行数】文本框中输入列数和行数，如图3-50所示。

图 3-50

5. 拆分表格

拆分表格功能，可以帮助用户更好地管理大量数据、复杂的报告或表格等。

将插入点置于要拆分的行，选择【布局】选项卡，在【合并】组中单击【拆分表格】按钮，或者按 Ctrl+Shift+Enter 快捷键。此时，插入点所在行以下的部分就从原表格中分离出来，形成另一个独立表格，如图3-51所示。

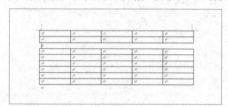

图 3-51

在拆分表格时，插入点定位的那一行将成为新表格的首行。

> **知识点滴**
>
> 当表格跨页时，最好先将表格拆分为两个表格再进行调整。如果不拆分，则要设置后续页的表格中出现标题行，将插入点定位在表格第 1 行标题任意单元格中，然后选择【布局】选项卡，在【数据】组中单击【重复标题行】按钮，在后续页的表格中将会显示标题行内容。

6. 调整行高与列宽

创建表格时，表格的行高和列宽都是默认值，而在实际工作中常常需要随时调整表格的行高和列宽。

使用鼠标可以快速地调整表格的行高和列宽。先将鼠标指针指向需调整的行的下边

框，然后拖动鼠标至所需位置，整个表格的高度会随着行高的改变而改变。在使用鼠标拖动调整列宽时，先将鼠标指针指向表格中所要调整列的边框，使用不同的操作方法，可以达到不同的效果。

▶ 使用鼠标指针拖动边框，则边框左右两列的宽度发生变化，而整个表格的总体宽度不变。

▶ 按住 Shift 键，然后拖动鼠标，则边框左边一列的宽度发生改变，整个表格的总体宽度随之改变。

▶ 按住 Ctrl 键，然后拖动鼠标，则边框左边一列的宽度发生改变，边框右边各列也发生均匀的变化，而整个表格的总体宽度不变。

如果表格尺寸要求的精确度较高，可以使用【表格属性】对话框，以输入数值的方式精确地调整行高与列宽，如图3-52所示。

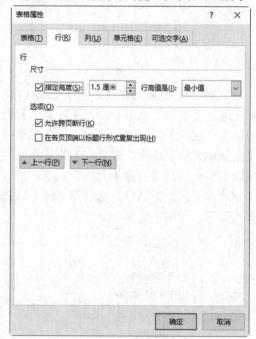

图 3-52

7. 输入和设置表格文本

将插入点定位在表格的单元格中，然后直接利用键盘输入文本。在表格中输入文本时，Word 2021 会根据文本的多少自动调整

单元格的大小。通过按 Tab 键，可以快速移到下一个单元格，或者按方向键移动。

默认情况下，单元格中的文本是靠上左对齐，用户可以选择单元格区域或整个表格，选择【布局】选项卡，在【对齐方式】组中单击相应的按钮即可设置文本对齐方式，如图 3-53 所示。

图 3-53

当表格嵌入文本时，可以使用文字环绕功能将文本与表格相融合，用户可以根据需要自由调整表格的位置和与文本的关系。选择表格后，选择【布局】选项卡，在【单元格大小】组中单击【对话框启动器】按钮 ⬛，打开【表格属性】对话框，在【表格】选项卡中选择【文字环绕】中的选项即可，如图 3-54 所示。

图 3-54

8. 设置表格边框

通过设置表格的边框样式和颜色，可以突出表格中的关键信息。

选择整个表格或要设置边框的特定单元格区域，选择【表设计】选项卡，在【表格样式】组中单击【边框】下拉按钮，从弹出的下拉菜单中可以为表格设置边框，如图 3-55 所示。

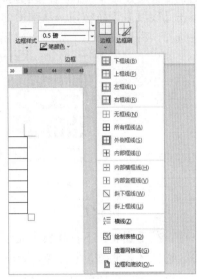

图 3-55

若选择【边框和底纹】命令，则打开【边框和底纹】对话框的【边框】选项卡，在【设置】选项区域中可以选择表格边框的样式；在【样式】列表框中可以选择边框线条的样式；在【颜色】下拉列表中可以选择边框的颜色；在【宽度】下拉列表中可以选择边框线条的宽度；在【应用于】下拉列表中可以设定边框应用的对象，如图 3-56 所示。

图 3-56

9. 设置表格底纹

在 Word 2021 中，除设置表格边框外，还可以通过设置表格底纹使表格看起来更具层次感与条理性。

选择【表设计】选项卡，在【表格样式】组中单击【底纹】下拉按钮，从弹出的下拉列表中选择一种底纹颜色，如图 3-57 所示。

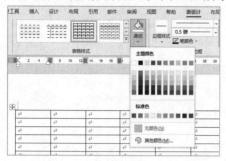

图 3-57

其中，在【底纹】下拉列表中还包含两个命令，选择【其他颜色】命令，打开【颜色】对话框，在该对话框中可选择标准色或自定义设置需要的颜色，如图 3-58 所示。

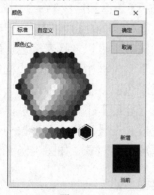

图 3-58

在【边框】组中单击【对话框启动器】按钮，打开【边框和底纹】对话框，选择【底纹】选项卡，在【填充】下拉列表中可以设置表格底纹的填充颜色；在【图案】选项区域中的【样式】下拉列表中可以选择填充图案的其他样式；在【应用于】下拉列表中可以设定底纹应用的对象，如图 3-59 所示。

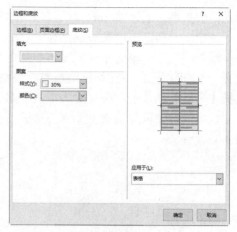

图 3-59

3.3.3 制作新员工入职登记表

下面以制作"新员工入职登记表"文档为例，介绍插入表格及编辑表格的操作。

【例 3-3】 创建一个"新员工入职登记表"文档，在文档中插入表格，并对表格进行编辑和美化。
视频+素材 (素材文件\第 03 章\例 3-3)

step 1 启动 Word 2021 应用程序，新建一个"新员工入职登记表"文档，选择【布局】选项卡，在【页面设置】组中单击【纸张大小】下拉按钮，在弹出的下拉列表中选择【A4】选项。

step 2 单击【页边距】下拉按钮，选择【窄】选项。

step 3 选择【插入】选项卡，在【表格】组中单击【表格】下拉按钮，选择【插入表格】命令，如图 3-60 所示。

图 3-60

step 4 打开【插入表格】对话框，设置【列数】和【行数】微调框数值分别为"7"和"24"，然后单击【确定】按钮，如图 3-61 所示。

图 3-61

step 5 选择若干单元格，然后选择【布局】选项卡，在【合并】组中单击【合并单元格】按钮，如图 3-62 所示。

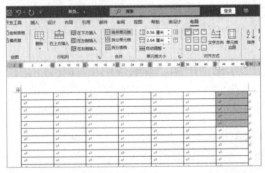

图 3-62

step 6 按照步骤 5 的方法，合并其他单元格，如图 3-63 所示。

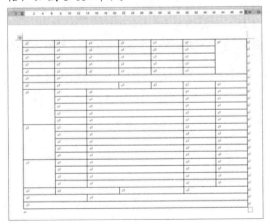

图 3-63

step 7 将鼠标插入点放置到第 22 行第 1 列的单元格中，选择【布局】选项卡，在【行和列】组中单击【在下方插入】按钮，如图 3-64 所示。

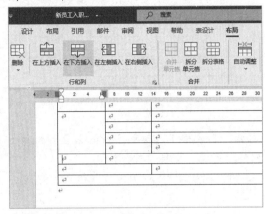

图 3-64

step 8 此时该单元格的下方插入了一行新的单元格。将插入点定位在第 22 行的第 2 列的单元格中，如图 3-65 所示。

图 3-65

step 9 在【布局】选项卡的【合并】组中单击【拆分单元格】按钮，打开【拆分单元格】对话框，在【列数】文本框中输入"3"，在【行数】文本框中输入"1"，然后单击【确定】按钮，如图 3-66 所示。

图 3-66

step 10 此时，该单元格被拆分为3个单元格，如图3-67所示。

图3-67

step 11 在表格中选择第5行的第2列到第6列的单元格，如图3-68所示。

图3-68

step 12 在【合并】组中单击【拆分单元格】按钮，打开【拆分单元格】对话框，在【列数】文本框中输入"18"，在【行数】文本框中输入"1"，选中【拆分前合并单元格】复选框，然后单击【确定】按钮，如图3-69所示。

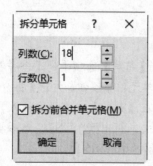

图3-69

step 13 若拆分的18个单元格列宽不一致，可以在【单元格大小】组中单击【分布列】按钮，即可平均分布每个单元格的宽度，如图3-70所示。

图3-70

step 14 在表格中输入文本内容，如图3-71所示。

图3-71

step 15 在表格上方添加一行空白行，输入文本"新员工入职登记表"。

step 16 选择第一行文本"新员工入职登记表"，然后选择【开始】选项卡，设置【字体】为【黑体】，【字号】为【二号】，单击【加粗】按钮 **B**，然后在【段落】组中单击【居中】按钮 ≡，如图3-72所示。

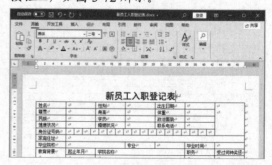

图3-72

step 17 如图 3-73 所示，在"新员工入职登记表"下方输入应聘职位、填表日期，然后选中文本，设置【字体】为【黑体】，【字号】为11 号，然后输入合适的空格，单击【下画线】按钮 ⊍▾ 添加下画线。

图 3-73

step 18 选择除最后一行外的所有单元格，然后选择【布局】选项卡，在【单元格大小】组的【高度】微调框中输入"0.8 厘米"，如图 3-74 所示。

图 3-74

step 19 将鼠标插入点放置到"爱好特长"一行下方的边框线上，当光标变成双向箭头时按住左键并向下拖曳，即可手动调整行高，如图 3-75 所示。

图 3-75

step 20 将光标放到"联系电话"一行右方的边框线上，向右拖动可单独调整单元格中的列宽，如图 3-76 所示。

图 3-76

step 21 选择表格中的"教育背景""工作经历"和"家庭成员"单元格，然后选择【布局】选项卡，在【对齐方向】组中单击【文字方向】按钮，可调整为竖排文字，如图 3-77 所示。

图 3-77

step 22 选择除最后一行外的其余单元格，在【对齐方式】组中单击【水平居中】按钮，如图 3-78 所示。

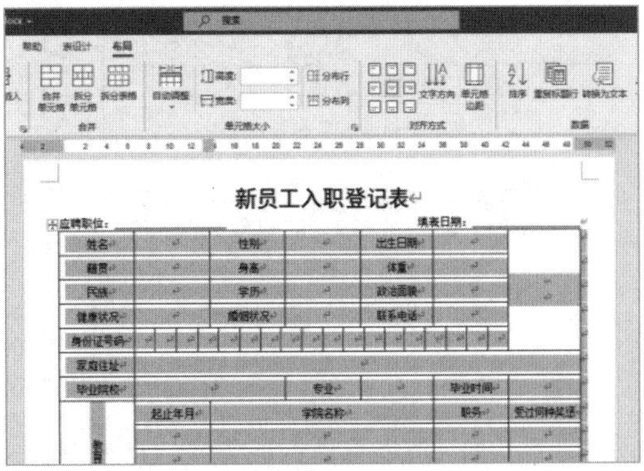

图 3-78

step23 选择表格中的所有单元格，然后选择【开始】选项卡，在【字体】组中单击【增大字号】按钮 A，让字号变大以匹配单元格，并调整单元格的行高和列宽。

step24 将光标移到文本"招聘网站"前面，然后选择【插入】选项卡，在【符号】组中单击【符号】下拉按钮，在弹出的下拉列表中选择【空心方形】选项，如图3-79所示。

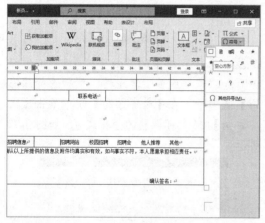

图 3-79

step25 此时，文本"招聘网站"前方插入一个空心方形符号。

step26 按照步骤24的方法将光标分别放在文本"校园招聘""招聘会""他人推荐"和"其他"前方，按F4键，即可重复上一步操作，为其插入空心方形图形，如图3-80所示。

图 3-80

step27 选择表格的倒数第二行，在【表格样式】组中单击【边框】下拉按钮，选择【边框和底纹】命令，如图3-81所示。

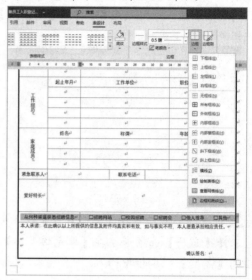

图 3-81

step28 打开【边框和底纹】对话框，选择【边框】选项卡，在【设置】选项区域中选择【自定义】选项，单击【宽度】下拉按钮，选择【2.25磅】选项，并在预览区域中选择需要应用的边框，如图3-82所示。

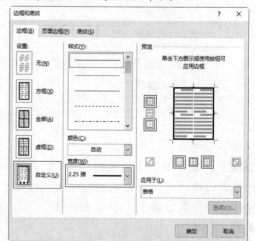

图 3-82

step29 单击【宽度】下拉按钮，选择【1.0磅】选项，单击【颜色】下拉按钮，选择【黑色，文字1，淡色50%】选项，并在预览区域中选择需要应用的边框，如图3-83所示。

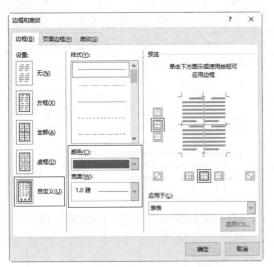

图 3-83

step 30 选择表格倒数第二行的单元格，选择【表设计】选项卡，在【表格样式】组中单击【底纹】按钮，从弹出的颜色面板中选择

【灰色，个性色 3，淡色 80%】按钮，如图 3-84 所示。

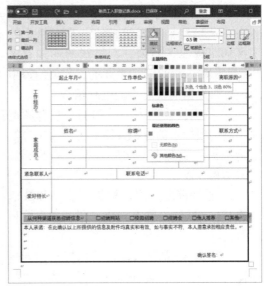

图 3-84

3.4　使用图表

Word 2021 提供了创建图表的功能，用来组织和显示信息。与文字数据相比，图表使复杂的数据更加易于理解和传达。

3.4.1　添加图表

Word 2021 提供了大量预设的图表模板，使用它们可以快速地创建用户所需的图表。图表的基本结构包括图表区、绘图区、图表标题、数据系列、网格线、图例等，如图 3-85 所示。

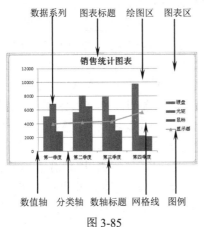

图 3-85

图表的各组成部分介绍如下。

▶ 图表标题：图表标题在图表中起到说明性的作用，是图表性质的大致概括和内容总结，它相当于一篇文章的标题，并可用来定义图表的名称。它可以自动与坐标轴对齐或居中排列于图表坐标轴的外侧。

▶ 图表区：图表区指的是包含绘制的整张图表及图表中元素的区域。

▶ 绘图区：绘图区是指图表中的整个绘制区域。二维图表和三维图表的绘图区有所区别。在二维图表中，绘图区是以坐标轴为界并包括全部数据系列的区域；而在三维图表中，绘图区是以坐标轴为界并包含数据系列、分类名称、刻度线和坐标轴标题的区域。

▶ 数据系列：数据系列又称为分类，它指的是图表上的一组相关数据点。每个数据系列都用不同的颜色和图案加以区别。每一个数据系列分别来自工作表的某一行或某一列。

> 网格线：和坐标纸类似，网格线是图表中从坐标轴刻度线延伸并贯穿整个绘图区的可选线条系列。网格线的形式有多种：水平的、垂直的、主要的、次要的，用户还可以根据需要对它们进行组合。

> 图例：在图表中，图例是包含图例项和图例项标示的方框，每个图例项左边的图例项标示和图表中相应数据系列的颜色与图案相一致。

> 数轴标题：用于标记分类轴和数值轴的名称，默认设置下其位于图表的下面和左面。

通过 Word 的图表功能可以轻松地创建各种类型的图表，如柱状图、折线图、饼图等。首先选择数据，然后选择合适的图表类型，Word 会自动根据数据生成相应的图表。这样，用户无须手动绘制和计算，即可快速创建出图表。

选择数据，然后选择【插入】选项卡，在【插图】组中单击【图表】按钮，如图 3-86 所示。

图 3-86

打开【插入图表】对话框，在该对话框中选择一种图表类型后，单击【确定】按钮，如图 3-87 所示。

图 3-87

此时，即可在文档中插入图表，同时会启动 Excel 2021 应用程序，用于编辑图表中的数据，如图 3-88 所示。

图 3-88

插入图表后，打开【图表设计】和【格式】选项卡，通过工具按钮可以设置相应的图表的样式、布局以及格式等，使插入的图表更为直观。或者直接双击图表中的元素，打开窗格，在其中设置图表元素。

3.4.2 制作销售统计图表

下面以制作"销售统计图表"文档为例，介绍创建图表及编辑图表的操作。

【例 3-4】创建一个"销售统计图表"文档，在文档中插入并编辑图表。

🎬 视频+素材 (素材文件\第 03 章\例 3-4)

step 1 启动 Word 2021 应用程序，新建一个"销售统计图表"文档，选择【插入】选项卡，在【插图】组中单击【图表】按钮，打开【插入图表】对话框，选择【柱形图】选项卡中的【三维簇状柱形图】选项，然后单击【确定】按钮，如图 3-89 所示。

step 2 插入图表后，弹出【Microsoft Word 中的图表】Excel 窗口，此表格为图表的默认数据显示，如图 3-90 所示。

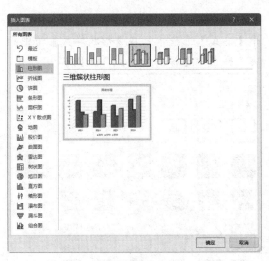

图 3-89

	A	B	C	D	E	F
1		系列 1	系列 2	系列 3		
2	类别 1	4.3	2.4	2		
3	类别 2	2.5	4.4	2		
4	类别 3	3.5	1.8	3		
5	类别 4	4.5	2.8	5		
6						
7						
8						
9						

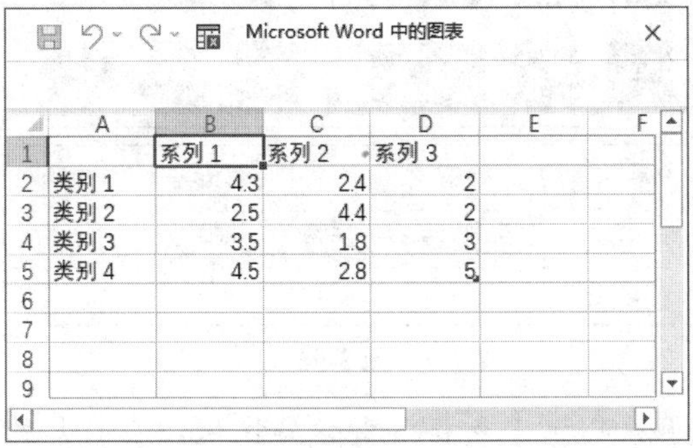

图 3-90

step 3 修改表格中的数据，如将“系列 1”改为“1 月销量”，“类别 1”等数据也可以任意更改，如图 3-91 所示。

	A	B	C	D	E	F
1		1月销量	2月销量	3月销量		
2	铅笔	100	120	94		
3	钢笔	80	70	75		
4	毛笔	50	30	80		
5	圆珠笔	110	75	60		
6						
7						
8						
9						

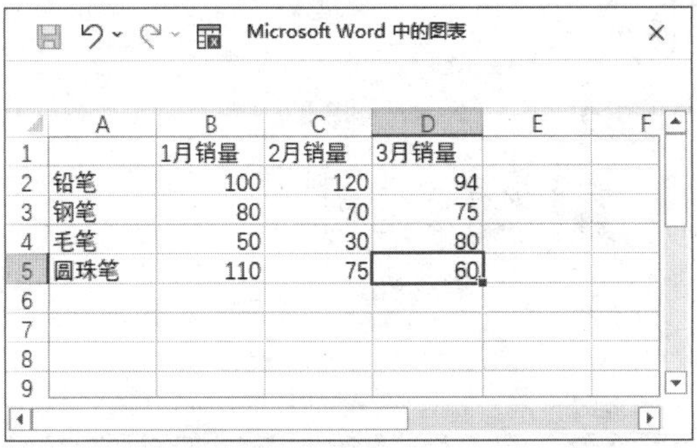

图 3-91

step 4 单击表格窗口的【关闭】按钮，在 Word 中显示更改数据后的图表效果，如图 3-92 所示。

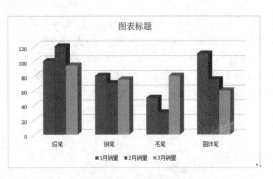

图 3-92

step 5 在插入的图表中双击【1 月销量】的【圆珠笔】形状，将打开【设置数据点格式】窗格，如图 3-93 所示。

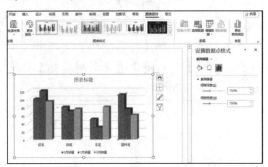

图 3-93

step 6 选择【填充与线条】选项卡，选中【纯色填充】单选按钮，设置颜色为浅蓝色，透明度为 30%，如图 3-94 所示。

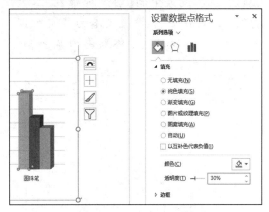

图 3-94

step 7 选中图表，打开【图表设计】选项卡，单击【添加图表元素】按钮，在弹出的下拉

菜单中选择【数据标签】|【数据标注】选项，将数据标注添加在图表中，如图 3-95 所示。

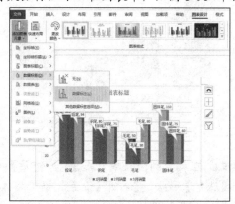

图 3-95

step 8 单击标注，在打开的【设置数据标签格式】窗格中选择【标签选项】选项卡，在【标签选项】里取消勾选【类别名称】复选框，如图 3-96 所示。

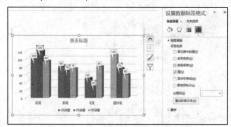

图 3-96

step 9 选择图表中的【图表标题】文本框，输入"文具销量"，设置文本为华文行楷，字体为 20，加粗，字体颜色为蓝色，如图 3-97 所示。

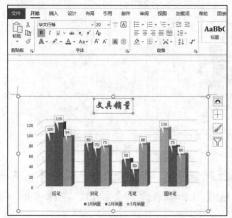

图 3-97

step 10 选择图表下方的【图例】文本框，打开【格式】选项卡，在【形状样式】组中的快速样式中选择一种样式，如图 3-98 所示。

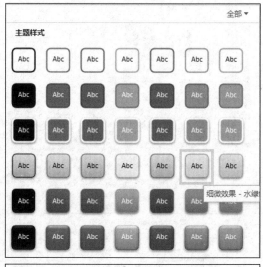

图 3-98

step 11 选中表格的背景墙区域，在打开的【设置背景墙格式】窗格中设置纯色填充颜色，如图 3-99 所示。

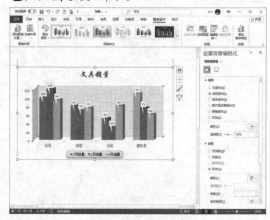

图 3-99

step 12 选中表格的基底区域，在打开的【设置基底格式】窗格中设置纯色填充颜色，如图 3-100 所示。

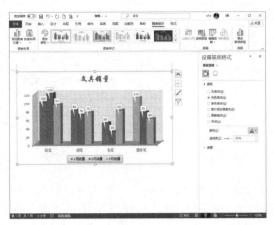

图 3-100

step 13 选中图表中的图表区，打开【设置图表区格式】窗格，设置填充颜色为渐变颜色，如图 3-101 所示。

step 14 选中图表，打开【格式】选项卡，单击【艺术字样式】组中的【快速样式】按钮，选择一种艺术字样式，改变图表内字体格式，如图 3-102 所示。

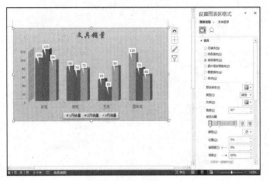

图 3-101

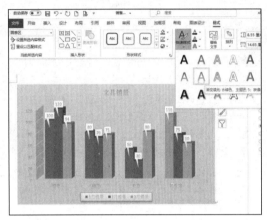

图 3-102

3.5 案例演练

本节通过制作"公司组织结构图"文档案例，帮助用户巩固本章所学知识。

【例 3-5】通过在文档中插入 SmartArt 图形和艺术字，制作一个"公司组织结构图"文档。

📹 视频+素材 (素材文件\第 03 章\例 3-5)

step 1 启动 Word 2021 应用程序，新建一个名为"公司组织结构"的文档，在文档中输入文本"董事长"。

step 2 按 Enter 键进行换行，输入文本"总经理"，然后选择【开始】选项卡，在【段落】组中单击【增加缩进量】按钮，编辑层级关系，如图 3-103 所示。

step 3 按照步骤 2 的方法，根据公司的组织结构，在文档中输入公司组织名称，并调整文本的层级关系，如图 3-104 所示。

图 3-103

图 3-104

step④ 按 Ctrl+A 快捷键全选文本内容，然后按 Ctrl+C 快捷键进行复制。

step⑤ 新建一个名为"公司组织结构图"的文档，选择【布局】选项卡，在【页面设置】组中单击【对话框启动器】按钮▪，打开【页面设置】对话框，选择【页边距】选项卡，在【纸张方向】选项组中单击【横向】按钮，然后选择【纸张】选项卡，单击【纸张大小】下拉按钮，选择【A4】选项，如图 3-105 所示，单击【确定】按钮。

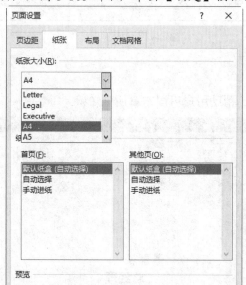

图 3-105

step⑥ 选择【插入】选项卡，在【插图】组中单击 SmartArt 按钮。

step⑦ 打开【选择 SmartArt 图形】对话框，选择【层次结构】选项，选择【组织结构图】选项，然后单击【确定】按钮，如图 3-106 所示。

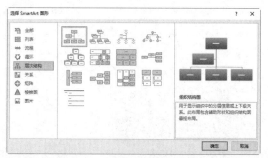

图 3-106

step⑧ 返回到文档中，即可看到插入的 SmartArt 图形，将光标移到 SmartArt 图形的左下方。

step⑨ 选择【开始】选项卡，在【段落】组中单击【居中】按钮▪，如图 3-107 所示。

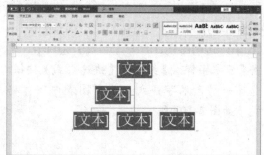

图 3-107

step⑩ 单击◁按钮打开文本窗格，选择文本窗格中的第一行文本，按 Ctrl+V 快捷键将内容粘贴到文本窗格中，如图 3-108 所示。

图 3-108

step 11 按住 Ctrl 键或者 Shift 键，选择多余的图形，按 Backspace 或 Delete 键即可将其删除，如图 3-109 所示。

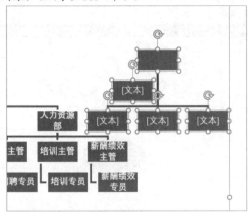

图 3-109

step 12 选择【内贸部】图形和【外贸部】图形，将光标移到其中一个图形的右边线中间，当鼠标变成双向箭头时，按住鼠标向右拖曳，如图 3-110 所示，然后选择其中一个图形的正下方中间向下拖曳，拉长图形。

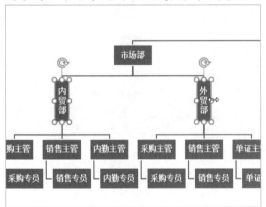

图 3-110

step 13 分别选择第 1 排和第 2 排的图形，向上移动至合适位置，并将光标移到其中一个图形的右上角，当光标变成双向箭头时，按 Shift 键进行拖曳，等比例调整图形大小。

step 14 选择 SmartArt 图形，选择【SmartArt 设计】选项卡，单击【更改颜色】按钮，在弹出的下拉列表中选择【深色 2 轮廓】选项，如图 3-111 所示。

step 15 单击【SmartArt 样式】组中的【其他】按钮，在弹出的下拉列表中选择【强烈效

果】选项，此时便成功地将系统的样式效果应用到 SmartArt 图形中，如图 3-112 所示。

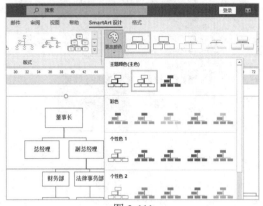

图 3-111

图 3-112

step 16 选择第一行图形，然后选择【格式】选项卡，在【形状样式】组中单击【形状填充】下拉按钮，选择【深红】按钮，更换图形的颜色，如图 3-113 所示。

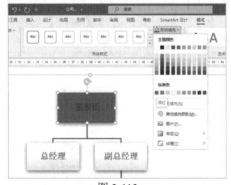

图 3-113

step 17 选择【开始】选项卡，在【字体】组中单击【字体颜色】下拉按钮，从弹出的菜单中选择【白色，背景 1】按钮，修改文字颜色，如图 3-114 所示。

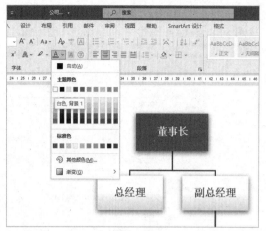

图 3-114

step 18 按照同样的方法调整第二行图形的形状填充颜色为【金色，个性色 4】，字体颜色为【白色，背景 1】，第三排图形的形状填充颜色为【蓝色，个性色 5，淡色 80%】，如图 3-115 所示。

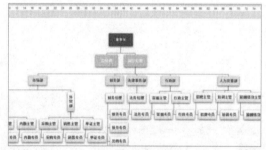

图 3-115

step 19 选择第一排和第二排的图形，然后选择【格式】选项卡，在【形状】组中单击【更改形状】下拉列表，选择【椭圆】形状，更改图形形状为椭圆，如图 3-116 所示。

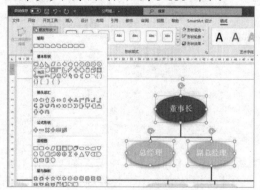

图 3-116

step 20 选择第一排图形，选择【开始】选项卡，在【字体】组中单击【增大字号】按钮 A^，让字号变大以匹配图形，并设置字体为【黑体】，如图 3-117 所示。

图 3-117

step 21 按照步骤 20 的方法调整第二排图形文字的字体为【黑体】，如图 3-118 所示。

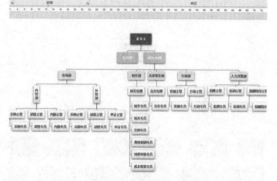

图 3-118

第4章

Word 版面设计

为了提高文档的编辑效率，合理地设置版面设计至关重要。Word 2021 提供了许多便捷的操作方式及管理工具来优化文档的格式编排。本章将主要介绍 Word 2021 的页面设置以及编辑长文档等相关内容。

本章对应视频

4.1 设置页面格式

在使用 Word 编辑文档时，用户可以根据不同类型的文档和需求，设置页边距、纸张大小、文档网格、稿纸页面等，使文档版面呈现出更加专业和精美的外观，同时还能够提升读者的阅读体验。

4.1.1 设置页边距

页边距是指文档页面与内容之间的空白区域。设置页边距，包括调整上、下、左、右边距，调整装订线的距离和纸张的方向，其影响页面的整体平衡感、可读性和视觉效果。

选择【布局】选项卡，在【页面设置】组中单击【页边距】按钮，从弹出的下拉列表中选择页边距样式，即可快速为页面应用该页边距样式，如图 4-1 所示。

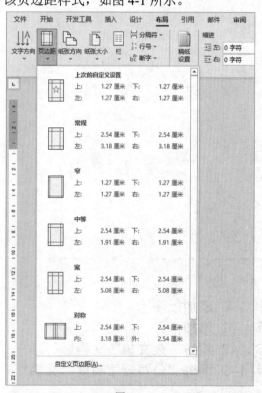

图 4-1

选择【自定义页边距】命令，打开【页面设置】对话框的【页边距】选项卡，可以精确设置页面边距，如图 4-2 所示。其中，装订线功能可以帮助用户预览文档在实际装订后的效果。装订线以虚线的形式出现在

页面上，显示页面边距内的装订区域，确保在装订过程中不影响到文档中的内容，以便日后装订长文档。

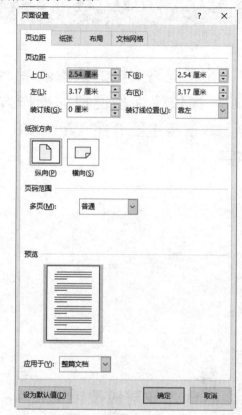

图 4-2

4.1.2 设置纸张大小和方向

在 Word 2021 中，默认的页面方向为纵向，其大小为 A4。在制作海报、贺卡和信件等，用户还可以自定义纸张的宽度和高度以满足文档需求。在【页面设置】组中单击【纸张大小】按钮，从弹出的下拉列表中选择设定的规格选项，即可快速设置纸张大小，如图 4-3 所示。

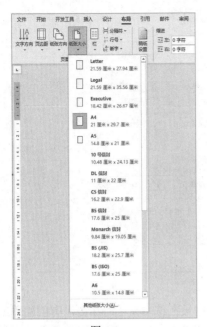

图 4-3

选择【其他纸张大小】选项，打开【页面设置】对话框的【纸张】选项卡，其中为用户提供了多种灵活且精确控制文档纸张的选项，从而满足用户的专业化和个性化需求，如图 4-4 所示。

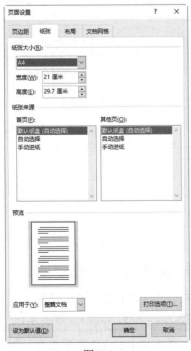

图 4-4

4.1.3　设置文档网格

文档网格是一种可见的参考线，将页面分割为均匀的方格。文档网格用于排版和定位文本、图片、表格等元素。

选择【布局】选项卡，在【页面设置】组中单击【对话框启动器】按钮，打开【页面设置】对话框，然后选择【文档网格】选项卡，如图 4-5 所示。

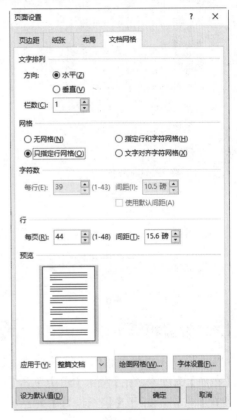

图 4-5

单击【绘图网格】按钮，打开【网格线和参考线】对话框，如图 4-6 所示，在该对话框中设置选项来控制文档中的参考线和网格，可极大地提高用户在文档编辑时的工作效率。

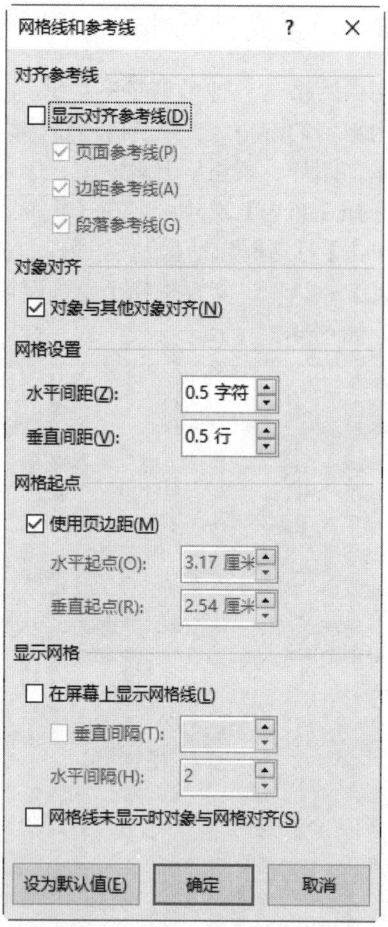

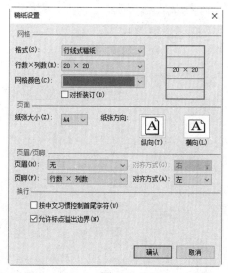

图 4-6

4.1.4 设置稿纸页面

Word 2021 提供了稿纸设置的功能，选择【布局】选项卡，在【稿纸】组中单击【稿纸设置】按钮，打开【稿纸设置】对话框。用户可以灵活地设置网格、页面纸张大小和方向、页眉和页脚等。用户能够根据具体需求和要求，创建符合规范的文档。

在【稿纸设置】对话框中，在【网格】选项区域中选中【对折装订】复选框，可以将整张稿纸分为两半装订；在【纸张大小】下拉列表中可以选择纸张大小；在【纸张方向】选项区域中，可以设置纸张的方向；在【页眉/页脚】选项区域中可以设置稿纸页眉和页脚内容，以及设置页眉和页脚的对齐方式，如图 4-7 所示。

图 4-7

如果在编辑文档时事先没有创建稿纸，为了让读者更方便、清晰地阅读文档，这时就可以为已有的文档应用稿纸，效果如图 4-8 所示。

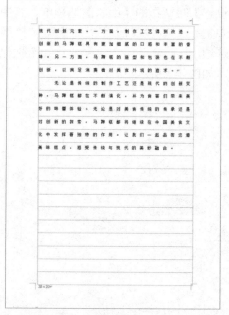

图 4-8

4.1.5 制作传统糕点文档

【例 4-1】为"传统糕点"文档设置页面格式。

🔘 视频+素材 （素材文件\第 04 章\例 4-1）

step 1 启动 Word 2021 应用程序，打开"传统糕点"文档，如图 4-9 所示。

图 4-9

step 2 选择【布局】选项卡，在【页面设置】组中单击【对话框启动器】按钮，打开【页面设置】对话框，选择【页边距】选项卡，选择【横向】选项，然后在【上】微调框中输入"3 厘米"，在【下】微调框中输入"2 厘米"，在【左】和【右】微调框中均输入"2.8 厘米"，如图 4-10 所示。

图 4-10

step 3 选择【纸张】选项卡，在【纸张大小】下拉列表中选择【自定义大小】选项，在【宽度】和【高度】微调框中分别输入"28 厘米"和"20 厘米"，如图 4-11 所示。

图 4-11

step 4 打开【文档网格】选项卡，在【文字排列】选项区域的【方向】中选中【垂直】单选按钮；在【网格】选项区域中选中【指定行和字符网格】单选按钮；在【字符数】选项区域中的【每行】微调框中输入"26"；在【行】选项区域中的【每页】微调框中输入"30"，然后单击【绘图网格】按钮，如图 4-12 所示。

图 4-12

step 5 打开【网格线和参考线】对话框，选中【在屏幕上显示网格线】复选框，在【水平间隔】文本框中输入"2"，然后单击【确定】按钮，如图 4-13 所示。

图 4-13

step 6 返回【页面设置】对话框，单击【确定】按钮，此时即可为文档应用所设置的文档网格，效果如图 4-14 所示。

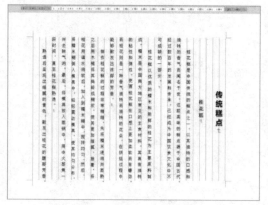

图 4-14

step 7 打开【视图】选项卡，在【显示】组中取消选中【网格线】复选框，如图 4-15 所示，即可隐藏页面中的网格线。

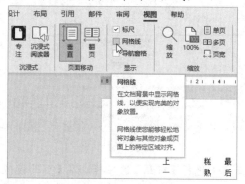

图 4-15

step 8 打开【布局】选项卡，在【稿纸】组中单击【稿纸设置】按钮，打开【稿纸设置】对话框。在【格式】下拉列表中选择【行线式稿纸】选项；在【行数×列数】下拉列表中选择 20×25 选项；在【网格颜色】下拉面板中选择【浅橙色】选项；在【纸张方向】中选择【横向】选项，单击【确定】按钮，如图 4-16 所示。

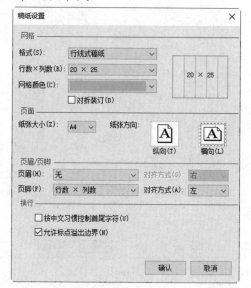

图 4-16

step 9 Word 开始进行稿纸转换，完成后将显示所设置的稿纸格式。

4.2　插入页眉、页脚和页码

页眉和页脚通常用于显示文档的附加信息，如页码、时间和日期、单位名称、徽标和章节名称等内容。页码是书籍每一页面上标明次序的号码或其他数字，用于统计书籍的面数，以便于读者阅读和检索。许多文稿，特别是比较正式的文稿，都需要设置页眉、页脚和页码。

4.2.1　添加页眉和页脚

页眉和页脚通常用于显示文档的附加信息，页眉适用于放置文档的标题、公司名称、日期、页码等信息；页脚适用于放置页码、版权信息、脚注、尾注等内容。

选择【插入】选项卡，在【页眉和页脚】组中单击【页眉】按钮，从弹出的菜单中选择合适的内置页眉样式，如图 4-17 所示。

图 4-17

选择【编辑页眉】选项，页面会切换到页眉编辑模式，并显示一个横向的页眉线，用户可以自定义页眉内容，如图 4-18 所示。

图 4-18

选择【插入】选项卡，在【页眉和页脚】组中单击【页脚】按钮，从弹出的菜单中选择合适的内置页脚样式，如图 4-19 所示。

图 4-19

选择【编辑页脚】选项，页面会切换到页脚编辑模式，并在页面底部显示一个横向的页脚线，用户可以自定义页脚内容，如图 4-20 所示。

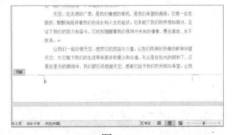

图 4-20

当选择【编辑页眉】或【编辑页脚】时，页面会切换到页眉或页脚编辑模式，在页眉或页脚的线上，用户可以添加文本、插入图片、插入日期和时间等。

使用工具栏上的命令按钮，可以调整页眉或页脚的样式。完成编辑后，可以单击【关闭页眉和页脚】按钮，如图4-21所示，或者直接单击页面中的正文区域，以退出页眉或页脚编辑模式。

图 4-21

书籍中奇偶页的页眉页脚通常是不同的。在 Word 2021 中，可以为文档中的奇、偶页设计不同的页眉和页脚。

实用技巧

在编辑页眉或页脚时，用户也可以使用分节符在不同的部分中插入不同的页眉或页脚内容，使每个部分都有自己独特的样式。

4.2.2 插入页码

页码通常位于文档的页眉或页脚，但也不排除其他特殊情况，页码也可以被添加到其他位置。

打开需要插入页码的文档，选择【插入】选项卡，在【页眉和页脚】组中单击【页码】按钮，从弹出的菜单中选择页码的位置和样式，如图4-22所示。

图 4-22

实用技巧

Word 中显示的动态页码的本质就是域，可以通过插入页码域的方式来直接插入页码，最简单的操作是将插入点定位在页眉或页脚区域中，按 Ctrl+F9 快捷键，输入 PAGE，然后按 F9 键即可。

如果需要更改页码格式，可以选择【插入】选项卡，在【页眉和页脚】组中单击【页码】按钮，从弹出的菜单中选择【设置页码格式】命令，打开【页码格式】对话框进行设置，如图4-23所示。

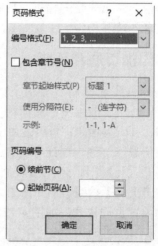

图 4-23

若文档中包含多个章节，并且需要为不同的章节设置不同的页码格式，可以先在每个章节中插入分节符，然后将鼠标插入点放置到需要设置页码格式的第一个章节开头，即可为每个章节单独设置页码格式。

实用技巧

在【页码格式】对话框中，选择【包含章节号】复选框，可以使添加的页码中包含章节号，还可以设置章节号的样式及分隔符；在【页码编号】选项区域中，可以设置页码的起始页。

4.2.3 在文档中插入页眉和页码

下面介绍在"员工手册"文档中插入页眉和页码。

【例4-2】在"员工手册"文档中插入页眉和页码。

视频+素材 （素材文件\第 04 章\例 4-2）

step 1 启动 Word 2021 应用程序，打开"员工手册"文档。在页眉位置双击鼠标，此时即可进入页眉和页脚设置状态，并在页眉下方出现一条横线和段落标记符，如图 4-24 所示。

图 4-24

step 2 选中段落标记符，打开【开始】选项卡，在【段落】组中单击【边框】按钮，在弹出的菜单中选择【无框线】命令，隐藏页眉的边框线，如图 4-25 所示。

图 4-25

step 3 将光标定位在段落标记符上，输入文本，然后设置字体为【华文行楷】，字号为【小三】，字体颜色为棕色，文本右对齐显示，如图 4-26 所示。

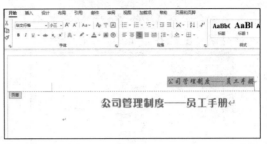

图 4-26

step 4 将插入点定位在页眉文本右侧，打开【插入】选项卡，在【插图】组中单击【图片】按钮，在下拉列表中选择【此设备】命令，打开【插入图片】对话框，选择一张图片，单击【插入】按钮，如图 4-27 所示。

图 4-27

step 5 拖动鼠标调整图片大小和位置，如图 4-28 所示。页眉设置完成后，在【关闭】组中单击【关闭页眉和页脚】按钮。

图 4-28

step 6 将插入点定位在第 1 页中，打开【插入】选项卡，在【页眉和页脚】组中单击【页码】按钮，在弹出的菜单中选择【页面

底端】命令，在【带有多种形状】类别框中
选择【滚动】选项，如图 4-29 所示。

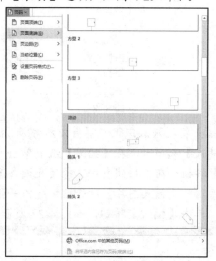

图 4-29

step 7 此时在第 1 页的页脚处插入该样式
的页码，如图 4-30 所示。

图 4-30

step 8 打开【插入】选项卡，在【页眉和页
脚】组中单击【页码】按钮，在弹出的菜单
中选择【设置页码格式】命令。打开【页码
格式】对话框，选择一种编号格式，然后单
击【确定】按钮，如图 4-31 所示。

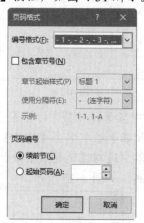

图 4-31

step 9 选中页码中的文字，在【开始】选项
卡中单击【字体颜色】按钮，选择一种颜色，
如图 4-32 所示。

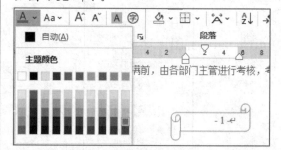

图 4-32

4.3 使用样式

样式就是字体格式和段落格式等特性的组合。在 Word 排版中使用样式可以快速提高工
作效率，从而迅速改变和美化文档的外观。

4.3.1 选择样式

样式是应用于文档中的文本、表格和列
表的一套格式特征。它是 Word 针对文档中
一组格式进行的定义，这些格式包括字体、
字号、字形、段落间距、行间距以及缩进量

等内容，其作用是方便用户对重复的格式进
行设置。

Word 2021 自带的样式库中内置了多种
样式，可以为文档中的文本设置标题、字体
和背景等。使用这些样式，可以快速地美化
文档。

在 Word 2021 中，选择要应用某种内置样式的文本，打开【开始】选项卡，在【样式】组中单击【其他】按钮，可以在弹出的菜单中选择样式选项，如图 4-33 所示。

图 4-33

在【样式】组中单击【对话框启动器】按钮，将会打开【样式】任务窗格，在【样式】列表框中同样可以选择样式，如图 4-34 所示。

图 4-34

4.3.2 修改样式

如果某些内置样式无法完全满足某组格式设置的要求，则可以在内置样式的基础上进行修改。在【样式】任务窗格中，单击样式选项的下拉按钮，在弹出的菜单中选择【修改】命令，如图 4-35 所示。

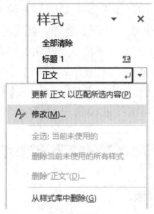

图 4-35

打开【修改样式】对话框，在其中可以更改相应的设置，如图 4-36 所示。

图 4-36

4.3.3 新建样式

如果现有文档的内置样式与所需格式设置相去甚远,创建一个新样式将会更为便捷。

在【样式】任务窗格中,单击【新建样式】按钮 A,打开【根据格式化创建新样式】对话框。在【名称】文本框中输入要新建的样式的名称;在【样式类型】下拉列表中选择【字符】或【段落】选项;在【样式基准】下拉列表中选择该样式的基准样式(所谓基准样式就是最基本或原始的样式,文档中的其他样式都以此为基础);单击【格式】按钮,可以为字符或段落设置格式,如图 4-37 所示。

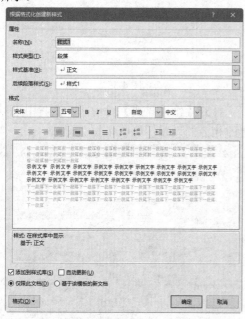

图 4-37

4.3.4 删除样式

在 Word 2021 中,可以在【样式】任务窗格中删除样式,但无法删除模板的内置样式。

在【样式】任务窗格中,单击需要删除的样式旁的箭头按钮,在弹出的菜单中选择【删除】命令,将打开确认删除对话框。单击【是】按钮,即可删除该样式,如图 4-38 所示。

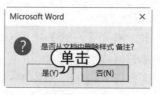

图 4-38

在【样式】任务窗格中单击【管理样式】按钮 A,打开【管理样式】对话框,在【选择要编辑的样式】列表框中选择要删除的样式,单击【删除】按钮,同样可以删除选中的样式,如图 4-39 所示。

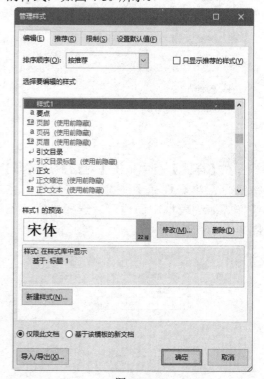

图 4-39

4.3.5 样式应用案例

下面介绍在"兴趣班培训"文档中修改和新建样式。

【例 4-3】在"兴趣班培训"文档中修改和新建样式。
🔴 视频+素材 (素材文件\第 04 章\例 4-3)

step 1 启动 Word 2021 应用程序,打开"兴趣班培训"文档,将插入点定位在任意一处带有【标题 2】样式的文本中,在【开始】选项卡的【样式】组中,单击【对话框启动器】

按钮，打开【样式】任务窗格，单击【标题2】样式右侧的箭头按钮，从弹出的快捷菜单中选择【修改】命令，如图4-40所示。

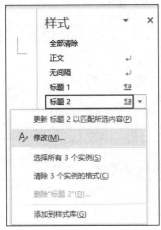

图 4-40

step 2 打开【修改样式】对话框，在【属性】选项区域的【样式基准】下拉列表中选择【无样式】选项；在【格式】选项区域的【字体】下拉列表中选择【华文楷体】选项，在【字号】下拉列表中选择【三号】选项，在【字体】颜色下拉面板中选择【白色，背景1】色块；单击【格式】按钮，从弹出的快捷菜单中选择【段落】选项，如图4-41所示。

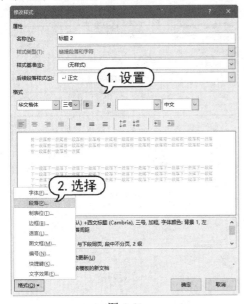

图 4-41

step 3 打开【段落】对话框，在【间距】选项区域中，将【段前】和【段后】的距离均设置为"0.5磅"，并且将【行距】设置为【最小值】，【设置值】为"16磅"，单击【确定】按钮，如图4-42所示。

图 4-42

step 4 返回【修改样式】对话框，单击【格式】按钮，从弹出的快捷菜单中选择【边框】命令，打开【边框和底纹】对话框的【底纹】选项卡，在【填充】颜色面板中选择【水绿色，个性色5，淡色60%】色块，单击【确定】按钮，如图4-43所示。

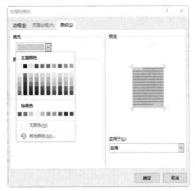

图 4-43

step ⑤ 返回【修改样式】对话框，单击【确定】按钮。此时【标题 2】样式修改成功，并将自动应用到文档中，如图 4-44 所示。

图 4-44

step ⑥ 将插入点定位在正文文本中，使用同样的方法，修改【正文】样式，设置字体颜色为【深蓝】，字体格式为【华文新魏】，段落格式的行距为【固定值】【12 磅】，此时修改后的【正文】样式自动应用到文档中，如图 4-45 所示。

图 4-45

step ⑦ 将插入点定位至文档末尾，按 Enter 键换行，输入备注文本，如图 4-46 所示。

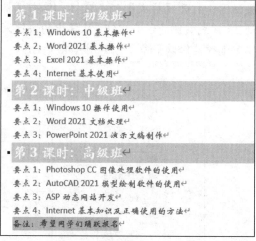

- 第 **1** 课时：初级班
- 要点 1：Windows 10 基本操作
- 要点 2：Word 2021 基本操作
- 要点 3：Excel 2021 基本操作
- 要点 4：Internet 基本使用
- 第 **2** 课时：中级班
- 要点 1：Windows 10 操作使用
- 要点 2：Word 2021 文档处理
- 要点 3：PowerPoint 2021 演示文稿制作
- 第 **3** 课时：高级班
- 要点 1：Photoshop CC 图像处理软件的使用
- 要点 2：AutoCAD 2021 模型绘制软件的使用
- 要点 3：ASP 动态网站开发
- 要点 4：Internet 基本知识及正确使用的方法
- 备注：希望同学们踊跃报名

图 4-46

step ⑧ 打开【样式】任务窗格，单击【新建样式】按钮 A，打开【根据格式化创建新样式】对话框，在【名称】文本框中输入"备注"；在【样式基准】下拉列表中选择【无样式】选项；在【格式】选项区域的【字体】下拉列表中选择【方正舒体】选项，在【字体颜色】下拉列表中选择【深红】色块；单击【格式】按钮，在弹出的菜单中选择【段落】命令，如图 4-47 所示。

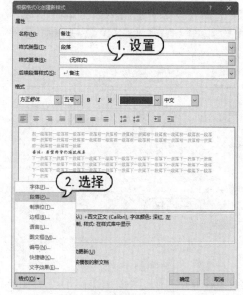

图 4-47

step 9　打开【段落】对话框的【缩进和间距】选项卡，设置【对齐方式】为【右对齐】，将【段前】间距设为 0.5 行，单击【确定】按钮，如图 4-48 所示。

图 4-48

step 10　返回【根据格式化创建新样式】对话框，单击【确定】按钮。此时备注文本将自动应用"备注"样式，并在【样式】任务窗格中显示新样式，如图 4-49 所示。

图 4-49

4.4　编辑长文档

Word 2021 提供一些处理长文档的功能和编辑工具，例如，使用大纲视图方式查看和组织文档，使用目录提示长文档的纲要等功能。

4.4.1　使用大纲视图

Word 2021 中的大纲视图功能就是专门用于制作提纲的，它以缩进文档标题的形式代表在文档结构中的级别。

打开【视图】选项卡，在【文档视图】组中单击【大纲】按钮，就可以切换到大纲视图模式。此时，【大纲显示】选项卡出现在窗口中，如图 4-50 所示，在【大纲工具】组的【显示级别】下拉列表中选择显示级别。将鼠标指针定位在要展开或折叠的标题中，单击【展开】按钮＋或【折叠】按钮－，可以展开或折叠大纲标题。

图 4-50

【例 4-4】将"城市交通乘车规则"文档切换到大纲视图以查看结构和内容。

视频+素材　(素材文件\第 04 章\例 4-4)

step 1　启动 Word 2021 应用程序，打开"城市交通乘车规则"文档。打开【视图】选项卡，在【文档视图】组中单击【大纲】按钮，如图 4-51 所示。

图 4-51

step 2 在【大纲显示】选项卡的【大纲工具】组中，单击【显示级别】下拉按钮，在弹出的下拉列表中选择【2级】选项，此时标题2以后的标题或正文文本都将被折叠，如图4-52所示。

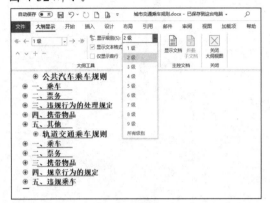

图 4-52

step 3 将鼠标指针移至标题"三、违规行为的处理规定"前的符号⊕处双击，即可展开其后的下属文本内容，如图4-53所示。

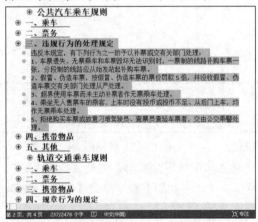

图 4-53

step 4 在【大纲工具】组的【显示级别】下拉列表中选择【所有级别】选项，此时将显示所有的文档内容，如图4-54所示。

step 5 将鼠标指针移到文本"公共汽车乘车规则"前的符号⊕处，双击鼠标，该标题下的文本被折叠，如图4-55所示。

step 6 使用同样的方法，折叠其他段文本，选中"公共汽车乘车规则"和"轨道交通乘车规则"文本，在【大纲工具】组中单击【升

级】按钮← 将其提升至1级标题，如图4-56所示。

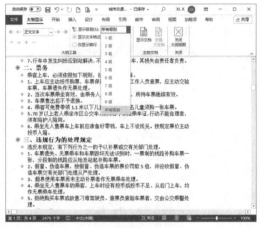

图 4-54

图 4-55

图 4-56

4.4.2 添加目录

目录与一篇文章的纲要类似，通过其可以了解全文的结构和整个文档所要讨论的内

容。在 Word 2021 中，可以为一个编辑和排版完成的稿件制作出美观的目录。创建完目录后，用户还可像编辑普通文本一样对其进行格式的设置，如更改目录的字体、字号和对齐方式等，使目录更为美观。

【例 4-5】在"城市交通乘车规则"文档中插入并编辑目录。

🎬 视频+素材 (素材文件\第 04 章\例 4-5)

step 1 启动 Word 2021 应用程序，打开"城市交通乘车规则"文档。将插入点定位在文档的开始处，按 Enter 键换行，在其中输入文本"目录"，如图 4-57 所示。

图 4-57

step 2 按 Enter 键换行，使用格式刷将该行格式转换为正文部分格式。

step 3 打开【引用】选项卡，在【目录】组中单击【目录】按钮，从弹出的菜单中选择【自定义目录】命令，如图 4-58 所示。

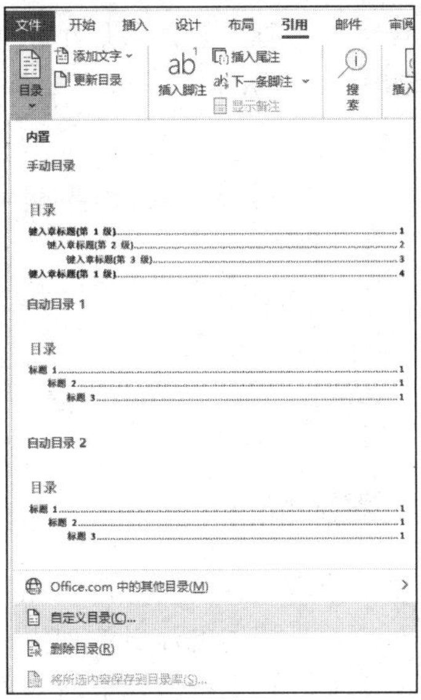

图 4-58

step 4 打开【目录】对话框的【目录】选项卡，在【显示级别】微调框中输入 2，单击【确定】按钮，如图 4-59 所示。

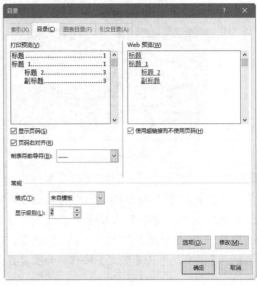

图 4-59

step 5 此时即可在文档中插入一级和二级标题的目录，如图 4-60 所示。

图 4-60

step 6 选取整个目录，打开【开始】选项卡，在【字体】组的【字体】下拉列表中选择【黑体】选项，然后选择两个副标题，在【字号】下拉列表中选择【四号】选项，如图 4-61 所示。

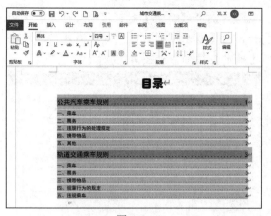

图 4-61

step 7 选取整个目录，单击【段落】组中的【对话框启动器】按钮，打开【段落】对话框的【缩进和间距】选项卡，在【间距】选项区域的【行距】下拉列表中选择【1.5倍行距】选项，单击【确定】按钮，如图 4-62所示。

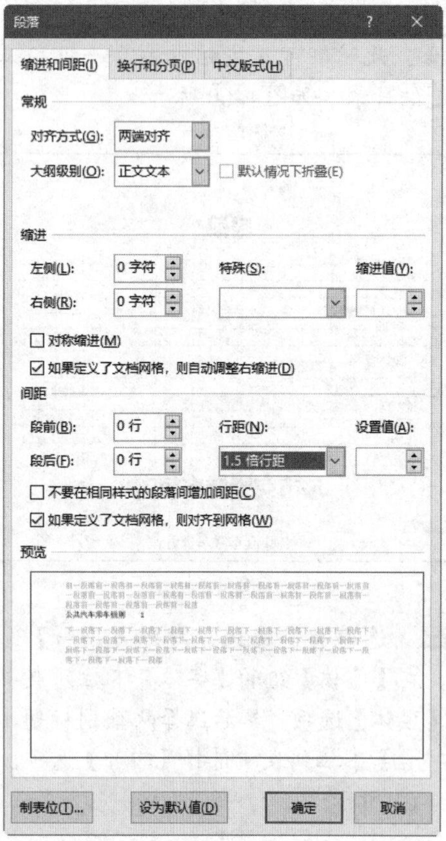

图 4-62

step 8 此时目录将以 1.5 倍行距显示效果，如图 4-63 所示。

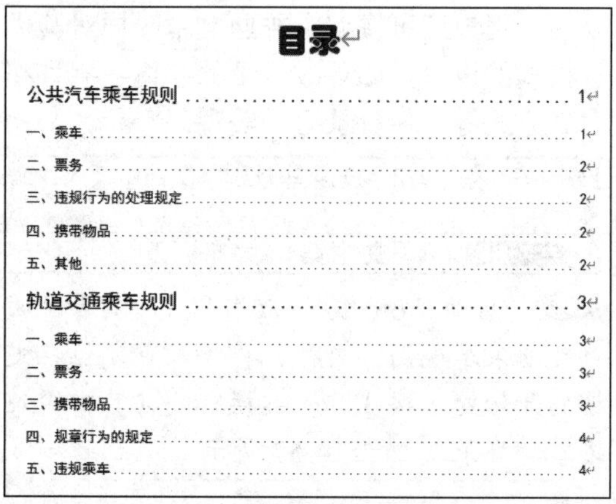

图 4-63

知识点滴

插入目录后，只需按 Ctrl 键，再单击目录中的某个页码，就可以将插入点快速跳转到该页的标题处。

当创建了一个目录后，如果对正文文档中的内容进行了编辑修改，那么标题和页码都有可能发生变化，与原始目录中的页码不一致，此时就需要更新目录，以保证目录中页码的正确性。

要更新目录，可以先选择整个目录，然后在目录任意处右击，从弹出的快捷菜单中选择【更新域】命令，打开【更新目录】对话框，在其中进行设置，最后单击【确定】按钮，如图 4-64 所示。

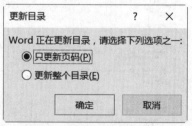

图 4-64

4.4.3 添加批注

批注是指审阅者给文档内容加上的注解或说明，或者是阐述批注者的观点。批注在上级审批文件、老师批改作业时非常有用。

将插入点定位在要添加批注的位置或选中要添加批注的文本，打开【审阅】选项卡，在【批注】组中单击【新建批注】按钮，此时 Word 2021 会自动显示一个彩色的批注框，用户在其中输入内容即可。

【例 4-6】在"城市交通乘车规则"文档中新建批注。

视频+素材 (素材文件\第 04 章\例 4-6)

step 1 启动 Word 2021 应用程序，打开"城市交通乘车规则"文档。选中"公共汽车乘车规则"标题下的文本"特制定本规则"，打开【审阅】选项卡，在【批注】组中单击【新建批注】按钮，如图 4-65 所示。

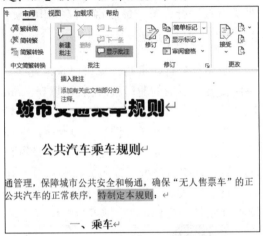

图 4-65

step 2 此时将在右边自动添加一个红色的批注框，在该批注框中输入批注文本，如图 4-66 所示。

图 4-66

4.4.4 添加修订

在审阅文档时，发现某些多余或遗漏的内容时，如果直接在文档中删除或修改，将不能看到原文档和修改后文档的对比情况。使用 Word 2021 的修订功能，可以将用户修改的每项操作以不同的颜色标识出来，方便用户进行对比和查看。

【例 4-7】在"城市交通乘车规则"文档中添加修订。

视频+素材 (素材文件\第 04 章\例 4-7)

step 1 启动 Word 2021 应用程序，打开"城市交通乘车规则"文档。打开【审阅】选项卡，在【修订】组中单击【修订】按钮，进入修订状态，如图 4-67 所示。

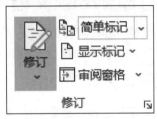

图 4-67

step 2 将文本插入点定位到"特制定本规则"的冒号标点后，按 Backspace 键，该标点上将添加删除线，文本仍以红色删除线形式显示在文档中；然后按句号键，输入句号标点，添加的句号下方将显示红色下画线，此时添加的句号也以红色显示，如图 4-68 所示。

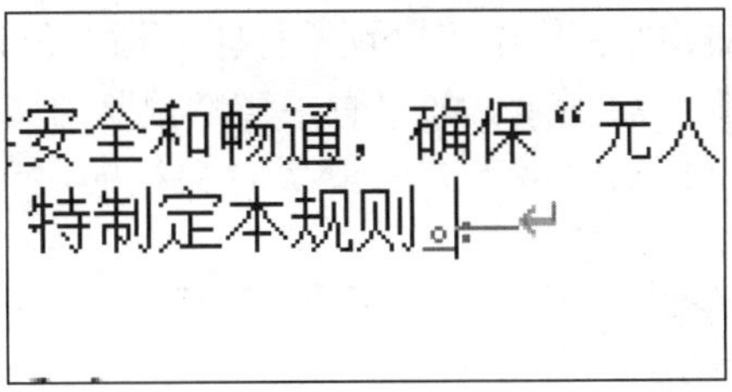

图 4-68

step 3 将文本插入点定位到"乘客乘公共汽车"文本后，输入文本"时"，再输入逗号标点，此时添加的文本以红色字体显示，并且文本下方将显示红色下画线，如图 4-69 所示。

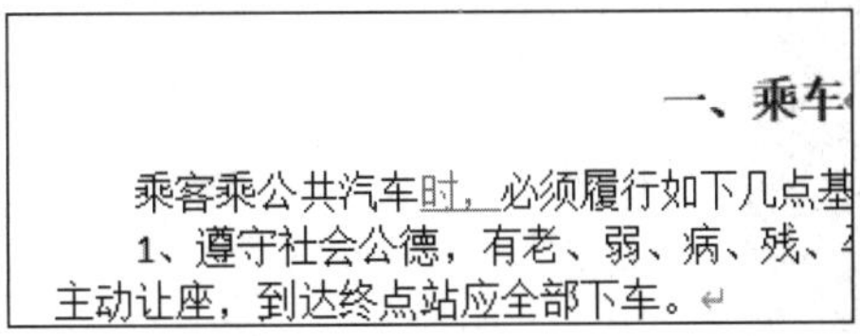

图 4-69

step④ 在"轨道交通乘车规则"标题下的"三、携带物品"中，选中文本"加购"，然后输入文本"重新购买"，此时错误的文本上将添加红色删除线，修改后的文本下将显示红色下画线，如图 4-70 所示。

step⑤ 当所有的修订工作完成后，单击【修订】组中的【修订】按钮，即可退出修订状态。

三、携带物品

乘客必须了解在轨道交通乘车时所能携带物种类。

1、禁止携带易燃、易爆、剧毒、有放射性、味、无包装易碎、尖锐物品以及宠物等易造成车站

2、每位乘客可免费随身携带的物品重量、长度1.6 米、0.15 立方米。 乘客携带重量 10-20 公斤立方米的物品时，须加购~~重新购买~~同程车票一张不得携带进站、乘车。

图 4-70

4.5 打印 Word 文档

完成文档的制作后，可以先对其进行打印预览，按照用户的不同需求进行修改和调整，然后对打印文档的页面范围、打印份数和纸张大小等参数进行设置，最后将文档打印出来。

4.5.1 预览文档

在打印文档之前，如果希望预览打印效果，可以使用打印预览功能，查看文档效果。打印预览的效果与实际上打印的真实效果非常相近，使用该功能可以避免打印失误或不必要的损失。另外，还可以在预览窗格中对文档进行编辑，以得到满意的效果。

在 Word 2021 窗口中，打开【文件】选项卡后选择【打印】选项，在打开界面的右侧的预览窗格中可以预览打印文档的效果，如图 4-71 所示。如果看不清楚预览的文档，可以拖动窗格下方的滑块对文档的显示比例进行调整。

图 4-71

4.5.2 打印文档

如果一台打印机与计算机已正常连接，并且安装了所需的驱动程序，就可以在 Word 2021 中直接输出所需的文档。

在文档中打开【文件】选项卡后，选择【打印】选项，可以在打开的界面中设置打印份数、打印机属性、打印页数和双页打印等。设置完成后，直接单击【打印】按钮，即可开始打印文档，如图 4-72 所示。

图 4-72

在打印长文档时，用户如果只需要打印其中的一部分页面，可以参考以下方法。

➤ 以打印文档中的 2、5、10、20 页为例，在【打印】界面中的【页数】文本框中输入"2,5,10,20"后，如图 4-73 所示，单击【打印】按钮即可。

中输入"1,3,5-12"后，如图 4-74 所示，单击【打印】按钮即可。

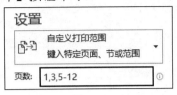

图 4-74

图 4-73

➤ 以打印文档中的 1、3 和 5~12 页为例，在【打印】选项区域的【页面】文本框

➤ 如果用户需要打印 Word 文档中当前正在编辑的页面，可以在打开图 4-72 所示的【打印】界面后，单击【设置】选项列表中的第一个按钮，在弹出的列表中选择【打印当前页面】选项，然后单击【打印】按钮即可。

4.6　案例演练

本章的案例演练部分是编排散文集和公司规章制度两个案例，用户通过练习从而巩固本章所学知识。

4.6.1　编排"散文集"文档

【例 4-8】将"散文集"文档分为 3 节，插入页码并设置页面边框。

📹视频+素材 （素材文件\第 04 章\例 4-8）

step 1 启动 Word 2021 应用程序，打开"散文集"文档，将鼠标插入点放置到第 2 页中的文本"山口"前面。

step 2 选择【布局】选项卡，在【页面设置】组中单击【分隔符】下拉按钮，从弹出的下拉列表中选择【下一页】选项，如图 4-75 所示。

step 3 按照步骤 2 的方法，在第 4 页中的文本"句子摘抄"前面插入一个分节符，如图 4-76 所示。

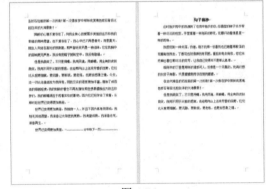

图 4-76

step 4 选择【插入】选项卡，在【页眉和页脚】组中单击【页码】下拉按钮，从弹出的菜单中选择【页面底端】命令，在【普通数字】类别框中选择【粗线】选项，如图 4-77 所示。

step 5 打开【页眉和页脚工具】的【设计】选项卡，在【页眉和页脚】组中单击【页码】按钮，从弹出的菜单中选择【设置页码格式】命令，打开【页码格式】对话框，单击【编

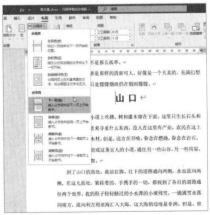

图 4-75

号格式】下拉列表，从弹出的下拉列表中选择【-1-,-2-,-3-,…】选项，单击【确定】按钮，如图 4-78 所示。

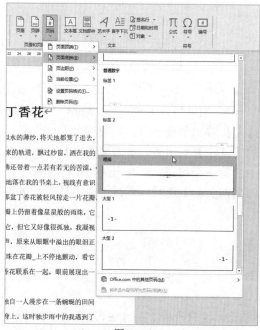

图 4-77

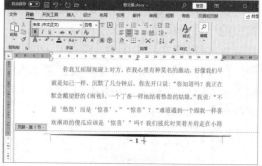

图 4-79

step 8 选择【设计】选项卡，在【页面背景】组中单击【页面颜色】下拉按钮，选择【填充效果】选项，如图 4-80 所示。

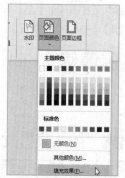

图 4-80

step 9 打开【填充效果】对话框，打开【图片】选项卡，单击其中的【选择图片】按钮，如图 4-81 所示。

图 4-78

step 6 选择页码，设置其字体大小为【四号】，字体颜色为【黑色，文字 1】，如图 4-79 所示。

step 7 设置完成后，双击页面即可退出页眉和页脚编辑模式。

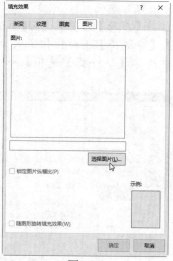

图 4-81

step⑩ 打开【插入图片】窗格，单击【浏览】按钮，如图 4-82 所示。

图 4-82

step⑪ 打开【选择图片】对话框，选择背景图片，单击【插入】按钮，如图 4-83 所示。

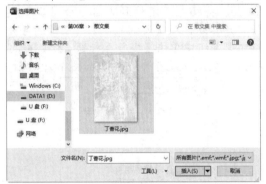

图 4-83

step⑫ 返回【填充效果】对话框的【图片】选项卡，查看图片的整体效果，单击【确定】按钮，如图 4-84 所示。

图 4-84

step⑬ 将鼠标插入点放置到最后一页，选择【设计】选项卡，在【页面背景】组中单击【页面边框】按钮，如图 4-85 所示。

图 4-85

step⑭ 打开【边框和底纹】对话框，在【设置】选项区域中选择【三维】选项；在【样式】列表框中选择一种线型样式；在【颜色】下拉列表中选择【其他颜色】选项，如图 4-86 所示。

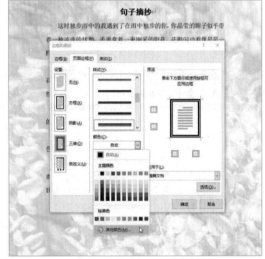

图 4-86

step⑮ 打开【颜色】对话框，在【红色】微调框中输入"144"，在【绿色】微调框中输入"121"，在【蓝色】微调框中输入"180"，然后单击【确定】按钮，如图 4-87 所示。

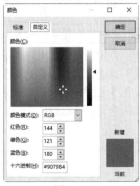

图 4-87

step 16 返回【边框和底纹】对话框，单击【应用于】下拉列表，从弹出的下拉列表中选择【本节】选项，如图4-88所示。

图4-88

step 17 此时，即可在最后一节的页面中插入边框，效果如图4-89所示。

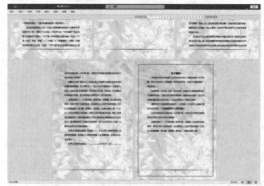

图4-89

4.6.2 编排"公司规章制度"文档

【例4-9】为"公司规章制度"文档设置大纲级别，并插入目录。

🔘 视频+素材 (素材文件\第04章\例4-9)

step 1 启动Word 2021应用程序，打开"公司规章制度"文档，打开【视图】选项卡，在【文档视图】组中单击【大纲】按钮，切换至大纲视图查看文档结构，如图4-90所示。

图4-90

step 2 将插入点定位到文本"公司规章制度"开始处，在【大纲显示】选项卡的【大纲工具】组中单击【提升至标题1】按钮，将该正文文本设置为标题1，如图4-91所示。

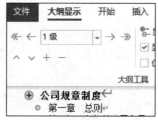

图4-91

step 3 将插入点定位在文本"第一章 总则"处，在【大纲工具】组的【大纲级别】下拉列表框中选择【2级】选项，将文本设置为2级标题，如图4-92所示。

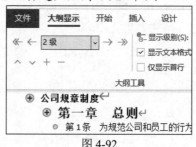

图4-92

step 4 使用同样的方法，设置其他正文章节标题为2级标题，如图4-93所示。

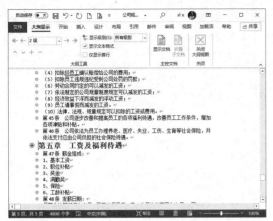

图 4-93

step 5 设置级别完毕后，在【大纲】选项卡的【大纲工具】组中单击【显示级别】下拉按钮，从弹出的菜单中选择【2 级】选项，即可将文档的 2 级标题全部显示出来，如图 4-94 所示。在【大纲】选项卡的【关闭】组中单击【关闭大纲视图】按钮，返回页面视图。

图 4-94

step 6 将插入点定位在文档的开始位置，打开【引用】选项卡，在【目录】组中单击【目录】按钮，从列表框中选择【自动目录 2】样式，如图 4-95 所示。

step 7 选取文本"目录"，设置字体为【隶书】，字号为【二号】，设置居中对齐，如图 4-96 所示。

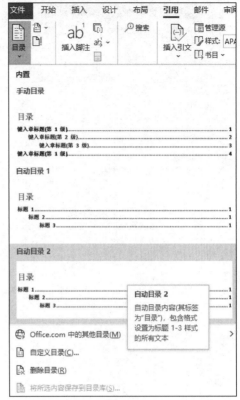

图 4-95

图 4-96

step 8 选取整个目录，在【开始】选项卡的【段落】组中单击【对话框启动器】按钮，打开【段落】对话框的【缩进和间距】选项卡，在【行距】下拉列表中选择【2 倍行距】选项，单击【确定】按钮，如图 4-97 所示。

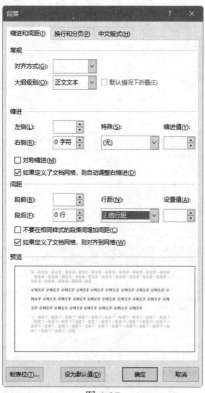

图 4-97

step 9 此时显示设置格式后的目录, 效果如图 4-98 所示。

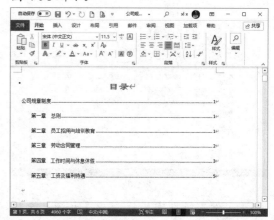

图 4-98

第5章

Excel 基础办公应用

Excel 2021 是目前最强大的电子表格制作软件之一，它具有强大的数据组织、计算、分析和统计功能，其中工作簿、工作表和单元格是构成 Excel 的支架。本章将介绍 Excel 构成部分的基本知识以及输入表格数据等内容。

本章对应视频

例 5-1 使用 Power Query 合并工作表　　例 5-5 制作斜线表头

例 5-2 统一增加数据　　　　　　　　　例 5-6 套用表格格式

例 5-3 合并单元格　　　　　　　　　　例 5-7 批量创建工作表

例 5-4 使用【序列】对话框填充数据

5.1 操作工作簿

Excel 2021 的基本对象包括工作簿、工作表与单元格。其中，工作簿可以进行基本的创建、保存、打开、隐藏等操作。

5.1.1 工作簿、工作表和单元格

一个完整的Excel电子表格文档主要由3部分组成，分别是工作簿、工作表和单元格。

1. 工作簿

工作簿是 Excel 用来处理和存储数据的文件。新建的 Excel 文件就是一个工作簿，它可以由一个或多个工作表组成。在 Excel 2021 中创建空白工作簿后，系统会打开一个名为【工作簿1】的工作簿，如图 5-1 所示。

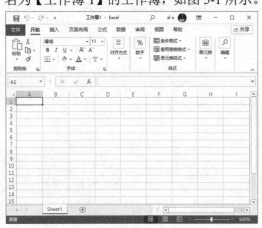

图 5-1

2. 工作表

工作表是 Excel 中用于存储和处理数据的主要文档，也是工作簿中的重要组成部分，又称为电子表格。在 Excel 2021 中，用户可以通过单击 ⊕ 按钮，创建工作表，如图 5-2 所示。

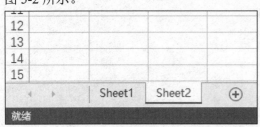

图 5-2

3. 单元格

单元格是工作表中的小方格，是 Excel 独立操作的最小单位。单元格的定位是通过它所在的行号和列标来确定的。图 5-3 表示选择了 A2 单元格。

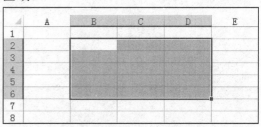

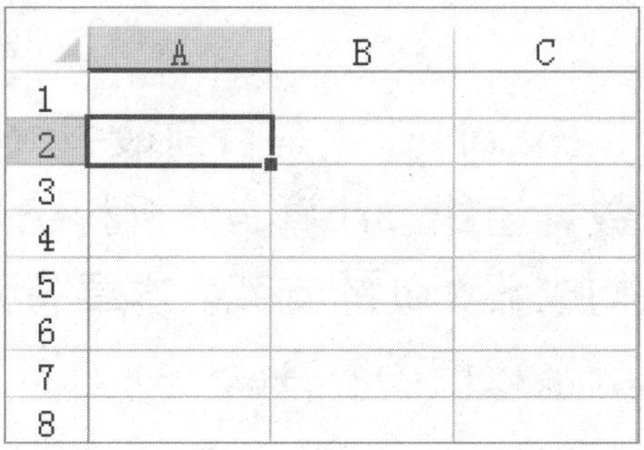

图 5-3

单元格区域是一组被选中的相邻或分离的单元格。单元格区域被选中后，所选范围内的单元格都会高亮显示，取消选中状态后又恢复原样。图 5-4 所示为 B2:D6 单元格区域。

图 5-4

5.1.2 新建工作簿

Excel 可以直接创建空白工作簿，也可以根据模板来创建带有样式的新工作簿。

1. 创建空白工作簿

启动 Excel 2021 后，单击【文件】按钮，在打开的界面中选择【新建】选项，然后选择界面中的【空白工作簿】选项，如图 5-5 所示，即可创建一个空白工作簿。

图 5-5

2. 使用模板新建工作簿

Excel 还可以通过软件自带的模板创建有"内容"的工作簿，从而大幅度地提高工作效率。

首先单击【文件】按钮，然后在打开的界面中选择【新建】选项，在文本框中输入文本"预算"并按 Enter 键，通过网络自动搜索与文本"预算"相关的模板，将搜索结果显示在【新建】选项区域中。此时可以在模板搜索结果列表中选择一个模板选项，如图 5-6 所示。

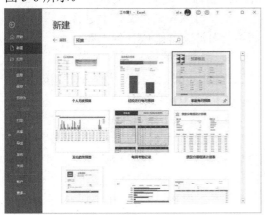

图 5-6

然后在打开的对话框中单击【创建】按

钮，如图 5-7 所示。开始联网下载该模板，下载模板完毕后，将创建相应的工作簿。

图 5-7

5.1.3 保存工作簿

在 Excel 中可以使用以下几种方法保存工作簿。

➤ 在功能区单击【文件】选项卡，在展开的界面中选择【保存】(或【另存为】)命令。

➤ 单击快速访问工具栏中的【保存】按钮 。

➤ 按 Ctrl+S 键或 Shift+F12 键。

此外，经过编辑修改却未经过保存的工作簿在被关闭时，将自动弹出一个警告对话框，询问用户是否需要保存工作簿，单击其中的【保存】按钮，也可以保存当前工作簿。

Excel 中有两个和保存功能相关的菜单命令，分别是【保存】和【另存为】，这两个命令有以下区别。

➤ 执行【保存】命令不会打开【另存为】对话框，而是直接将编辑修改后的数据保存到当前工作簿中。工作簿在保存后，文件名、存放路径不会发生任何改变。

➤ 执行【另存为】命令后，选择【浏览】选项，将会打开【另存为】对话框，允许用户重新设置工作簿的存放路径、文件名并设置保存选项，如图 5-8 所示。

图 5-8

5.1.4 打开工作簿

打开现有工作簿的方法有以下几个。

1. 双击文件打开工作簿

找到工作簿的保存位置，直接双击其文件图标，Excel 软件将自动识别并打开该工作簿。另外，如果用户创建了启动 Excel 的快捷方式，将工作簿文件拖动到该快捷方式上也可以打开工作簿。

2. 使用【打开】对话框打开工作簿

在启动 Excel 程序后，可以通过执行【打开】命令打开【打开】对话框，然后选择指定的工作簿。具体操作方法有以下几个。

▶ 在功能区选择【文件】|【打开】|【浏览】命令，打开【打开】对话框，如图 5-9 所示。

图 5-9

▶ 按 Ctrl+O 快捷键。

在【打开】对话框中，用户可以通过对话框左侧的树形列表选择工作簿文件存放的路径，在目标路径下选择具体文件后，双

击文件图标或单击【打开】按钮即可打开文件。此外，单击【打开】按钮右侧的下拉按钮，可以打开图 5-10 所示的【打开】列表。

图 5-10

【打开】列表中各选项的功能说明如下。

▶ 打开：正常打开方式。

▶ 以只读方式打开：以"只读"方式打开工作簿，不能对文件进行覆盖性保存。

▶ 以副本方式打开：Excel 自动创建一个目标文件的副本文件，命名为类似"副本(1) 原文件名"的形式，同时打开这个文件。这样用户可以在副本文件上进行编辑修改，而不会对源文件造成任何影响。

▶ 在浏览器中打开：对于.mht 等格式的工作簿，可以选择使用 Web 浏览器(如 Edge 浏览器)打开文件。

▶ 在受保护的视图中打开：主要用于打开可能包含病毒或其他任何不安全因素的工作簿前的一种保护措施。为了尽可能保护计算机安全，存在安全隐患的工作簿都会在受保护的视图中打开，此时大多数编辑功能都将被禁用，用户可以检查工作簿中的内容，以便降低可能发生的风险。

▶ 打开并修复：Excel 程序崩溃可能会造成工作簿遭受破坏，无法正常打开，使用【打开并修复】选项可以对损坏的工作簿进行修复并重新打开。但修复还原后的文件并不一定能够和损坏前的文件状态保持一致。

3. 打开最近使用的工作簿

在功能区中选择【文件】|【打开】|【最近】命令，可以显示最近使用的工作簿列表。在列表中单击工作簿名称即可将其打开，如图 5-11 所示。

图 5-11

5.1.5　隐藏工作簿

如果在 Excel 程序中同时打开多个工作簿，Windows 系统的任务栏中将会显示所有的工作簿标签。在 Excel 功能区【视图】选项卡的【窗口】组中单击【切换窗口】下拉按钮，能够查看所有的工作簿列表，如图 5-12 所示。

图 5-12

如果需要隐藏其中某个工作簿，可以在图 5-12 所示的列表中选中该工作簿后，单击【窗口】组中的【隐藏】按钮。

如果当前所有打开的工作簿均被隐藏，Excel 工作界面将显示为灰色。隐藏后的工作簿并没有退出或关闭，而是继续被驻留在 Excel 程序中，但无法通过正常的窗口切换来显示。

如果用户需要恢复显示工作簿，可以在【视图】选项卡的【窗口】组中单击【取消隐藏】按钮，在打开的【取消隐藏】对话框中选择要取消隐藏的工作簿名称，单击【确定】按钮，如图 5-13 所示。

图 5-13

> **知识点滴**
>
> 执行取消隐藏工作簿操作时，一次只能取消一个隐藏工作簿，不能批量操作。

5.2　操作工作表

在 Excel 中，工作表和工作簿是层级关系。工作表是工作簿中的一个单独的表格。用户可以将工作表看作一个二维的网格，由列和行组成。

5.2.1　创建工作表

在工作簿中，用户可以根据实际操作需求使用多种方法创建工作表。例如，在现有工作簿中创建工作表，或者设置创建工作簿时自动创建若干个工作表。

1. 从现有工作簿创建

使用以下几种等效方法可以在当前工作簿中创建一张新的工作表。

▷ 在工作表标签栏的右侧单击【新工作表】按钮 ⊕。

▶ 右击工作表标签，在弹出的快捷菜单中选择【插入】命令，然后在打开的【插入】对话框中选择【工作表】选项，并单击【确定】按钮，如图5-14所示。

图 5-14

▶ 在【开始】选项卡的【单元格】组中单击【插入】下拉按钮，在弹出的下拉列表中选择【工作表】命令。

▶ 按 Shift+F11 键，将在当前工作表左侧插入新工作表。

知识点滴

如果用户需要批量增加多张工作表，可以通过右键快捷菜单插入工作表后，按 F4 键重复操作。若通过工作表标签右侧的【新工作表】按钮⊕创建新工作表，则无法使用 F4 键重复创建。也可以在同时选中多张工作表后，使用功能按钮或使用工作表标签的右键快捷菜单命令插入工作表，此时会一次性创建与选定的工作表数目相同的新工作表。

2. 随工作簿一同创建

在默认情况下，Excel 在创建工作簿时自动包含了名为 Sheet1 的 1 张工作表。用户可以通过设置来改变新建工作簿时所包含的工作表数目。

依次按 Alt、T、O 键，打开【Excel 选项】对话框，在【常规】选项卡的【包含的工作表数】微调框中，可以设置新工作簿默认所包含的工作表数目(数值范围为1~255)，如图5-15所示，单击【确定】按钮保存设置并关闭【Excel 选项】对话框后，在新建工作簿时，自动创建的内置工作表数目会随设置而定，并自动命名为 Sheet1~Sheetn。

图 5-15

5.2.2 选定工作表

在 Excel 操作过程中，始终有一张"当前工作表"作为用户输入和编辑等操作的对象和目标，用户的大部分操作都是在"当前工作表"中体现。在 Excel 工作界面的工作表标签上，"当前工作表"的标签背景以高亮显示。要切换其他工作表作为当前工作表，可以直接单击目标工作表标签。

除了选定某一张工作表作为当前工作表，用户还可以在 Excel 中同时选中多张工作表形成"组"。在工作组模式下，用户可以方便地同时对多张工作表对象进行复制、删除等操作，也可以进行部分编辑操作。同时选取多张工作表的方法有以下几个。

▶ 按下 Ctrl 键的同时用鼠标依次单击需要选定的工作表标签，就可以同时选定相应的工作表。

▶ 如果用户需要选定一组连续排列的工作表，可以先单击其中一张工作表标签，然后按住 Shift 键，再单击连续工作表中的最后一张工作表标签，即可同时选定上述工作表，如图5-16所示。

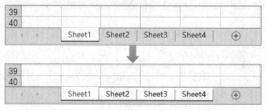

图 5-16

如果要选定当前工作簿中的所有工作表，可以在任意工作表标签上右击，在弹出的快捷菜单中选择【选定全部工作表】命令。

多张工作表被同时选中后，将在 Excel 窗口标题上显示"组"字样，进入工作表组操作模式。同时被选定的工作表标签将高亮显示。如果用户需要取消工作表组操作模式，可以单击工作组以外的任意工作表标签。如果所有工作表标签都在工作表组内，则可以单击任意工作表标签，或者在工作表标签上右击，在弹出的快捷菜单中选择【取消组合工作表】命令，如图 5-17 所示。

图 5-17

5.2.3 重命名工作表

Excel 默认的工作表名称为"Sheet"后面跟一个数字(如 Sheet1、Sheet2)，这样的名称在工作中没有具体的含义，不方便使用。一般我们需要将工作表重命名，重命名工作表的方法有以下两种。

▶ 右击工作表标签，在弹出的快捷菜单中选择【重命名】命令，或按 R 键，然后输入新的工作表名称。

▶ 双击工作表标签，当工作表名称变为可编辑状态时，输入新的名称。

5.2.4 设置工作表标签颜色

为了方便用户对工作表进行辨识，为工作表设置不同的颜色是一种比较常见的操作。在工作表标签上右击，在弹出的快捷菜

单中选择【工作表标签颜色】命令，然后在弹出的【颜色】面板中选择一种颜色，即可为工作表标签设置颜色，如图 5-18 所示。

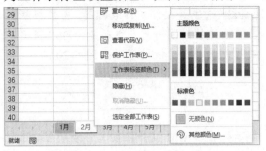

图 5-18

5.2.5 复制和移动工作表

复制与移动工作表是办公中的常用操作。通过复制操作，可以在一个工作簿或者不同的工作簿中创建工作表副本；通过移动操作，可以在同一个工作簿中改变工作表的排列顺序，也可以在不同的工作簿之间移动工作表。

在 Excel 中通过以下两种方法可以打开【移动或复制工作表】对话框，从而移动或复制工作表。

▶ 单击【开始】选项卡【单元格】组中的【格式】下拉按钮，在弹出的菜单中选择【移动或复制工作表】命令。

▶ 右击工作表标签，在弹出的快捷菜单中选择【移动或复制】命令，如图 5-19 所示。

图 5-19

此外，在 Excel 中也可以通过拖动工作表标签来实现移动或者复制工作表的操作，具体操作方法如下。

step 1 选中并按住工作表标签，当鼠标指针显示出文档的图标时，拖动鼠标可以将当前工作表移动至其他位置，如图 5-20 所示。

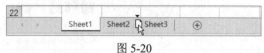

图 5-20

step 2 按住 Ctrl 键并拖动工作表标签，此时鼠标指针显示的文档图标上还会出现一个"+"号，表示当前操作方式为"复制"，可以将当前工作表复制到拖动目标位置，如图 5-21 所示。

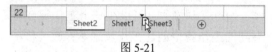

图 5-21

5.2.6 隐藏工作表

在一个工作簿中编辑多个工作表时，为了切换方便，我们可以将已经编辑好的工作表隐藏起来；或者为了工作表的安全性，我们也可以将不想让别人看到的工作表隐藏起来。

在 Excel 中隐藏工作表的操作方法有以下两种。

▶ 选择【开始】选项卡，在【单元格】组中单击【格式】下拉按钮，在弹出的列表中选择【隐藏和取消隐藏】|【隐藏工作表】命令。

▶ 右击工作表标签，在弹出的快捷菜单中选择【隐藏】命令，如图 5-22 所示。

图 5-22

如果需要取消工作表的隐藏状态，可以参考以下两种方法。

▶ 选择【开始】选项卡，在【单元格】组中单击【格式】下拉按钮，在弹出的列表中选择【隐藏和取消隐藏】|【取消隐藏工作表】命令，在打开的【取消隐藏】对话框中选择需要取消隐藏的工作表后，单击【确定】按钮，如图 5-23 所示。

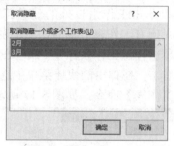

图 5-23

▶ 在工作表标签上右击鼠标，在弹出的快捷菜单中选择【取消隐藏】命令，然后在打开的【取消隐藏】对话框中选择需要取消隐藏的工作表，并单击【确定】按钮。

5.2.7 合并工作表

合并工作表，顾名思义就是合并同一工作簿下所有工作表中的数据。

如图 5-24 所示的工作簿为某公司 1~6 月份销售情况记录，同一个工作簿中保存了 6 张布局结构相同的工作表。需要将 6 张工作表合并。

	A	B	C	D
1	时间	商品	单日售量	备注
2	2023/1/1	正元胶囊	2753	
3	2023/1/2	托伐普坦片	1765	
4	2023/1/3	正元胶囊	780	
5	2023/1/4	开塞露	3012	
6	2023/1/5	开塞露	1102	
7	2023/1/6	开塞露	631	
8	2023/1/7	香芍颗粒	1397	
9	2023/1/8	正元胶囊	1392	
10	2023/1/9	正元胶囊	546	
11	2023/1/10	托伐普坦片	1023	
12	2023/1/11	正元胶囊	564	

图 5-24

用户可以在 Excel 中使用 Power Query 进行合并。

【例 5-1】使用 Power Query 合并图 5-24 所示工作簿中的 6 张工作表。

🎬 视频+素材　（素材文件\第 05 章\例 5-1）

step 1　按 Ctrl+N 快捷键新建一个工作簿，选择【数据】选项卡，单击【获取和转换数据】组中的【获取数据】下拉按钮，在弹出的列表中选择【来自文件】|【从工作簿】选项，如图 5-25 所示。

图 5-25

step 2　在打开的【导入数据】对话框中选中保存数据的工作簿文件，单击【导入】按钮。

step 3　打开【导航器】窗口，选中工作簿名称，单击【转换数据】按钮，如图 5-26 所示。

图 5-26

step 4　打开【Power Query 编辑器】窗口，单击 Data 列右侧的展开按钮，在弹出的列表中单击【确定】按钮，如图 5-27 所示。

图 5-27

step 5　在打开的窗口中删除系统自动生成的工作簿信息字段【Item】【Kind】【Hidden】，然后单击【主页】选项卡中的【将第一行用作标题】选项，提升标题行，如图 5-28 所示。

图 5-28

step 6　将第 1 列的标题"1 月"重命名为"表名称"，如图 5-29 所示。

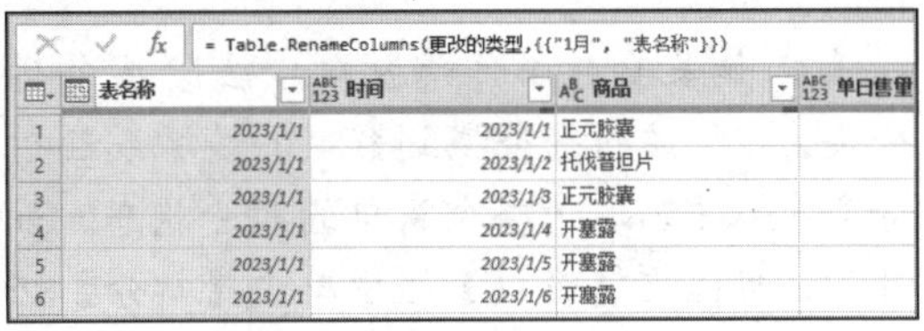

图 5-29

step 7　单击【时间】列右侧的下拉按钮，在弹出的列表中取消【时间】复选框的选中状态后，单击【确定】按钮。

step 8　最后，单击【主页】选项卡中的【关闭并上载】按钮上载数据即可。

5.2.8　拆分工作表

在单个 Excel 工作簿窗口中，用户可以通过"拆分"功能，在工作簿窗口中同时显示多个独立的拆分位置，然后根据自己的需要让其显示同一个工作表不同位置的内容。

拆分显示工作表的操作方法如下。

step 1　将鼠标指针定位在工作区域中合适的位置，在【视图】选项卡的【窗口】组中单击【拆分】按钮，即可将当前表格沿着活动单元格的左边框和上边框的方向拆分为 4 个窗格，如图 5-30 所示。

图 5-30

step 2 图 5-30 所示的水平拆分条和垂直拆分条将整个窗口拆分为 4 个窗格。将鼠标指针放置在水平或垂直拆分条上，按住鼠标左键拖动可以调整拆分条的位置，从而改变窗格的布局。

step 3 如果要在工作簿窗口中去除某个拆分条，可将该拆分条拖到窗口的边缘或在拆分条上双击，取消整个窗口的拆分状态。另外，还可以在【窗口】组中单击【拆分】切换按钮进行状态切换。

5.2.9 冻结工作表窗格

在工作中处理复杂并且内容庞大的报表时，经常需要在向下或向右侧滚动浏览表格内容时固定显示表格的表头(行或列)。此时，使用下面介绍的【冻结窗格】命令可以达到目的。冻结窗格与拆分窗格的操作方法类似，具体实现方法可以参考以下操作。

step 1 打开工作簿后，确定要固定显示的窗口区域为 1 行和 A 列，选中要冻结列的右侧和要冻结行的下方单元格，本例选中 B2 单

元格。然后在【视图】选项卡中选择【冻结窗格】|【冻结窗格】选项，如图 5-31 所示。

图 5-31

step 2 此时，即可沿着当前选中的活动单元格的左边框和上边框方向显示水平和垂直方向的两条黑色冻结线条。若向下或向右拖动水平和垂直滚动条，A 列和 1 行标题都将被"冻结"，保持始终可见，如图 5-32 所示。

图 5-32

step 3 要取消工作表的冻结窗格状态，可以选择【视图】选项卡中的【冻结窗格】|【取消冻结窗格】选项。

知识点滴

如果要改变冻结窗格的位置，需要先取消冻结，然后再执行一次冻结窗格操作。用户也可以在【冻结窗格】列表中选择【冻结首行】或【冻结首列】命令，快速冻结数据的首行或首列。

5.3 操作单元格

单元格是工作表的基本单位。在 Excel 中，绝大多数的操作都是针对单元格来完成的。对单元格的操作主要包括单元格的选取、合并与拆分等。

5.3.1 选定单元格

在 Excel 工作表中选取区域后，可以对区域内所包含的所有单元格同时执行相关操作，如输入数据、复制、粘贴、删除、设置单元格格式等。选取目标区域后，在其中总是包含了一个活动单元格。工作窗口名称框显示的是当前活动单元格的地址，编辑栏所显示的是当前活动单元格中的内容。

活动单元格与区域中的其他单元格显示风格不同，区域中所包含的其他单元格会加亮显示，而当前活动单元格还是保持正常显示，以此来标识活动单元格的位置，如图 5-33 所示。

图 5-33

选定一个单元格区域后，区域中包含的单元格所在的行列标签也会显示出不同的颜色，如图 5-33 中的 B~F 列和 2~7 行标签所示。

要在表格中选中连续的单元格，可以使用以下几种方法。

➤ 选定一个单元格，按住鼠标左键直接在工作表中拖动来选取相邻的连续区域。

➤ 选定一个单元格，按下 Shift 键，然后使用方向键在工作表中选择相邻的连续区域。

➤ 选定一个单元格，按 F8 键，进入"扩展"模式，此时再用鼠标单击一个单元格时，则会选中该单元格与前面选中单元格之间所构成的连续区域，如图 5-34 所示。完成后再次按 F8 键，则可以取消"扩展"模式。

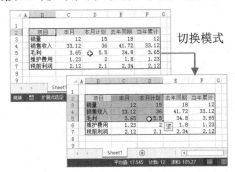

图 5-34

➤ 在工作窗口的名称框中直接输入区域地址，例如 B2:F7，按回车键确认后，即

可选取并定位到目标区域。此方法可适用于选取隐藏行列中所包含的区域。

➤ 在【开始】选项卡的【编辑】组中单击【查找和选择】下拉按钮，在弹出的下拉列表中选择【转到】命令，或者在键盘上按 F5 键，在打开的【定位】对话框的【引用位置】文本框中输入目标区域地址，单击【确定】按钮即可选取并定位到目标区域。该方法可以适用于选取隐藏行列中所包含的区域。

选取连续的区域时，鼠标或者键盘第一个选定的单元格就是选定区域中的活动单元格；如果使用名称框或者定位窗口选定区域，则所选区域的左上角单元格就是选定区域中的活动单元格。

在表格中选择不连续单元格区域的方法，与选择连续单元格区域的方法类似，具体如下。

➤ 选定一个单元格，按下 Ctrl 键，然后使用鼠标左键单击或者拖动选择多个单元格或者连续区域，鼠标最后一次单击的单元格，或者最后一次拖动开始之前选定的单元格就是选定区域的活动单元格，如图 5-35 所示。

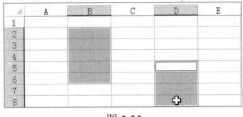

图 5-35

➤ 按下 Shift+F8 组合键，可以进入"添加"模式，与上面按 Ctrl 键的作用相同。进入"添加"模式后，再用鼠标选取的单元格或者单元格区域会添加到之前的选取区域当中。

➤ 在工作表窗口的名称框中输入多个单元格或者区域地址，地址之间用半角状态下的逗号隔开，例如"A1,B4,F7,H3"，按下回车键确认后即可选取并定位到目标区域。在这种状态下，最后输入的一个连续区域的左上角或者最后输入的单元格为区域中的活动单元格。该方法适用于选取隐藏行列中所包含的区域。

▶ 打开【定位】对话框,在【引用位置】文本框中输入多个地址,也可以选取不连续的单元格区域。

5.3.2 设置条件定位

除了上面介绍的方法可以选取单元格和区域,使用 Excel 的"定位"功能也可以让用户快速选取一个或多个符合特定条件的单元格或区域。

在 Excel 中按 F5 键、Ctrl+G 快捷键,或单击【开始】选项卡【编辑】组中的【查找和选择】下拉按钮,从弹出的列表中选择【转到】命令,可以打开【定位】对话框。在该对话框的【引用位置】文本框中输入单元格或区域的地址后单击【确定】按钮,可以快速选定相应的单元格或区域,如图 5-36 所示。

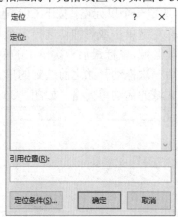

图 5-36

单击【定位】对话框左下角的【定位条件】按钮,将打开【定位条件】对话框,如图 5-37 所示。在该对话框中选择特定的条件,然后单击【确定】按钮,就会在当前选定区域中查找符合选定条件的单元格(如果当前只选定了一个单元格,则会在整个工作表中进行查找),并将其选定。如果查找范围内没有符合条件的单元格,Excel 会弹出【未找到单元格】提示框。

图 5-37

例如,在【定位条件】对话框选中【常量】单选按钮,然后在下方选中【数字】复选框,单击【确定】按钮后,当前选定区域中所有包含有数字形式常量的单元格均将被选中。

图 5-38 所示为某房产中介的房屋交易价格及税费估算表。由于市场行情的波动,需要为【均价】列增加 1200。此处即可使用定位功能。

	户型	面积	均价	税费比例	税费	
1	户型	面积	均价	税费比例	税费	
2	一室一厅	40	18500	3.04%	22500	
3	两室一厅	65	19000	2.59%	32000	
4	三室一厅	85		3.20%		
5	三室两厅	110	21500	3.42%	81000	
6	四室一厅	160	22000	4.29%	151000	
7	四室两厅	110	21500	3.42%	81000	
8	公寓户型	80	22000	4.29%	75500	
9	复式户型	120		3.42%		
10	平层别墅户型	200		4.29%		
11	跃层别墅户型	360	31000	4.29%	478739	

图 5-38

【例 5-2】 为图 5-38 所示表格的【均价】列数据统一增加固定数值 1200。
🎬 **视频+素材** (素材文件\第 05 章\例 5-2)

step① 在任意空白单元格中输入数据 1200后,按 Ctrl+C 快捷键复制该单元格。

step② 选中表格【均价】列(B 列),按 F5 键打开【定位】对话框,单击【定位条件】按钮。

step③ 打开【定位条件】对话框,选中【常量】单选按钮,在【公式】单选按钮下方只选中【数字】复选框,然后单击【确定】按钮。

【均价】列中所有包含数字形式常量的单元格被选中，如图 5-39 所示。

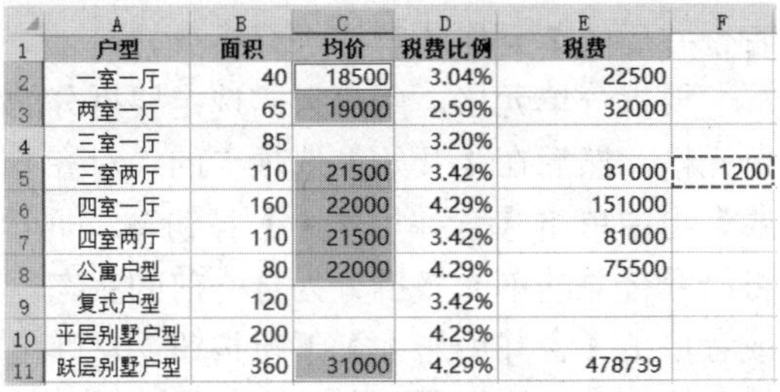

	A	B	C	D	E	F
1	户型	面积	均价	税费比例	税费	
2	一室一厅	40	18500	3.04%	22500	
3	两室一厅	65	19000	2.59%	32000	
4	三室一厅	85		3.20%		
5	三室两厅	110	21500	3.42%	81000	1200
6	四室一厅	160	22000	4.29%	151000	
7	四室两厅	110	21500	3.42%	81000	
8	公寓户型	80	22000	4.29%	75500	
9	复式户型	120		3.42%		
10	平层别墅户型	200		4.29%		
11	跃层别墅户型	360	31000	4.29%	478739	

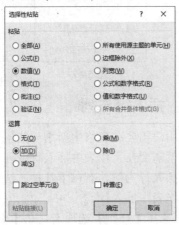

图 5-39

step 4 按 Ctrl+Alt+V 快捷键打开【选择性粘贴】对话框，选中【数值】和【加】复选框后单击【确定】按钮，如图 5-40 所示。

图 5-40

step 5 表格中【均价】列中的数值数据将被统一增加固定数值 1200，如图 5-41 所示。

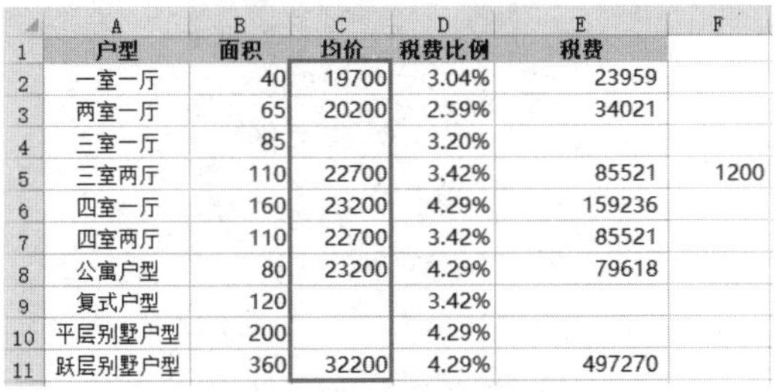

	A	B	C	D	E	F
1	户型	面积	均价	税费比例	税费	
2	一室一厅	40	19700	3.04%	23959	
3	两室一厅	65	20200	2.59%	34021	
4	三室一厅	85		3.20%		
5	三室两厅	110	22700	3.42%	85521	1200
6	四室一厅	160	23200	4.29%	159236	
7	四室两厅	110	22700	3.42%	85521	
8	公寓户型	80	23200	4.29%	79618	
9	复式户型	120		3.42%		
10	平层别墅户型	200		4.29%		
11	跃层别墅户型	360	32200	4.29%	497270	

图 5-41

5.3.3 合并和拆分单元格

在编辑表格的过程中，有时需要对单元格进行合并或者拆分操作，以方便用户对单元格的编辑。

1. 合并单元格

要合并单元格，需要先将要合并的单元格选定，然后打开【开始】选项卡，在【对齐方式】组中单击【合并单元格】按钮即可。

【例 5-3】合并表格中的单元格。

视频+素材 (素材文件\第 05 章\例 5-3)

step 1 启动 Excel 2021，打开“考勤表”工作簿，然后选中表格中的 A1:H2 单元格区域，如图 5-42 所示。

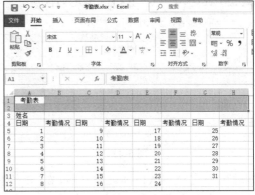

图 5-42

step 2 选择【开始】选项卡，在【对齐方式】组中单击【合并后居中】按钮，此时，选中的单元格区域将合并为一个单元格，其中的内容将自动居中，如图 5-43 所示。

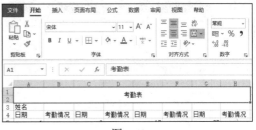

图 5-43

step 3 选定 B3:H3 单元格区域，在【开始】选项卡的【对齐方式】组中单击【合并后居中】下拉按钮，从弹出的下拉菜单中选择【合并单元格】命令，如图 5-44 所示。

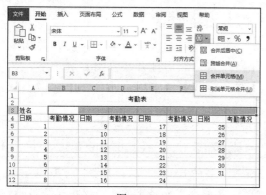

图 5-44

step 4 此时，即可将 B3:H3 单元格区域合并为一个单元格，如图 5-45 所示。

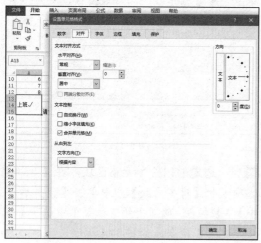

图 5-45

step 5 选定 A13:A15 单元格区域，在【开始】选项卡中单击【对齐方式】组中的对话框启动器按钮，打开【设置单元格格式】对话框，在【对齐】选项卡中选中【合并单元格】复选框，单击【确定】按钮也可以将单元格合并，如图 5-46 所示。

图 5-46

2. 拆分单元格

拆分单元格是合并单元格的逆操作，只有合并后的单元格才能够进行拆分。

要拆分单元格，用户只需选定要拆分的单元格，然后在【开始】选项卡的【对齐方式】组中单击【合并后居中】按钮，即可将已经合并的单元格拆分为合并前的状态，或者单击【合并后居中】下拉按钮，从弹出的下拉菜单中选择【取消单元格合并】命令，如图 5-47 所示。

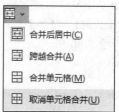

图 5-47

5.3.4 插入行与列

当用户需要在表格中新增一些条目和内容时，就需要在工作表中插入行或列。

以插入行为例，有以下几种方法可以实现在工作表中插入行。

▶ 选择【开始】选项卡，在【单元格】组中单击【插入】拆分按钮，在弹出的列表中选择【插入工作表行】命令，如图 5-48 所示。

图 5-48

▶ 右击选中的行，在弹出的快捷菜单中选择【插入】命令，如图 5-49 所示。

图 5-49

▶ 选中目标行后，按下 Ctrl+Shift+=组合键。

如果用户选中的不是整行，而是一个单元格，则执行以上操作后，将打开【插入】对话框。在【插入】对话框中选中【整行】单选按钮，然后单击【确定】按钮即可完成插入行操作，如图 5-50 所示。

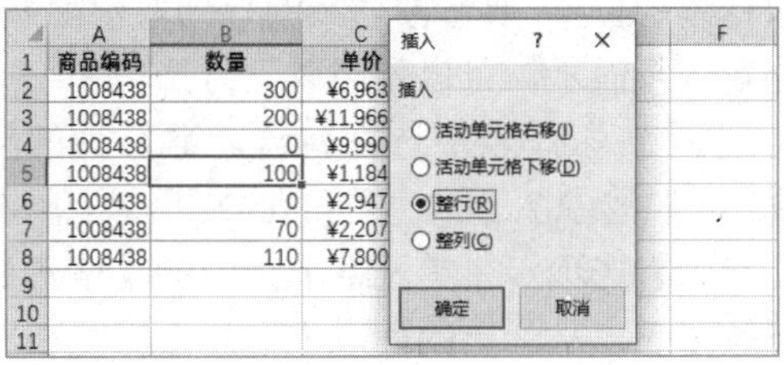

图 5-50

执行插入行操作时，插入的行的数量与选中行的数量(或单元格区域)有关，当前选中多少行(或选中单元格区域包含多少行)，就会在工作表中插入多少新行。

插入列的方法与插入行的方法类似。

5.3.5　移动和复制行与列

在处理表格时，若用户需要改变表格中行、列的位置或顺序，可以使用"移动"与"复制"行或列的操作来实现。

1. 通过功能区命令控件移动行或列

step 1 选择要移动的行或列，单击【开始】选项卡中的【剪切】按钮(快捷键：Ctrl+X)。

step 2 选择需要移动的目标位置的下一行(选择整行或该行的第 1 个单元格)，单击【开始】选项卡【单元格】组中的【插入】下拉按钮，在弹出的列表中选择【插入剪切的单元格】命令即可。

2. 通过右键菜单方式移动行或列

step 1 选择要移动的行或列后右击鼠标，在弹出的快捷菜单中选择【剪切】命令(快捷键：Ctrl+X)。

step 2 选择需要移动的目标位置的下一行后再次右击鼠标，在弹出的快捷菜单中选择【插入剪切的单元格】命令。

3. 通过鼠标拖动方式移动行或列

step 1 选择需要移动的行或列，将光标移动至选定行或列的边框上，当鼠标指针显示为黑色十字箭头图标时，按住鼠标左键不放，按下 Shift 键拖动鼠标，如图 5-51 所示。

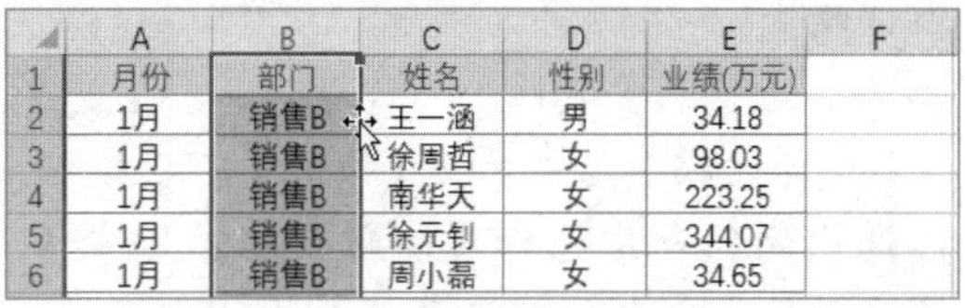

图 5-51

step 2 此时工作表中将出现一条"工"字形线，显示了移动目标的插入位置，如图 5-52 所示。

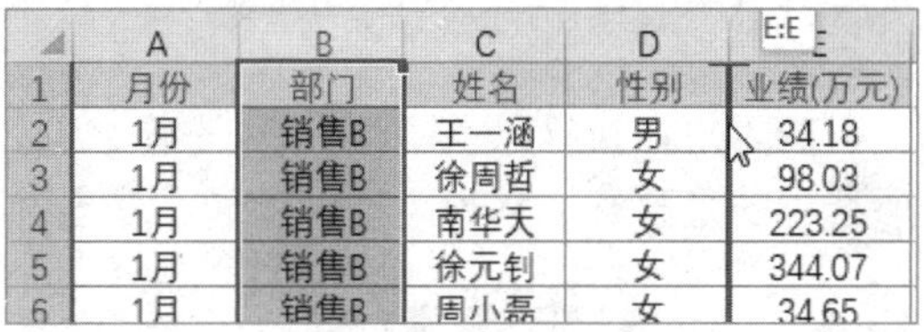

图 5-52

step 3 拖动鼠标将工字形线移到目标位置后，释放鼠标左键和 Shift 键即可完成选定列的移动操作，如图 5-53 所示。

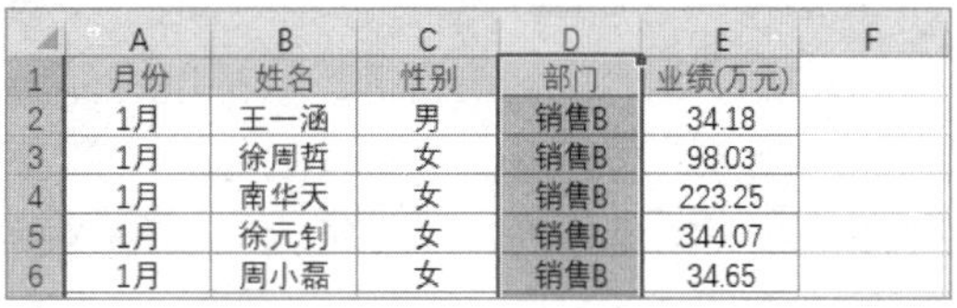

图 5-53

移动行的方法和移动列的方法类似。

4. 复制行与列的操作方法

复制行列与移动行列的操作方法类似，如果使用功能区中的命令控件复制行列，只需要将执行【剪切】命令改为执行【复制】命令即可。如果使用鼠标拖动方式复制行列，只需要将按住 Shift 键改为同时按住 Ctrl+Shift 键拖动，即可将移动行列操作更改为复制行列操作。

5.3.6 隐藏和显示行与列

在制作需要他人浏览的表格时，若用户不想让别人看到表格中的部分内容，可以通过使用"隐藏"行或列的操作来达到目的。

1. 隐藏指定的行或列

在 Excel 中隐藏行或列，可以按照以下步骤操作。

step 1 选中需要隐藏的行，在【开始】选项卡的【单元格】组中单击【格式】下拉按钮，在弹出的列表中选择【隐藏和取消隐藏】|【隐藏行】命令即可隐藏选中的行

step 2 隐藏列的操作与隐藏行的方法类似，选中需要隐藏的列后，单击【单元格】组中的【格式】下拉按钮，在弹出的列表中选择【隐藏和取消隐藏】|【隐藏列】命令即可。

若用户在执行以上隐藏行、列操作之前，所选中的是整行或整列，也可以通过右击选

中的行或列，在弹出的快捷菜单中选择【隐藏】命令来执行隐藏行、列操作。

2. 显示被隐藏的行或列

在隐藏行列之后，包含隐藏行列处的行标题或列标题标签将不再显示连续的序号，如图 5-54 所示。

	A	B	D	E	F	G
1	月份	姓名	部门	业绩(万元)		
2	1月	王一涵	销售B	34.18		
3	1月	徐周哲	销售B	98.03		
4	1月	南华天	销售B	223.25		
5	1月	徐元钊	销售B	344.07		
6	1月	周小磊	销售B	34.65		

图 5-54

通过这个特征，用户可以发现表格中隐藏行列的位置。要将被隐藏的行列取消隐藏，重新恢复显示，可以使用以下方法。

▶ 在工作表中选择包含隐藏行列的区域，例如选中图 5-54 中的 B1:D1 区域，单击【开始】选项卡【单元格】组中的【格式】下拉按钮，从弹出的列表中选择【隐藏和取消隐藏】|【取消隐藏列】选项即可。

▶ 通过将行高或列宽设置为 0，可以将选定的行列隐藏；反之，通过将行高或列宽设置为大于 0 的值，则可以让隐藏的行列变为可见，达到取消隐藏的效果。

5.4 输入表格数据

Excel 的主要功能是处理数据，熟悉了工作簿、工作表和单元格的基本操作后，就可以在 Excel 中输入并编辑数据了。

5.4.1 Excel 数据类型

在工作表中输入和编辑数据是用户使用 Excel 时最基本的操作之一。工作表中的数据都保存在单元格内，单元格内可以输入和保存的数据包括数值、日期和时间、文本和公式 4 种基本类型。此外，还有逻辑值、错误值等一些特殊的数值类型。

1. 数值

数值指的是所代表数量的数字形式，例如企业的销售额、利润等。数值可以是正数，也可以是负数，但是都可以用于进行数值计算，例如加、减、求和、求平均值等。除了普通的数字，还有一些使用特殊符号的数字也被 Excel 理解为数值，如百分号%、货币符号￥，千分间隔符及科学计数符号 E 等。

2. 日期和时间

在 Excel 中，日期和时间是以一种特殊的数值形式存储的，这种数值形式被称为"序列值"，在早期的版本中也被称为"系列值"。序列值是介于一个大于或等于 0，小于 2 958 466 的数值区间的数值，因此，日期型数据实际上是一个包括在数值数据范畴中的数值区间。日期系统的序列值是一个整数数值，一天的数值单位就是 1，那么 1 小时就可以表示为 1/24 天，1 分钟就可以表示为 $1/(24×60)$ 天等，一天中的每一个时刻都可以由小数形式的序列值来表示。例如，中午 12:00:00 的序列值为 0.5(一天的一半)。

3. 文本

文本通常指的是一些非数值型文字、符号等，例如，企业的部门名称、员工的考核科目、产品的名称等。此外，许多不代表数量的、不需要进行数值计算的数字也可以保存为文本形式，例如电话号码、身份证号码、股票代码等。所以，文本并没有严格意义上的概念。事实上，Excel 将许多不能理解为数值(包括日期和时间)和公式的数据都视为文本。文本不能用于数值计算，但可以比较大小。

4. 逻辑值

逻辑值是一种特殊的参数，它只有 TRUE(真)和 FALSE(假)两种类型。例如在公式=IF(A3=0,"0",A2/A3)中，"A3=0"就是一个可以返回 TRUE(真)或 FLASE(假)两种结果的参数。当"A3=0"为 TRUE 时，则公式返回结果为"0"，否则返回"A2/A3"的计算结果。在逻辑值之间进行四则运算时，可以认为 TRUE=1，FLASE=0。

5. 错误值

经常使用 Excel 的用户可能都会遇到一些错误信息，例如"#N/A!""#VALUE!"等。出现这些错误的原因有很多种，如果公式不能计算正确结果，Excel 将显示一个错误值。

例如，在需要数字的公式中使用文本，删除了被公式引用的单元格等。

6. 公式

公式是 Excel 中一种非常重要的数据，Excel 作为一种电子数据表格，其许多强大的计算功能都是通过公式来实现的。公式通常都以"="号开头，它的内容可以是简单的数学公式，例如：=16*62*2600/60-12；也可以是复杂的函数公式，用户可直接使用 Excel 自带的函数公式。

5.4.2　在单元格中输入数据

要在单元格内输入数值和文本类型的数据，用户可以在选中目标单元格后，直接向单元格内输入数据。数据输入结束后按 Enter 键，或者使用鼠标单击其他单元格都可以确认完成输入。要在输入过程中取消本次输入的内容，则可以按 Esc 键退出输入状态。

当用户输入数据时，原有编辑栏的左边出现两个新的按钮，分别是 ✕ 和 ✓。如果用户单击 ✓ 按钮，可以对当前输入的内容进行确认，如果单击 ✕ 按钮，则表示取消输入，如图 5-55 所示。

图 5-55

1. 输入文本和符号

在 Excel 2021 中，文本型数据通常是指字符或者任何数字和字符的组合。输入单元格内的任何字符集，只要不被系统解释成数字、公式、日期、时间或者逻辑值，则 Excel 2021 一律将其视为文本。

在表格中输入文本型数据的方法主要有以下 3 种。

▶ 在数据编辑栏中输入：选定要输入文本型数据的单元格，将鼠标光标移到数据编辑栏处单击，将插入点定位到编辑栏中，然后输入内容。

➤ 在单元格中输入：双击要输入文本型数据的单元格，将插入点定位到该单元格内，然后输入内容。

➤ 选定单元格输入：选定要输入文本型数据的单元格，直接输入内容即可。

此外，用户可以在表格中输入特殊符号，一般在【符号】对话框中进行操作，如图 5-56 所示。

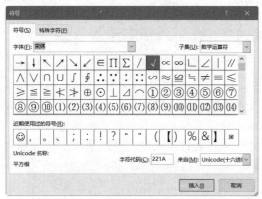

图 5-56

2. 在多个单元格中同时输入数据

当用户需要在多个单元格中同时输入相同的数据时，许多用户想到的办法就是将数据输入其中一个单元格，然后复制到其他所有单元格中。对于这样的方法，如果用户能够熟练操作并且合理使用快捷键，也是一种高效的选择。但还有一种操作方法，可以比复制/粘贴操作更加方便、快捷。

同时选中需要输入相同数据的多个单元格，然后输入所需要的数据。在输入结束时，按 Ctrl+Enter 键确认输入，此时将会在选定的所有单元格中显示相同的输入内容。

3. 输入指数上标

在工程和数学等方面的应用上，经常需要输入一些带有指数上标的数字或者符号单位，如 10^2、M^2 等。在 Word 软件中，用户可以使用上标工具来进行操作，但在 Excel 中没有这样的功能。用户需要通过设置单元格格式的方法来实现指数在单元格中的显示，具体方法如下。

step 1 若用户需要在单元格中输入 M^{-10}，可先在单元格中输入 "M-10"，然后激活单元格编辑模式，用鼠标选中文本中的 "-10" 部分，如图 5-57 所示。

图 5-57

step 2 按下 Ctrl+1 组合键，打开【设置单元格格式】对话框，选中【上标】复选框后，单击【确定】按钮即可，如图 5-58 所示。

图 5-58

step 3 此时，单元格中的数据显示为 "M^{-10}"，但在编辑栏中数据仍旧显示为 "M-10"。

4. 自动输入小数

有一些数据处理方面的应用(如财务报表、工程计算等)经常需要用户在单元格中大量输入数值数据，如果这些数据需要保留的最大小数位数是相同的，用户可以参考下面介绍的方法，设置在 Excel 中输入数据时免去小数点 "." 的输入操作，从而提高输入效率。

step 1 以输入数据最大保留 3 位小数为例，打开【Excel 选项】对话框后，选择【高级】选项卡，选中【自动插入小数点】复选框，并在【位数】微调框中输入 3，如图 5-59 所示。

图 5-59

step 2 单击【确定】按钮，在单元格中输入 "11111"，将自动添加小数点，如图 5-60 所示。

图 5-60

5. 输入日期和时间

日期和时间属于一类特殊的数值类型。在中文版的 Windows 系统的默认日期设置下，可以被 Excel 自动识别为日期数据的输入形式如下。

▶ 使用短横线分隔符 "-" 的输入，如表 5-1 所示。

表 5-1　日期输入形式(短横线)

输入	Excel 识别
2023-1-2	2023 年 1 月 2 日
23-1-2	2023 年 1 月 2 日
90-1-2	1990 年 1 月 2 日
2023-1	2023 年 1 月 1 日
1-2	当前年份的 1 月 2 日

▶ 使用斜线分隔符 "/" 的输入，如表 5-2 所示。

表 5-2　日期输入形式(斜线)

输入	Excel 识别
2023/1/2	2023 年 1 月 2 日
23/1/2	2023 年 1 月 2 日
90/1/2	1990 年 1 月 2 日
2023/1	2023 年 1 月 1 日
1/2	当前年份的 1 月 2 日

▶ 使用中文 "年、月、日" 的输入，如表 5-3 所示。

表 5-3　日期输入形式(中文)

输入	Excel 识别
2023 年 1 月 2 日	2023 年 1 月 2 日
23 年 1 月 2 日	2023 年 1 月 2 日
90 年 1 月 2 日	1990 年 1 月 2 日
2023 年 1 月	2023 年 1 月 1 日
1 月 2 日	当前年份的 1 月 2 日

▶ 使用包括英文月份的输入，如表 5-4 所示。

表 5-4　日期输入形式(英文)

输入	Excel 识别
March 2	
Mar 2	
2 Mar	
Mar-2	当前年份的 3 月 2 日
2-Mar	
Mar/2	
2/Mar	

6. 输入分数

输入分数的方法如表 5-5 所示。

表 5-5　在 Excel 中输入分数

说明	输入	结果
输入假分数	2 1/3	2 1/3
输入真分数	0 1/3	1/3
输入大分子分数	0 13/3	4 1/3
输入可约分分数	0 2/20	1/10

7. 快速输入货币符号

使用 Excel 统计货币时常常会用到货币单位，例如人民币(¥)、英镑(￡)、欧元(€)等，此时在按住 Alt 键的同时，依次按下小键盘上的数字键即可快速输入相应的货币符号，如表 5-6 所示。

表 5-6　货币符号快捷键

货币符号	快捷键
人民币(¥)	Alt+0165
欧元(€)	Alt+0128
通用货币符号(¤)	Alt+0164
美元($)	Alt+41447
英镑(£)	Alt+0163
美分(¢)	Alt+0162

8. 输入超长数值

在 Excel 中可以借助科学记数法的原理快速输入尾数有很多 0 的超长数值。例如，要输入一亿，即数值 100 000 000，在 Excel 中输入"1**8"即可生成科学记数法形式的一亿，即"1.00E+08"，它代表 1 乘以 10 的 8 次方，将其设置为常规格式，即可转换为"100 000 000"的形式。

在了解这个原理后，可以在 Excel 中快速输入各种超长数值，如表 5-7 所示。

表 5-7　输入超长数值示例

说明	输入数据	输入结果	常规格式
九万	9**4	9.00E+04	90000
三百万	3**6	300E+06	3000000
一千万	1**7	1.00E+07	10000000
一亿三千万	1.3**8	130E+08	130000000

5.4.3　使用记录单添加数据

用户可以在数据表中直接输入数据，也可以使用 Excel 的"记录单"功能辅助数据输入，让数据输入的效率更高。

以图 5-61 所示的"员工信息表"为例，使用"记录单"功能在数据表中输入数据的具体操作步骤如下。

	A	B	C	D	E	F	G	H
1	工号	姓名	性别	部门	出生日期	入职日期	学历	基本工资
2	1121	李亮辉	男	销售部	2001/6/2	2020/9/3	本科	5,000
3	1122	林雨馨	女	销售部	1998/9/2	2018/9/3	本科	5,000
4	1123	莫静静	女	销售部	1997/8/21	2018/9/3	专科	5,000
5	1124	刘乐乐	女	财务部	1999/5/4	2018/9/3	本科	5,000
6	1125	杨晓亮	男	财务部	1990/7/3	2018/9/3	本科	5,000
7	1126	张珺涵	男	财务部	1987/7/21	2019/9/3	专科	4,500
8	1127	姚妍妍	女	财务部	1982/7/5	2019/9/3	专科	4,500
9	1128	许朝霞	女	人事部	1983/2/1	2019/9/3	本科	4,500
10	1129	李娜	女	人事部	1985/6/2	2017/9/3	本科	6,000

图 5-61

step 1 单击数据表中任意单元格后，依次按下 Alt、D、O 键打开【数据列表】对话框(该对话框中的名称取决于当前的工作表名称)。单击【新建】按钮进入新记录输入状态。

step 2 在【数据列表】对话框的各个单元格中输入相关信息(用户可以使用 Tab 键在文本框之间切换)，一条记录输入完毕后可以在对话框内单击【新建】或【关闭】按钮，也可以直接按回车键，如图 5-62 所示。

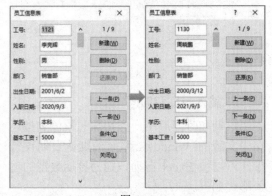

图 5-62

5.4.4　填充数据

当需要在连续的单元格中输入相同或者有规律的数据(等差或等比)时，可以使用 Excel 提供的填充数据功能来实现。

1. 使用控制柄

选定单元格或单元格区域时会出现一个黑色边框的选区，此时选区右下角会出现一个控制柄，将鼠标光标移动至它的上方时会

变成 ✚ 形状，通过拖动该控制柄可实现数据的快速填充，如图 5-63 所示。

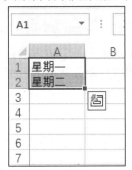

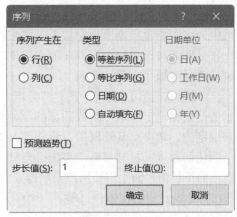

图 5-65

图 5-63

填充有规律的数据的方法为：在起始单元格中输入起始数据，在第二个单元格中输入第二个数据，然后选择这两个单元格，将鼠标光标移到选区右下角的控制柄上，拖动鼠标左键至所需位置，最后释放鼠标即可根据第一个单元格和第二个单元格中数据间的关系自动填充数据，如图 5-64 所示。

图 5-64

2. 使用【序列】对话框

在【开始】选项卡的【编辑】组中，单击【填充】按钮旁的倒三角按钮，在弹出的快捷菜单中选择【序列】命令，打开【序列】对话框，在其中设置选项进行填充，如图 5-65 所示。

【序列】对话框中各选项的功能如下。

(1)【序列产生在】选项区域：该选项区域可以确定序列是按选定行还是按选定列来填充。选定区域的每行或每列中第一个单元格或单元格区域的内容将作为序列的初始值。

(2)【类型】选项区域：该选项区域可以选择需要填充的序列类型，主要有以下几种。

▶ 【等差序列】：创建等差序列或最佳线性趋势。如果取消选中【预测趋势】复选框，线性序列将通过逐步递加【步长值】文本框中的数值来产生；如果选中【预测趋势】复选框，将忽略【步长值】文本框中的值，线性趋势将在所选数值的基础上计算产生。所选初始值将被符合趋势的数值所代替。

▶ 【等比序列】：创建等比序列或几何增长趋势。

▶ 【日期】：用日期填充序列。日期序列的增长取决于用户在【日期单位】选项区域中所选择的选项。如果在【日期单位】选项区域中选中【日】单选按钮，那么日期序列将按天增长。

▶ 【自动填充】：根据包含在所选区域中的数值，用数据序列填充区域中的空白单元格，该选项与通过拖动填充柄来填充序列的效果一样。【步长值】文本框中的值与用户在【日期单位】选项区域中选择的选项都将被忽略。

（3）【日期单位】选项区域：在该选项区域中，可以指定日期序列是按天、按工作日、按月还是按年增长。只有在创建日期序列时此选项区域才有效。

（4）【预测趋势】复选框：在趋势分析中，步长值是根据选定区域左侧或顶部的原始数值来确定的。选中此复选框后，步长值文本框中的任何输入都将被忽略，系统会自动计算适当的步长值，而不需要用户手动指定。

（5）【步长值】文本框：输入一个正值或负值来指定序列每次增加或减少的值。

（6）【终止值】文本框：在该文本框中输入一个正值或负值来指定序列的终止值。

【例 5-4】在"工资表"文档中使用【序列】对话框快速填充数据。

视频+素材 （素材文件\第 05 章\例 5-4）

step 1 启动 Excel 2021，打开"工资表"工作簿，选择 A 列，右击打开快捷菜单，选择【插入】命令，插入一个新列。在 A3 单元格中输入"编号"，在 A4 单元格中输入"1"，如图 5-66 所示。

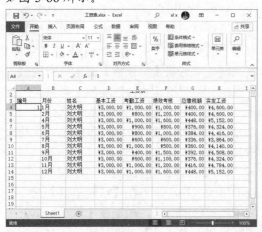

图 5-66

step 2 选定 A4:A14 单元格区域，选择【开始】选项卡，在【编辑】组中单击【填充】下拉按钮，在弹出的菜单中选择【序列】命令。

step 3 打开【序列】对话框，在【序列产生在】选项区域中选中【列】单选按钮；在【类

型】选项区域中选中【等差序列】单选按钮；在【步长值】文本框中输入 1，单击【确定】按钮，如图 5-67 所示。

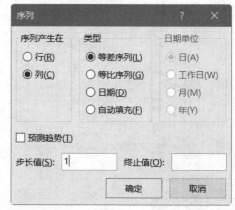

图 5-67

step 4 此时表格内自动填充步长为 1 的数据，如图 5-68 所示。

图 5-68

5.4.5 编辑数据

如果在 Excel 2021 的单元格中输入数据时发生了错误，或者要改变单元格中的数据时，则需要对数据进行编辑。

1. 更改数据

当单击单元格使其处于活动状态时，单元格中的数据会被自动选取，一旦开始输入，单元格中原来的数据就会被新输入的数据所取代。

如果单元格中包含大量的字符或复杂的公式，而用户只想修改其中的一部分，那么可以按以下两种方法进行编辑。

▶ 双击单元格，或者单击单元格后按 F2 键，在单元格中进行编辑。

▶ 单击激活单元格，然后单击编辑框，在编辑框中进行编辑，如图 5-69 所示。

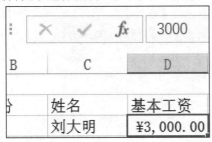

图 5-69

2. 删除数据

要删除单元格中的数据，可以先选中该单元格，然后按 Delete 键即可；要删除多个单元格中的数据，则可同时选定多个单元格，然后按 Delete 键。

如果想要完全地控制对单元格的删除操作，只使用 Delete 键是不够的。在【开始】选项卡的【编辑】组中，单击【清除】按钮，在弹出的快捷菜单中选择相应的命令，即可删除单元格中的相应内容，如图 5-70 所示。

图 5-70

3. 移动和复制数据

移动和复制数据基本上同移动和复制单元格的操作一样。

此外，还可以使用鼠标拖动法来移动或复制单元格内容。要移动单元格内的数据，首先单击要移动的单元格或选定单元格区域，然后将光标移至单元格区域边缘，当光标变为箭头形状后，拖动光标到指定位置并释放鼠标即可，如图 5-71 所示。

图 5-71

5.5　设置表格格式

在 Excel 2021 中，为了使工作表中的某些数据醒目和突出，也为了使整个版面更为丰富，通常需要对不同的单元格和数据设置不同的格式。

5.5.1　设置行高和列宽

在工作表中，可以根据表格的制作要求，采用不同的设置方法，调整表格中的行高和列宽。

1. 精确设置行高和列宽

选中目标行或某个单元格后，单击【开始】选项卡【单元格】组中的【格式】下拉按钮，从弹出的列表中选择【行高】选项，在打开的【行高】对话框中输入所需设置行高的具体数值，单击【确定】按钮即可精确设置行高，如图 5-72 所示。设置列宽的方法与设置行高的方法类似。

图 5-72

除此之外，在选择行或列后右击鼠标，在弹出的菜单中选择【行高】(或【列宽】命令)，也可以精确设置行高和列宽。

2. 拖动鼠标调整行高和列宽

在 Excel 中，可以通过在工作表行、列标签上拖动鼠标来改变行高和列宽。具体操作方法是：在工作表中选中行或列后，将鼠标指针放置在选中的行或列标签相邻的行或列标签之间(此时指针显示为黑色双向箭头)，按住鼠标左键不放，向上方或下方(调整列宽时为左侧或右侧)拖动鼠标即可调整行高(或列宽)。同时，Excel 将显示如图 5-73 所示的提示框，提示当前的行高(或列宽)值。

图 5-73

3. 自动调整行高和列宽

如果表格中设置了多种行高和列宽，或者表格的内容长短参差不齐，将会使表格数据看上去非常混乱，影响表格的可读性，如图 5-74 所示。

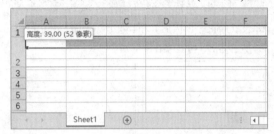

图 5-74

针对这种情况，可以使用【自动调整行高】和【自动调整列宽】命令快速设置合适的行高和列宽，使设置后的行高和列宽自动适应于表格中字符的长度，操作方法如下。

step 1 选中需要调整列宽的多列，单击【开始】选项卡中的【格式】下拉按钮，从弹出的列表中选择【自动调整列宽】选项，可以将选中列的列宽调整到最合适的宽度，使一列中最多字符的单元格恰好完全显示。

step 2 选中需要调整行高的多行，单击【开始】选项卡中的【格式】下拉按钮，从弹出的列表中选择【自动调整行高】选项，则可以自动调整选中行的行高，效果如图 5-75 所示。

	A	B	C	D	E
1	商品编码	数量	单价	金额	
2	1008438	300	¥6,963.00	¥2,088,900.00	
3	1008438	200	¥11,966.00	¥2,393,200.00	
4	1008438	0	¥9,990.00	¥0.00	
5	1008438	100	¥1,184.00	¥118,400.00	
6	1008438	0	¥2,947.80	¥0.00	
7	1008438	70	¥2,207.80	¥154,546.00	
8	1008438	110	¥7,800.00	¥858,000.00	

图 5-75

4. 为工作表设置标准列宽

单击【开始】选项卡中的【格式】下拉按钮，在弹出的列表中选择【默认列宽】选项，可以一次性修改当前工作表所有列的列宽(但该命令对已设置列宽的列无效，也不会影响其他工作表或工作簿中的列宽)。

5.5.2 设置字体和对齐方式

通常用户需要对不同的单元格设置不同的字体和对齐方式，使表格内容更加醒目。

1. 设置字体

单元格字体格式包括字体、字号、颜色、背景图案等。Excel 2021 默认字体为"等线"，默认字号为 11 号。用户可以按下 Ctrl+1 组合键，打开【设置单元格格式】对话框，选择【字体】选项卡，通过更改相应的设置来调整单元格内容的格式，如图 5-76 所示。

图 5-76

在【开始】选项卡的【字体】组中，可以快速设置字体、字号、字体颜色、边框、增大字号、减小字号等格式效果，如图 5-77 所示。

图 5-77

2. 设置对齐方式

用户可以通过【开始】选项卡【对齐方式】组中的命令控件，设置单元格内容的基本水平和垂直对齐方式。用户也可以在【设置单元格格式】对话框的【对齐】选项卡中，设置更多的单元格对齐方式选项，如图 5-78 所示。

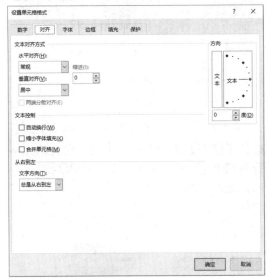

图 5-78

5.5.3 设置边框

边框用于划分表格区域，以增加表格的视觉效果。在功能区【开始】选项卡【字体】组中单击【边框】下拉按钮，在弹出的下拉列表中可以选择 Excel 内置的边框类型或设置绘制边框时的线条颜色、线型等选项，如图 5-79 所示。

图 5-79

此外，在【设置单元格格式】对话框中选择【边框】选项卡，也能够对单元格边框进行设置。

【例 5-5】在【设置单元格格式】对话框中为某产品的销量统计表制作斜线表头。

视频+素材 （素材文件\第 05 章\例 5-5）

step 1 打开工作表后选中 B1 单元格中的文本"销量"，如图 5-80 所示。

图 5-80

step 2 按下 Ctrl+1 快捷键打开【设置单元格格式】对话框，选中【下标】复选框，然后单击【确定】按钮，如图 5-81 所示。

step 3 选中 B1 单元格中的文本"地区"，按下 Ctrl+1 快捷键打开【设置单元格格式】对话框，选中【上标】复选框后，单击【确定】按钮。

图 5-81

step 4 选中 B1 单元格,单击【开始】选项卡【字体】组中的【增大字号】按钮 A,增大 B1 单元格中的文本字号(到合适的大小为止),如图 5-82 所示。

	A	B	C	D	E
1		地区\销量	销售数量	销售金额	实现利润
2		华东	59	¥329,300	¥121,390
3		华北			
4		西北			
5		西南			
6		合计			
7					

图 5-82

step 5 按下 Ctrl+1 快捷键再次打开【设置单元格格式】对话框,选择【边框】选项卡,在【样式】列表框中选择一种边框样式后单击【斜线】按钮,然后单击【确定】按钮,如图 5-83 所示。

图 5-83

step 6 数据表斜线表头效果如图 5-84 所示。

	A	B	C	D	E	F
1		地区\销量	销售数量	销售金额	实现利润	
2		华东	59	¥329,300	¥121,390	
3		华北	80	¥23,118	¥9,317	
4		西北	70	¥174,215	¥53,194	
5		西南	58	¥13,452	¥1,927	
6		合计				
7						

图 5-84

5.5.4 设置填充颜色

选中单元格后单击【开始】选项卡【字体】组中的【填充颜色】下拉按钮 ,可以在弹出的主题颜色面板中选择单元格的背景颜色,如图 5-85 所示。

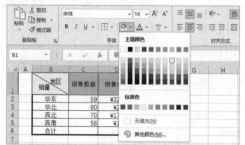

图 5-85

除此之外,在【设置单元格格式】对话框的【填充】选项卡中,可以在设置单元格背景颜色的同时设置填充效果和图案效果等,如图 5-86 所示。

图 5-86

5.5.5　套用表格格式

在 Excel 中，用户可以通过套用表格格式快速为数据表应用软件内置的表格格式。

【例 5-6】为产品销量统计表快速套用 Excel 内置的表格样式。

视频+素材　（素材文件\第 05 章\例 5-6）

step 1　继续例 5-5 的操作，单击数据区域任意单元格，在【开始】选项卡【样式】组中单击【套用表格格式】下拉按钮，在弹出的下拉列表中选择一种表格样式，如图 5-87所示。

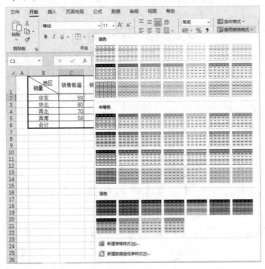

图 5-87

step 2　打开【套用表格式】对话框，保持默认设置，单击【确定】按钮，如图 5-88 所示。

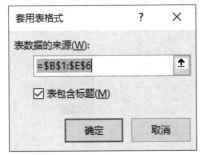

图 5-88

step 3　此时，活动单元格所在连续数据区域将创建为"表格"，并应用相应的样式效果，如图 5-89 所示。

	地区 销量	销售数量	销售金额	实现利润	
	华东	59	¥329,300	¥121,390	
	华北	80	¥23,118	¥9,317	
	西北	70	¥174,215	¥53,194	
	西南	58	¥13,452	¥1,927	
	合计				

图 5-89

5.5.6　应用内置单元格样式

在 Excel 中单击【开始】选项卡【样式】组中的【单元格样式】下拉按钮，在弹出的列表中用户可以为单元格设置样式，如图 5-90 所示。单元格样式是一系列特定单元格格式的组合，能够方便快捷地实现复杂的格式化设置，确保 Excel 表格的格式规范与统一。

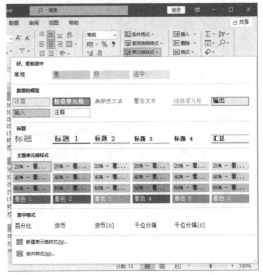

图 5-90

【单元格样式】列表中包含多个 Excel内置单元格样式效果，将光标悬停在某个单元格样式上后，所选单元格区域将会实时显示应用该样式的预览效果，单击鼠标即可将样式应用到所选单元格区域。

如果需要更改某个内置样式的效果，可以在该样式上右击鼠标，在弹出的菜单中选择【修改】命令，如图 5-91 所示。

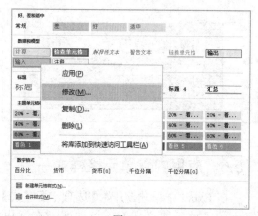

图 5-91

在打开的【样式】对话框中单击【格式】按钮，可以打开【设置单元格格式】对话框，根据需要对单元格样式效果进行调整，如图 5-92 所示。

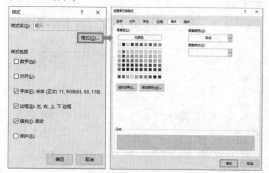

图 5-92

5.5.7 应用主题

Excel 主题是一组预定义的格式和样式集合，用于一次性对整个工作表或工作簿进行格式化。每个 Excel 主题都包含了字体、颜色、图标、背景等各种元素的组合，可以让工作表或工作簿以一种统一、协调的方式呈现。

单击【页面布局】选项卡【主题】组中的【主题】下拉按钮，在展开的列表中用户可以为表格应用主题，如图 5-93 所示。

单击【主题】组中的【颜色】【字体】【效果】下拉按钮，可以为主题设置不同的主题效果选项。

图 5-93

在 Excel 中，用户可以创建自定义颜色、字体和效果组合，也可以保存自定义主题以便在其他的文档中使用。以创建自定义主题颜色为例，自定义主题的具体操作如下。

step 1 选择【页面布局】选项卡后，单击【主题】组中的【颜色】下拉按钮，在弹出的下拉列表中选择【自定义颜色】选项。

step 2 打开【新建主题颜色】对话框，设置【文字/背景-深色 1】【文字/背景-浅色 1】【文字/背景-深色 2】【文字/背景-浅色 2】【着色 1】【着色 2】【超链接】【已访问的超链接】等主题颜色后，在【名称】文本框中输入主题名称，并单击【保存】按钮即可，如图 5-94 所示。

图 5-94

创建自定义主题字体的步骤与之类似，这里不再重复赘述。

如果用户需要将自定义的主题用于其他工作簿，可以参考以下步骤保存当前主题。

step 1 单击【页面布局】选项卡中的【主题】下拉按钮，在弹出的列表中选择【保存当前主题】选项。

step 2 打开【保存当前主题】对话框，设置主题名称后，单击【保存】按钮即可，如图 5-95 所示。

图 5-95

保存自定义主题后，将自动添加至【主题】列表中。若要删除自定义主题，可以右击该主题，在弹出的菜单中选择【删除】命令。

5.6　案例演练

本章的案例演练是批量创建工作表这个案例，用户通过练习从而巩固本章所学知识。

【例 5-7】在工作簿中批量创建指定名称的工作表。

🔑 视频

step 1 在当前工作表 A 列中输入需要创建的工作表的名称，选择【插入】选项卡，在【表格】组中单击【数据透视表】按钮，打开【创建数据透视表】对话框，选择【现有数据表】单选按钮，然后在【位置】文本框中设置一个放置数据透视表的位置(本例为 Sheet1 表的 D1 单元格)，如图 5-96 所示。

图 5-96

step 2 单击【确定】按钮，打开【数据透视表字段】窗格，将【生成以下名称的工作表】选项拖动至【筛选】列表中，如图 5-97 所示。

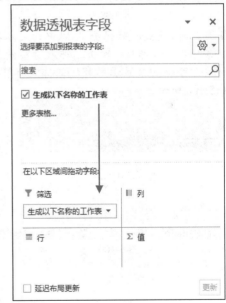

图 5-97

step 3 选中 D1 单元格，选择【数据透视表分析】选项卡，在【数据透视表】组中单击【选项】下拉按钮，在弹出的菜单中选择【显示报表筛选页】命令，如图 5-98 所示。

图 5-98

step 4 打开【显示报表筛选页】对话框，单击【确定】按钮，如图 5-99 所示。

图 5-99

step 5 此时，Excel 将根据 A 列中的文本在工作簿内创建工作表，单击工作表标签两侧的 ··· 按钮可以切换显示所有的工作表标签，如图 5-100 所示。

图 5-100

step 6 每个工作表中都会创建一个数据透视表，用户需要将它们删除。右击任意一个工作表标签，在弹出的菜单中选择【选定全部工作表】命令，然后单击工作表左上角的 ◢ 按钮，选中整个工作簿，如图 5-101 所示。

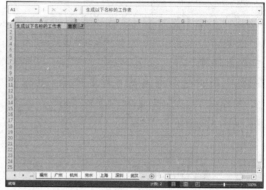

图 5-101

step 7 选择【开始】选项卡，在【编辑】组中单击【清除】下拉按钮，在弹出的菜单中选择【全部清除】命令，如图 5-102 所示。

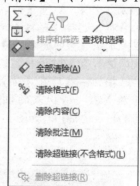

图 5-102

step 8 最后，右击工作表标签，在弹出的菜单中选择【取消组合工作表】命令即可。

第6章

公式与函数应用

分析和处理 Excel 工作表中的数据时，离不开公式和函数。公式和函数不仅可以帮助用户快速并准确地计算表格中的数据，还可以解决办公中的各种查询与统计问题。本章将介绍 Excel 中的公式与函数的操作方法和技巧。

本章对应视频

6.1 使用公式

用户通常利用 Excel 处理与加工数据，其中，公式和函数是 Excel 常用的功能，本节将详细介绍公式的使用。

6.1.1 公式的组成

在输入公式之前，用户应先了解公式的组成和意义。公式的特定语法或次序为最前面是等号 "="，然后是公式的表达式，公式中可以包含运算符、数值或任意字符串、函数及其参数、单元格引用等元素。

单元格引用　　　　　运算符

=A3-SUM(A2:F6)+0.5*6

函数　　　　　常量数值

公式主要由以下几个元素构成。

▶ 运算符：运算符用于对公式中的元素进行特定类型的运算，不同的运算符可以进行不同的运算，如加、减、乘、除等。

▶ 常量数值：指输入公式中的值、文本。

▶ 函数及其参数：函数及函数的参数也是公式中的基本元素之一，它们用于计算数值。

▶ 单元格引用：指定要进行运算的单元格地址，可以是单个单元格或单元格区域，也可以是同一工作簿中其他工作表中的单元格或其他工作簿中某个工作表中的单元格。

6.1.2 运算符类型和优先级

运算符用于对公式中的元素进行特定类型的运算。Excel 2021 中包含了算术、比较、文本连接与引用 4 种运算符类型。

1. 算术运算符

要完成基本的数学运算，如加法、减法和乘法等，可以使用表 6-1 所示的算术运算符。

表 6-1　算术运算符

算术运算符	含义
+(加号)	加法运算
-(减号)	减法运算或负数
*(星号)	乘法运算
/(正斜线)	除法运算
%(百分号)	百分比
^(插入符号)	乘幂运算

2. 比较运算符

比较运算符可以比较两个值的大小，如表 6-2 所示。当用运算符比较两个值时，结果为逻辑值，比较成立则为 TRUE，反之则为 FALSE。

表 6-2　比较运算符

比较运算符	含义
=(等号)	等于
>(大于号)	大于
<(小于号)	小于
>=(大于等于号)	大于或等于
<=(小于等于号)	小于或等于
<>(不等号)	不相等

3. 文本连接运算符

使用和号(&)可连接一个或多个文本字符串，以产生一串新的文本，如表 6-3 所示。

表 6-3　文本连接运算符

文本连接运算符	含义
&(和号)	将两个文本值连接或串联起来，以产生一个连续的文本值

4. 引用运算符

使用表 6-4 所示的引用运算符，可以将单元格区域合并计算。

表 6-4　引用运算符

引用运算符	含义
:(冒号)	区域运算符，产生对包括在两个引用之间的所有单元格的引用
,(逗号)	联合运算符，将多个引用合并为一个引用
(单个空格)	交叉运算符，产生对两个引用共有的单元格的引用

例如，对于 A1=B1+C1+D1+E1+F1 公式，如果使用引用运算符，就可以把该公式写为：A1=SUM(B1:F1)。

如果公式中同时用到多个运算符，Excel 2021 将会依照运算符的优先级来依次完成运算。如果公式中包含相同优先级的运算符，例如公式中同时包含乘法和除法运算符，则 Excel 将从左到右进行计算。运算符优先级由高至低如表 6-5 所示。

表 6-5　运算符的优先级

运算符	含义
:(冒号) (单个空格) ,(逗号)	引用运算符
–	负号
%	百分比
^	乘幂
* 和 /	乘和除
+ 和 –	加和减
&	连接两个文本字符串
= < > <= >= <>	比较运算符

6.1.3　输入和编辑公式

在单元格中输入"="后，Excel 将自动进入公式输入状态。在单元格中输入以加号"+"或减号"–"开头的算式，Excel 会自动加上等号并自动计算出算式的结果。例如要在 A1 单元格计算 100+8 时，输入顺序依

次为等号"="→数字 100→加号"+"→数字 8，最后按回车键或单击其他任意单元格结束输入，如图 6-1 所示。

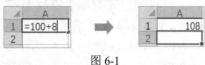

图 6-1

如果要在 B1 单元格计算出 A1 和 A2 单元格中数值之和，输入的顺序依次为"="→"A1"→"+"→"A2"，最后按回车键。或者在输入"="后，单击 A1 单元格，再输入"+"，然后单击选中 A2 单元格，最后按回车键结束输入，如图 6-2 所示。

图 6-2

如果要对已有的公式进行修改，可以使用以下 3 种方法。

➤　选中公式所在的单元格后，按 F2 键，即可编辑公式。

➤　双击公式所在单元格，即可编辑公式。

➤　先选中公式所在单元格，然后单击编辑栏中的公式，在编辑栏中直接进行修改，最后单击编辑栏左侧的【输入】按钮✔或按回车键确认，如图 6-3 所示。

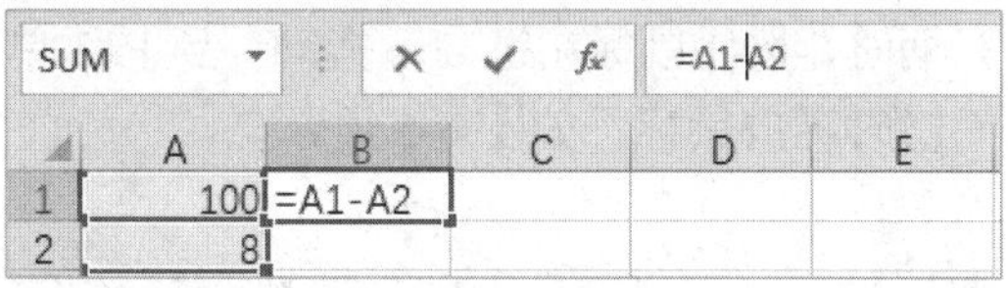

图 6-3

默认设置下，在单元格中只显示公式计算的结果，而公式本身则只显示在编辑栏中。为了方便用户对公式进行检查，可以设置在单元格中显示公式。

用户可以在【公式】选项卡的【公式审核】组中，单击【显示公式】按钮，即可设置在单元格中显示公式。如果再次单击【显示公式】按钮，即可将显示的公式隐藏。

6.1.4 复制公式

如果需要在多个单元格使用相同的计算规则，可以通过【复制】和【粘贴】的方法实现。以图6-4所示的"实验室器材采购表"为例，要在该表的F列单元格区域中，分别根据D列的单价和E列的数量计算采购金额。

	A	B	C	D	E	F
1	品目号	设备名称	规格型号	单价（元）	数量	金额（元）
2	X200	水槽	教师用	15	23	
3	X272	生物显微镜	200倍	138	1	
4	X404	岩石化石标本实验盒	教师用	11	12	
5	X219	小学热学实验盒	学生用	8.5	12	
6	X252	小学光学实验盒	学生用	7.97	12	
7	X246	磁铁性质实验盒	学生用	7.2	12	
8	X239	电流实验盒	学生用	6.8	12	
9	X238	静电实验盒	学生用	6.3	12	
10	X106	学生电源	1.5A	65	1	
11	X261	昆虫盒	学生用	3.15	16	
12	X281	太阳高度测量器	学生用	3.45	12	
13	X283	风力风向计	教学型	26.8		

图6-4

在F2单元格中输入以下公式计算金额：

=D2*E2

公式中"*"表示乘号。F列各单元格中的计算规则都是单价乘以数量，因此只要将F2单元格中的公式复制到F3:F13区域，即可快速计算出其他器材的采购金额。

复制公式的方法有以下两个。

➤ 单击F2单元格，将光标指向该单元格右下角，当鼠标指针变为黑色"＋"形填充柄时，按住鼠标左键向下拖动，到F13单元格时释放鼠标，如图6-5所示。

	C	D	E	F
	规格型号	单价（元）	数量	金额（元）
	教师用	15	23	¥345.00
	200倍	138	1	
	教师用	11	12	
	学生用	8.5	12	
	学生用	7.97	12	
	学生用	7.2	12	
	学生用	6.8	12	
	学生用	6.3	12	
	1.5A	65	1	
	学生用	3.15	16	
	学生用	3.45	12	
	教学型	26.8		

=D2*E2

	C	D	E	F
	规格型号	单价（元）	数量	金额（元）
	教师用	15	23	¥345.00
	200倍	138	1	¥138.00
	教师用	11	12	¥132.00
	学生用	8.5	12	¥102.00
	学生用	7.97	12	¥95.64
	学生用	7.2	12	¥86.40
	学生用	6.8	12	¥81.60
	学生用	6.3	12	¥75.60
	1.5A	65	1	¥65.00
	学生用	3.15	16	¥50.40
	学生用	3.45	12	¥41.40
	教学型	26.8	1	¥26.80

图6-5

➤ 单击选中F2单元格后，双击该单元格右下角的填充柄，公式将快速向下填充到F13单元格(使用该方法时需要相邻列中有连续的数据)。

如果不同单元格区域或者不同工作表中的计算规则一致，也可以快速复制已有公式。

6.1.5 公式中数据源的引用

在Excel中，可以使用不同的方式引用数据源来进行公式计算。

1. 引用相对数据源

引用相对数据源即相对引用，指的是通过当前单元格与目标单元格的相对位置来定位引用单元格。

相对引用包含了当前单元格与公式所在单元格的相对位置。默认设置下，Excel使用的都是相对引用，当改变公式所在单元格的位置时，引用也会随之改变。

例如，使用A1引用样式时，在E1单元格输入公式"=A1"，当公式向右复制时，将依次变为"=B1""=C1""=D1"……，当公式向下复制时将依次变为"=A2""=A3""=A4"……，也就是始终保持引用公式所在单元格的左侧1列或上方1行位置的单元格，如图6-6所示。

E1		× ✓ fx	=A1			
	A	B	C	D	E	F	G
---	---	---	---	---	---	---	---
1	品目号	设备名称	单价（元）		品目号	设备名称	单价（元）
2	T100	篮球	50		T100	篮球	50
3	T101	足球	138		T101	足球	138
4	T102	网球拍	120		T102	网球拍	120
5	T103	乒乓球台	520		T103	乒乓球台	520
6	T104	游泳眼镜	18.5		T104	游泳眼镜	18.5

图6-6

2. 引用绝对数据源

引用绝对数据源即绝对引用。当复制公式到其他单元格时，采用绝对引用方式将保持公式所引用的单元格绝对位置不变。

在A1引用样式中，如果希望复制公式时能够固定引用某个单元格地址，需要在行号和列表前添加绝对引用符号"$"。例如在E1单元格输入公式"=$A$1"，将公式向右或向下复制时，会始终保持引用A1单元格不变，如图6-7所示。

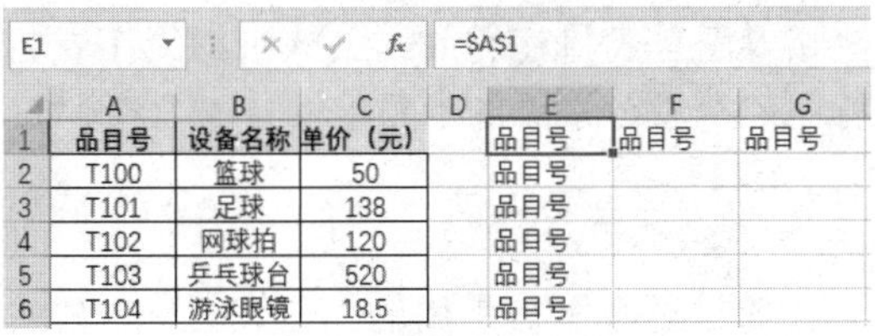

E1　=$A$1

	A	B	C	D	E	F	G
1	品目号	设备名称	单价（元）		品目号	品目号	品目号
2	T100	篮球	50		品目号		
3	T101	足球	138		品目号		
4	T102	网球拍	120		品目号		
5	T103	乒乓球台	520		品目号		
6	T104	游泳眼镜	18.5		品目号		

图 6-7

3. 混合引用数据源

当复制公式找到其他单元格时，仅保持所引用单元格的行或列方向之一的绝对位置不变，而另一个方向的位置发生变化，这种引用方式称为混合引用。混合引用可分为“行绝对引用、列相对引用”及“行相对引用、列绝对引用”两种。

假设公式位于 B1 单元格，引用了 A1 单元格的数据各引用类型的说明如表 6-6 所示。

表 6-6　单元格引用类型及特性

引用类型	引用方式	说明
绝对引用	=$A$1	公式向右、向下复制均不改变引用单元格地址
行绝对引用 列相对引用	=A$1	锁定行号。公式向下复制时不改变引用单元格地址，向右复制时列号递增
行相对引用 列绝对引用	=$A1	锁定列号。公式向右复制时不改变引用的单元格地址，向下复制时行号递增
相对引用	=A1	公式向右、向下复制均会改变引用单元格地址

以图 6-8 所示的采购成本损耗计算表为例，如果需要根据 B1:F1 区域中拟定的采购量、A2:A8 单元格中的损耗率及 I1 单元格中的单位成本，测算不同采购量和不同损耗率的相应成本。计算规则是用 B1:F1 单元格中的拟定采购量与 A2:A8 单元格中的损耗率分布相乘，然后乘以 I1 单元格中的单位成本。

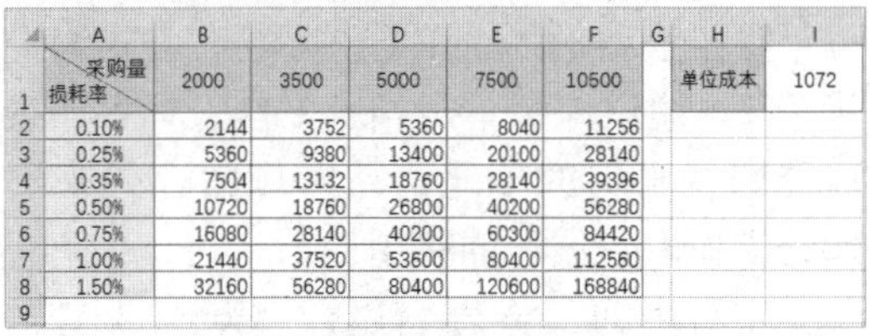

	A	B	C	D	E	F	G	H	I
1	采购量 损耗率	2000	3500	5000	7500	10500		单位成本	1072
2	0.10%	2144	3752	5360	8040	11256			
3	0.25%	5360	9380	13400	20100	28140			
4	0.35%	7504	13132	18760	28140	39396			
5	0.50%	10720	18760	26800	40200	56280			
6	0.75%	16080	28140	40200	60300	84420			
7	1.00%	21440	37520	53600	80400	112560			
8	1.50%	32160	56280	80400	120600	168840			
9									

图 6-8

在 B2 单元格输入以下公式：

```
=B$1*$A2*$I$1
```

拖动 B2 单元格右下角的填充柄，向右拖动至 F2 单元格，然后拖动 F2 单元格右下角的填充柄向下拖动至 F8 单元格，完成公式填充。从图 6-9 所示中可以看出，公式中的“B$1”部分，“$”符号在行号之前，表示引用方式为“列相对引用、行绝对引用”。“$A2”部分，“$”符号在列标之前，表示引用方式为“列绝对引用、行相对引用”。“$I$1”部分，在行号列标之前都使用了“$”符号，表示对行、列均使用绝对引用。

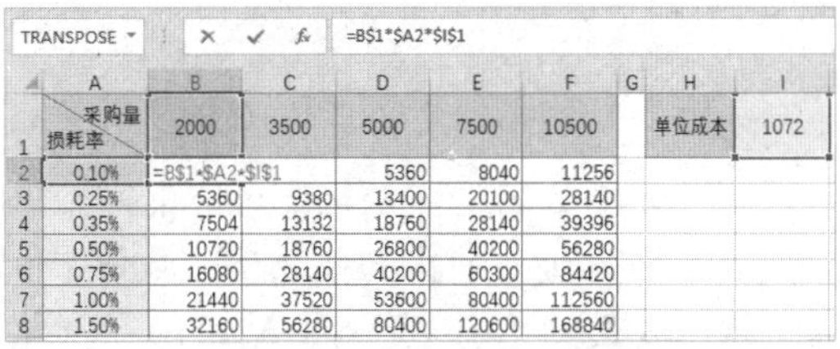

TRANSPOSE　=B$1*$A2*$I$1

	A	B	C	D	E	F	G	H	I
1	采购量 损耗率	2000	3500	5000	7500	10500		单位成本	1072
2	0.10%	=B$1*$A2*$I$1		5360	8040	11256			
3	0.25%	5360	9380	13400	20100	28140			
4	0.35%	7504	13132	18760	28140	39396			
5	0.50%	10720	18760	26800	40200	56280			
6	0.75%	16080	28140	40200	60300	84420			
7	1.00%	21440	37520	53600	80400	112560			
8	1.50%	32160	56280	80400	120600	168840			

图 6-9

4. 快速切换数据源引用类型

当在公式中输入单元格地址时，可以连续按 F4 键在 4 种不同引用类型中进行循环切换，其顺序是：绝对引用→行绝对引用、列相对引用→行相对引用、列绝对引用→相对引用。例如：

```
$B$1→B$1→$B1→B1
```

5. 引用其他工作表数据源

在公式中允许引用其他工作表的数据。跨工作表引用表示方式为“工作表名+半角感叹号+引用区域”。例如，以下公式表示对 Sheet5 工作表 B1:C3 区域的引用：

```
=Sheet5!B1:C3
```

除了手动输入引用，也可以在公式编辑状态下，通过鼠标单击相应工作表标签，然后选取待引用的单元格或区域的方式来实现跨工作表数据源的引用。

当引用的工作表名以数字开头或包含空格及某些特殊字符时，公式中的工作表名称两侧需要分别添加半角单引号"'"。例如：

```
='汇总数据 '!B1:C3
```

如果更改了被引用的工作表名称，公式中的工作表名会自动更改。

6.2 使用函数

Excel 2021 将具有特定功能的一组公式组合在一起形成函数。与直接使用公式进行计算相比较，使用函数进行计算的速度更快，同时减少了错误发生的概率。

6.2.1 函数的组成

Excel 中的函数实际上是一些预定义的公式，函数是运用一些称为参数的特定数据值按特定的顺序或者结构进行计算的公式。

Excel 提供了大量的内置函数，这些函数可以有一个或多个参数，并能够返回一个计算结果。函数一般包含等号、函数名和参数 3 部分：

```
=函数名(参数 1,参数 2,参数 3,…)
```

其中，函数名为需要执行运算的函数的名称，参数为函数使用的单元格或数值。例如，=SUM(A1:F10)，表示对 A1:F10 单元格区域内的所有数据求和。

Excel 函数的参数可以是常量、逻辑值、数组、错误值、单元格引用或嵌套函数等(其指定的参数都必须为有效参数值)，其各自的含义如下。

➤ 常量：指的是不进行计算且不会发生改变的值，如数字 100 与文本"家庭日常支出情况"都是常量。

➤ 逻辑值：逻辑值指 TRUE(真值)或 FALSE(假值)。

➤ 数组：数组用于建立可生成多个结果或可对在行和列中排列的一组参数进行计算的单个公式。

➤ 错误值：即"#N/A""空值"或"_"等值。

➤ 单元格引用：用于表示单元格在工作表中所处位置的坐标集合。

➤ 嵌套函数：嵌套函数就是将某个函数或公式作为另一个函数的参数使用。

根据不同的功能，Excel 函数分为文本函数、信息函数、逻辑函数、查找和引用函数、日期和时间函数、统计函数、数学和三角函数、财务函数、工程函数、多维数据集函数、兼容性函数和 Web 函数等多种类型。其中，兼容性函数是对早期 Excel 版本中的函数进行了精确度的改进，或是为了更好地反映其用法而更改了函数的名称。

6.2.2 输入函数

函数主要按照特定的语法顺序使用参数(特定的数值)进行计算操作。输入函数有两种较为常用的方法，一种是通过【插入函数】对话框插入，另一种是直接手动输入。

【例 6-1】打开"热卖数码销售汇总"工作簿，在工作表的 D9 单元格中插入求和函数，计算销售总额。
🎬 视频+素材 (素材文件\第 06 章\例 6-1)

step 1 启动 Excel 2021，打开"热卖数码销售汇总"工作簿的 Sheet1 工作表。

step 2 选定 D9 单元格，然后打开【公式】选项卡，在【函数库】组中单击【插入函数】按钮，如图 6-10 所示。

图 6-10

step 3 打开【插入函数】对话框，在【选择函数】列表框中选择 SUM 函数，单击【确定】按钮，如图 6-11 所示。

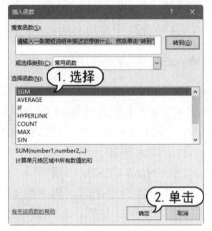

图 6-11

step 4 打开【函数参数】对话框，单击【Number1】文本框右侧的 按钮，如图 6-12 所示。

图 6-12

step 5 返回工作表中，选择要求和的单元格区域，这里选择 D3:D7 单元格区域，然后单击 按钮，如图 6-13 所示。

图 6-13

step 6 返回【函数参数】对话框，单击【确定】按钮。此时，利用求和函数计算出 D3:D7 单元格区域中所有数据的和，并显示在 D9 单元格中，如图 6-14 所示。

	B	C	D
1		销售汇总表	
2	单价	销售数量	销售金额
3	¥5,999.00	100	¥599,900.00
4	¥870.00	200	¥174,000.00
5	¥1,850.00	100	¥185,000.00
6	¥1,099.00	500	¥549,500.00
7	¥99.00	1000	¥99,000.00
8			
9		销售额总计：	¥1,607,400.00
10			
11			

图 6-14

6.2.3　嵌套函数

在某些情况下，可能需要将某个公式或函数的返回值作为另一个函数的参数来使用，这就是函数的嵌套使用。

【例 6-2】在工作表的 D9 单元格中计算税后的销售额（增值税税率为 4%）。

视频+素材 （素材文件\第 06 章\例 6-2）

step 1 启动 Excel 2021，打开"热卖数码销售汇总"工作簿的 Sheet1 工作表。

step 2 选定 D9 单元格，在编辑栏中选中 "=SMU(D3:D7)"，并将其中的参数修改为 "=SUM(D3*(1-4%),D4*(1-4%),D5* (1-4%),D6* (1-4%),D7* (1-4%))"，即可实现函数的嵌套功能，如图 6-15 所示。

图 6-15

step ③ 按 Ctrl+Enter 组合键，即可在 D9 单元格显示计算结果，并在编辑栏中显示计算公式，如图 6-16 所示。

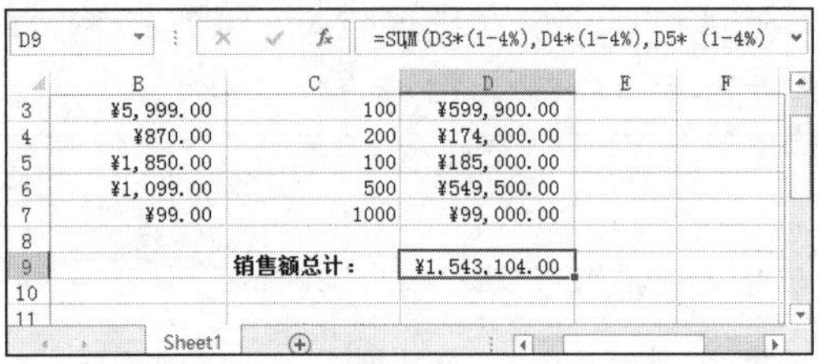

图 6-16

6.2.4 常用的函数

Excel 软件提供了多种函数进行计算和应用，比如文本函数、数学函数、三角函数、财务函数等。

1. 文本函数

Excel 中常用的文本函数有以下几种。

▶ CODE 函数用于返回文本字符串中第一个字符所对应的数字代码。

▶ CLEAN 函数用于删除文本中含有的当前 Windows 操作系统无法打印的字符。

▶ LEFT 函数用于从指定的字符串的最左边开始返回指定的字符数。

▶ LEN 和 LENB 函数可以统计字符长度，其中 LEN 函数可以对任意单个字符都按 1 个字符长度计算，LENB 函数对任意单个双字节字符按 2 个字符长度计算。

▶ MID 函数用于从文本字符串中提取指定的位置开始的特定数目的字符。

▶ RIGHT 函数用于从指定的字符串中的最右边开始返回指定的字符数。

以图 6-17 所示的表格为例，A 列源数据为产品类型与编号连在一起的文本，在 B、C 列使用公式将其分离。

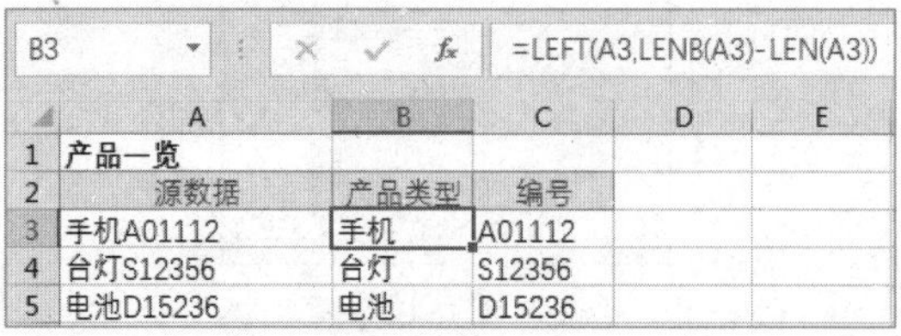

图 6-17

在 B3 单元格中使用公式：

=LEFT(A3,LENB(A3)-LEN(A3))

在 C3 单元格中使用公式：

=RIGHT(A3,2*LEN(A3)-LENB(A3))

其中，LENB 函数按照每个双字节字符(汉字名称)为 2 个长度计算，LEN 函数按照单字节字符为 1 个长度计算，因此，LENB(A3)-LEN(A3)可以求得单元格中双字节字符的个数，2*LEN(A)-LENB(A3)则可以求得单元格中单字节字符的个数。再使用 LEFT、RIGHT 函数分别从左侧、右侧截取相应个数的字符，得到产品类型、编号的结果。

2. 数学函数

Excel 中常用的数学函数有以下几种。

▶ ABS 函数用于计算指定数值的绝对值，绝对值是没有符号的。

▶ CEILING 函数用于将指定的数值按指定的条件进行舍入计算。

▶ EVEN 函数用于将指定的数值沿绝对值增大方向取整，并返回最接近的偶数。

▶ EXP 函数用于计算指定数值的幂，即返回 e 的 n 次幂。

▶ FACT 函数用于计算指定正数的阶乘(阶乘主要用于排列和组合的计算)，一个数的阶乘等于 1*2*3*…。

▶ FLOOR 函数用于将数值按指定的条件向下舍入计算。

▶ INT 函数用于将数字向下舍入到最接近的整数。

▶ MOD 函数用于返回两个数相除的余数。

▶ SUM 函数用于计算某一单元格区域中的所有数字之和。

【例6-3】 在"员工工资领取"的工作簿中使用 SUM 函数、INT 函数和 MOD 函数计算总工资、具体发放人民币情况。

视频+素材 (素材文件\第06章\例6-3)

step 1 启动 Excel 2021，打开"员工工资领取"的工作簿的"员工工资领取"工作表。选中 E5 单元格，打开【公式】选项卡，在【函数库】组中单击【自动求和】按钮，如图 6-18 所示。

图 6-18

step 2 插入 SUM 函数，并自动添加函数参数，按 Ctrl+Enter 组合键，计算出员工"李林"的实发工资，如图 6-19 所示。

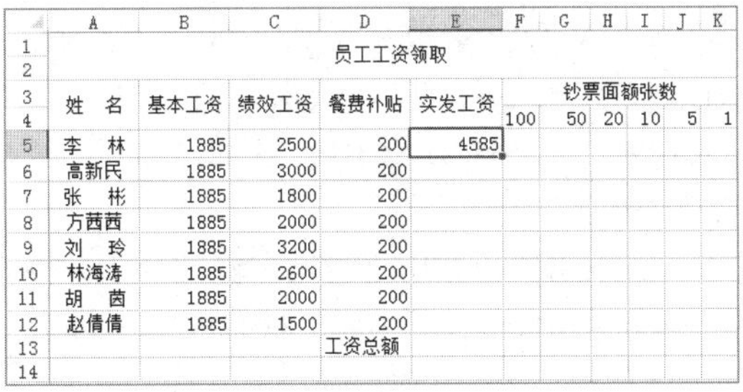

图 6-19

step 3 选中 E5 单元格，将光标移至 E5 单元格右下角，待光标变为十字箭头时，按住鼠标左键向下拖至 E12 单元格中，释放鼠标，进行公式的复制，计算出其他员工的实发工资，如图 6-20 所示。

图 6-20

step 4 选中 F5 单元格，在编辑栏中使用 INT 函数输入公式"=INT(E5/$F$4)"，如图 6-21 所示。

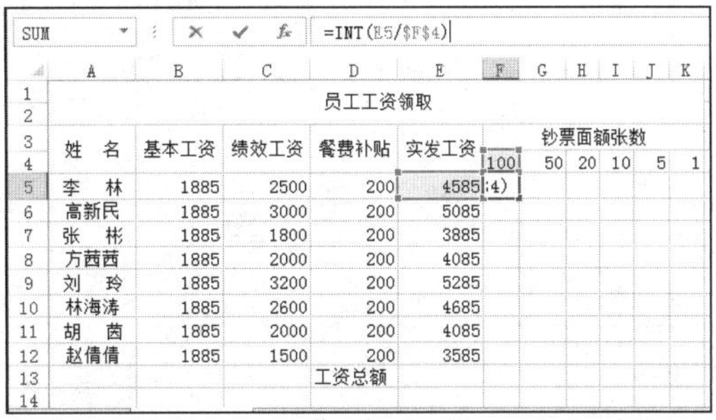

图 6-21

step 5 按 Ctrl+Enter 组合键，即可计算出员工"李林"工资应发的 100 元面值人民币的张数，如图 6-22 所示。

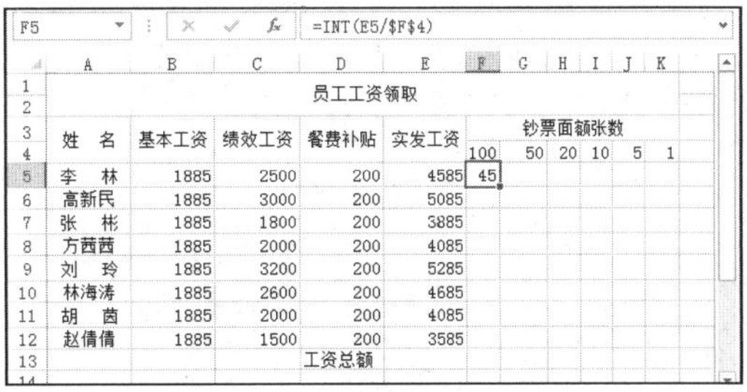

图 6-22

step 6 接下来，使用相对引用的方法，复制公式到 F6:F12 单元格区域，计算出其他员工工资应发的100元面值人民币的张数，如图6-23所示。

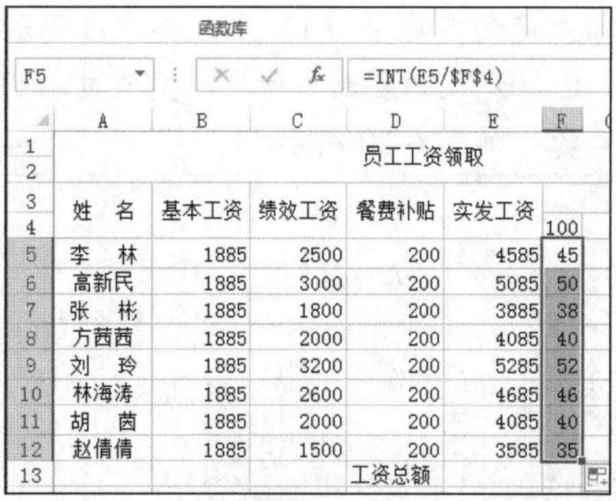

姓 名	基本工资	绩效工资	餐费补贴	实发工资	100
李 林	1885	2500	200	4585	45
高新民	1885	3000	200	5085	50
张 彬	1885	1800	200	3885	38
方茜茜	1885	2000	200	4085	40
刘 玲	1885	3200	200	5285	52
林海涛	1885	2600	200	4685	46
胡 茵	1885	2000	200	4085	40
赵倩倩	1885	1500	200	3585	35

图6-23

step 7 选中G5单元格，在编辑栏中使用INT函数和MOD函数输入公式“=INT(MOD(E5, $F$4)/$G$4)”，如图6-24所示。

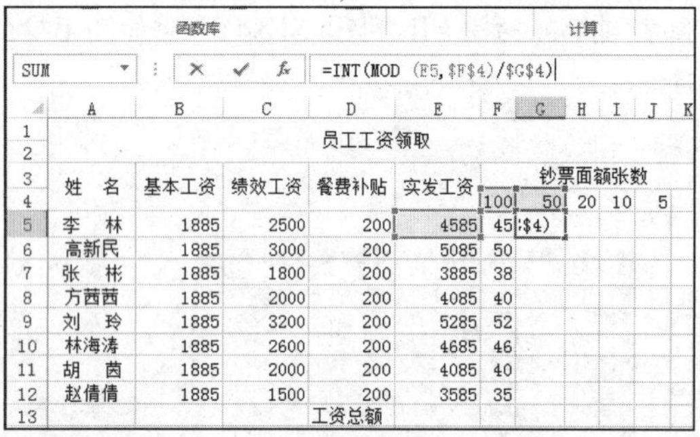

姓 名	基本工资	绩效工资	餐费补贴	实发工资	100	50	20	10	5
李 林	1885	2500	200	4585	45	:$4)			
高新民	1885	3000	200	5085	50				
张 彬	1885	1800	200	3885	38				
方茜茜	1885	2000	200	4085	40				
刘 玲	1885	3200	200	5285	52				
林海涛	1885	2600	200	4685	46				
胡 茵	1885	2000	200	4085	40				
赵倩倩	1885	1500	200	3585	35				

图6-24

step 8 按Ctrl+Enter组合键，即可计算出员工“李林”工资的剩余部分应发的50元面值人民币的张数。接下来，使用相对引用的方法，复制公式到G6:G12单元格区域，计算出其他员工工资的剩余部分应发的50元面值人民币的张数，如图6-25所示。

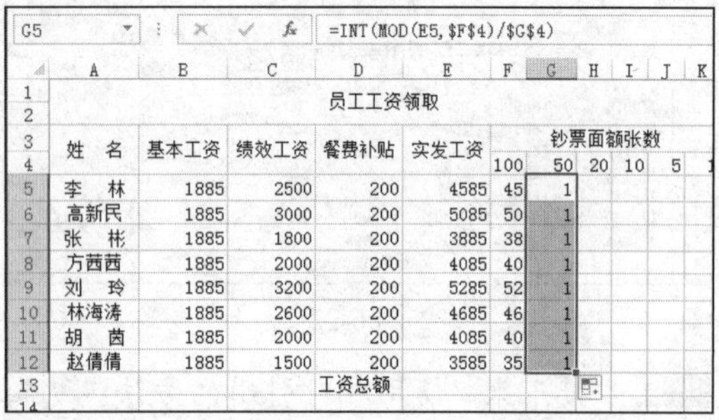

姓 名	基本工资	绩效工资	餐费补贴	实发工资	100	50	20	10	5
李 林	1885	2500	200	4585	45	1			
高新民	1885	3000	200	5085	50	1			
张 彬	1885	1800	200	3885	38	1			
方茜茜	1885	2000	200	4085	40	1			
刘 玲	1885	3200	200	5285	52	1			
林海涛	1885	2600	200	4685	46	1			
胡 茵	1885	2000	200	4085	40	1			
赵倩倩	1885	1500	200	3585	35	1			

图6-25

step 9 选中H5单元格，在编辑栏中输入“=INT(MOD(MOD(E5,$F$4),$G$4)/$H$4)”，按Ctrl+Enter组合键，即可计算出员工“李林”工资的剩余部分应发的20元面值人民币的张数。接下来，使用相对引用的方法，复制公式到H6:H12单元格区域，计算出其他员工工资的剩余部分应发的20元面值人民币的张数，如图6-26所示。

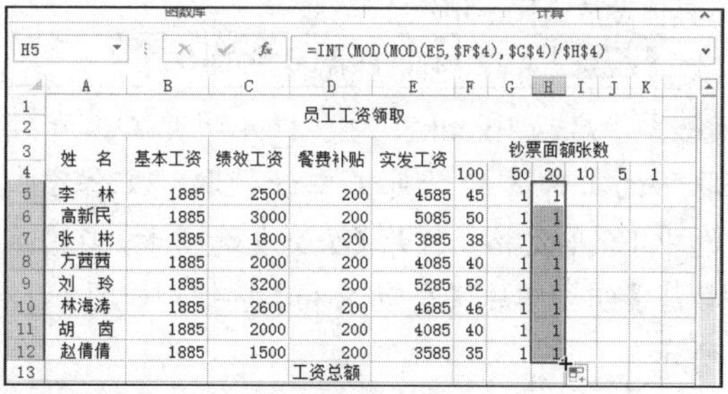

姓 名	基本工资	绩效工资	餐费补贴	实发工资	100	50	20	10	5	1
李 林	1885	2500	200	4585	45	1	1			
高新民	1885	3000	200	5085	50	1	1			
张 彬	1885	1800	200	3885	38	1	1			
方茜茜	1885	2000	200	4085	40	1	1			
刘 玲	1885	3200	200	5285	52	1	1			
林海涛	1885	2600	200	4685	46	1	1			
胡 茵	1885	2000	200	4085	40	1	1			
赵倩倩	1885	1500	200	3585	35	1	1			

图6-26

step 10 使用同样的方法，计算出员工工资的剩余部分应发的10元、5元和1元面值人民币的张数，如图6-27所示。

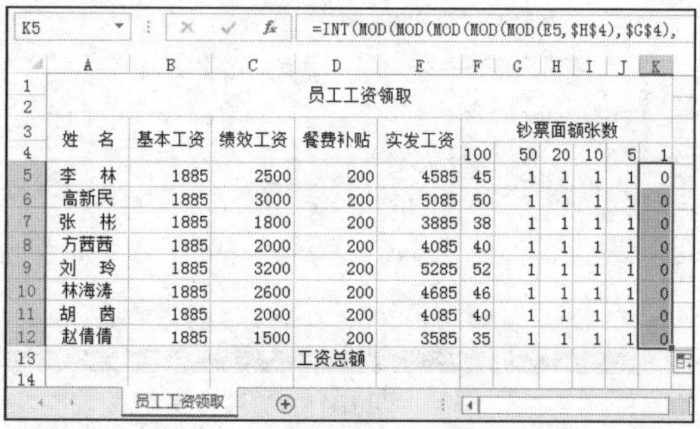

姓 名	基本工资	绩效工资	餐费补贴	实发工资	100	50	20	10	5	1
李 林	1885	2500	200	4585	45	1	1	1	1	0
高新民	1885	3000	200	5085	50	1	1	1	1	0
张 彬	1885	1800	200	3885	38	1	1	1	1	0
方茜茜	1885	2000	200	4085	40	1	1	1	1	0
刘 玲	1885	3200	200	5285	52	1	1	1	1	0
林海涛	1885	2600	200	4685	46	1	1	1	1	0
胡 茵	1885	2000	200	4085	40	1	1	1	1	0
赵倩倩	1885	1500	200	3585	35	1	1	1	1	0

图6-27

3. 三角函数

Excel中常用的三角函数有以下几种。

- ACOS函数用于返回数字的反余弦值，反余弦值是角度，其余弦值为数字。
- ACOSH函数用于返回数字的反双曲余弦值。
- ASIN函数用于返回参数的反正弦值。
- ASINH函数用于返回参数的反双曲正弦值。
- ATAN函数用于返回参数的反正切值。

ATAN2 函数用于返回给定 X 和 Y 坐标轴的反正切值。

ATANH 函数用于返回参数的反双曲正切值。

COS 函数用于返回指定角度的余弦值。

COSH 函数用于返回参数的反双曲余弦值。

DEGREES 函数用于将弧度转换为角度。

RADIANS 函数用于将角度转换为弧度。

SIN 函数用于返回指定角度的正弦值。

SINH 函数用于返回参数的双曲正弦值。

TAN 函数用于返回指定角度的正切值。

TANH 函数用于返回参数的双曲正切值。

4. 财务函数

财务函数主要分为投资函数、折旧函数、本利函数和回报率函数 4 类，它们为财务分析提供了极大的便利。下面介绍几种常用的财务函数。

AMORDEGRC 函数用于返回每个结算期间的折旧值。

AMORLINC 函数用于返回每个会计期间的折旧值。

DB 函数可以使用固定余额递减法计算一笔资产在给定时间内的折旧值。

FV 函数可以基于固定利率及等额分期付款方式，返回某项投资的未来值。

以一个投资 20000 元的项目为例，预计该项目可以实现的年回报率为 8%，3 年后可获得的资金总额，可以在图 6-28 中的 B5 单元格中使用以下公式来计算：

    =FV(B3,B4,,-B2)

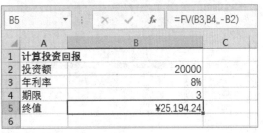

图 6-28

5. 统计函数

Excel 中常用的统计函数有以下几种。

AVEDEV 函数用于返回一组数据与其均值的绝对偏差的平均值，该函数可以评测这组数据的离散度。

COUNT 函数用于返回数字参数的个数，即统计数组或单元格区域中含有数字的单元格个数。

COUNTBLANK 函数用于计算指定单元格区域中空白单元格的个数。

MAX 函数用于返回一组值中的最大值。

MIN 函数用于返回一组值中的最小值。

6. 逻辑函数

Excel 中常用的逻辑函数有以下几种。

AND 函数用于对多个逻辑值进行交集运算。

IF 函数用于根据对所知条件进行判断，返回不同的结果。

NOT 函数是求反函数，用于对参数的逻辑值求反。

OR 函数用于判断逻辑值并集的计算结果。

TRUE 函数用于返回逻辑值 TRUE。

【例 6-4】使用 IF 函数、NOT 函数和 OR 函数考评和筛选数据。

🔵 视频+素材 (素材文件\第 06 章\例 6-4)

step 1 启动 Excel 2021，打开"成绩统计"工作簿的"考评和筛选"工作表。

step 2 选中 F3 单元格，在编辑栏中输入："=IF(AND(C3>=80,D3>=80,E3>80),"达标","没有达标")"，如图 6-29 所示。

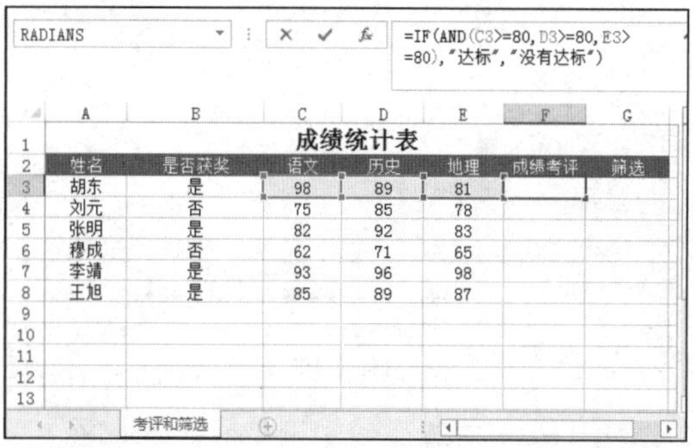

图 6-29

step 3 按 Ctrl+Enter 组合键，对胡东进行成绩考评，满足考评条件，则考评结果为"达标"，如图 6-30 所示。

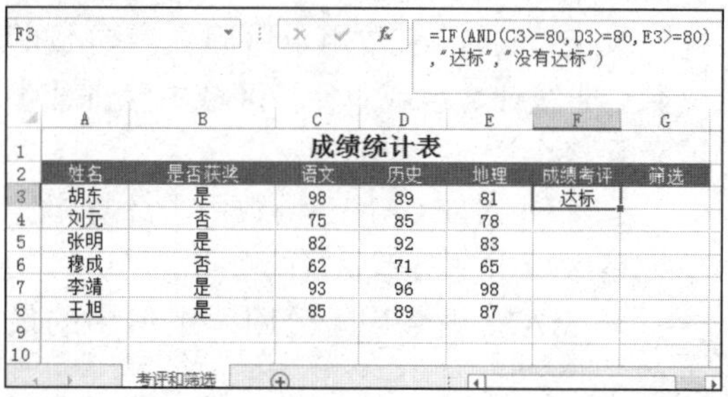

图 6-30

step 4 将光标移至 F3 单元格右下角，当光标变为实心十字形时，按住鼠标左键向下拖至 F8 单元格，进行公式填充。公式填充后，如果有一门功课小于 80，将返回运算结果"没有达标"，如图 6-31 所示。

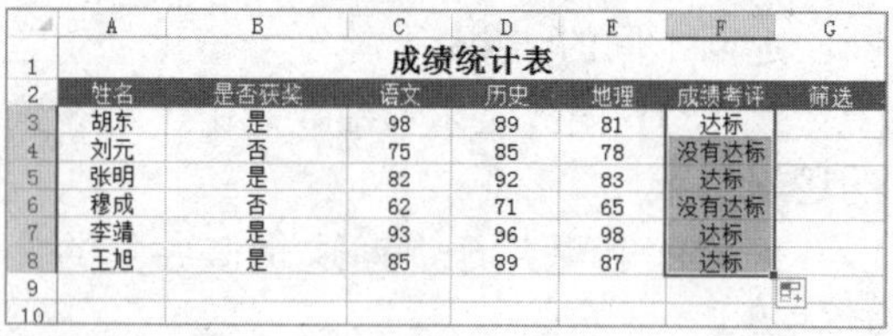

图 6-31

step 5 选中 G3 单元格，在编辑栏中输入公式"=NOT(B3="否")"，按 Ctrl+Enter 组合键，返回结果 TRUE，筛选达标者与未达标者，如图 6-32 所示。

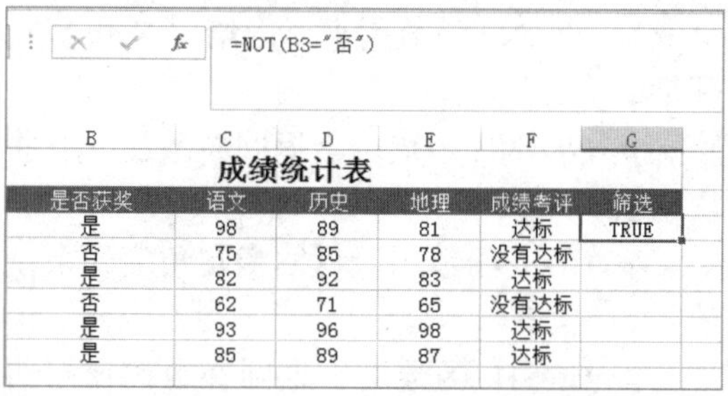

图 6-32

step 6 使用相对引用方式复制公式到 G4:G8 单元格区域，如果是达标者，则返回结果 TRUE；反之，则返回结果 FALSE，如图 6-33 所示。

图 6-33

7. 日期函数

日期函数主要由 DATE、DAY、TODAY、MONTH 等函数组成。

▶ DATE 函数用于将指定的日期转换为日期序列号。

▶ YEAR 函数用于返回指定日期所对应的年份。

▶ DAY 函数用于返回指定日期所对应的当月天数。

▶ MONTH 函数用于计算指定日期所对应的月份，介于 1 月和 12 月之间。

▶ TODAY 函数用于返回当前系统的日期。

8. 时间函数

Excel 提供了多个时间函数，主要由 HOUR、MINUTE、SECOND、NOW、TIME 和 TIMEVALUE 六个函数组成，用于处理时间对象，完成返回时间值、转换时间格式等与时间有关的分析和操作。

▶ HOUR 函数用于返回某一时间值或代表时间的序列数所对应的小时数，其返回值为 0(12:00AM)~23(11:00PM)的整数。

▶ MINUTE 函数用于返回某一时间值或代表时间的序列数所对应的分钟数，其返回值为 0~59 的整数。

▶ SECOND 函数用于返回某一时间值或代表时间的序列数所对应的秒数，其返回值为 0~59 的整数。

▶ NOW 函数用于返回计算机系统内部时钟的当前时间。

▶ TIME 函数用于将指定的小时、分钟和秒合并为时间，或者返回某一特定时间的小数值。

▶ TIMEVALUE 函数用于返回由文本字符串所代表的时间的数值，其值为 0~0.999999999 的数值，代表从 0:00:00(12:00:00 AM)~23:59:59 (11:59:59 PM)的时间。

9. 引用函数

Excel 中常用的引用函数有以下几种。

▶ ADDRESS 函数用于按照给定的行号和列标，建立文本类型的单元格地址。

▶ COLUMN 函数用于返回引用的列标。

▶ INDIRECT 函数用于返回由文本字符串指定的引用。

▶ ROW 函数用于返回引用的行号。

在如图 6-34 所示的 A3:A8 单元格区域中使用以下函数，可以生成连续的序号：

```
=ROW(A1)
```

A3　=ROW(A1)

	A	B	C	D	E	F
1	期末成绩表					
2	编号	姓名	语文	数学	英语	总分
3	1	蒋海峰	80	119	108	307
4	2	季黎杰	92	102	81	319
5	3	姚志俊	95	92	80	322
6	4	陆金星	102	116	95	329
7	5	龚景勋	102	101	117	329
8	6	张悦熙	113	108	110	340

图 6-34

此时，若右击第 4 行，在弹出的快捷菜单中选择【插入】命令插入新行，原先设置的序号将不会由于行数的变化而混乱，如图 6-35 所示。

	A	B	C	D	E	F
1	期末成绩表					
2	编号	姓名	语文	数学	英语	总分
3	1	蒋海峰	80	119	108	307
4						
5	2	季黎杰	92	102	81	319
6	3	姚志俊	95	92	80	322
7	5	陆金星	102	116	95	329
8	6	龚景勋	102	101	117	329
9	7	张悦熙	113	108	110	340

图 6-35

10. 查找函数

Excel 中常用的查找函数有以下几种。

▶ AREAS 函数用于返回引用中包含的区域(连续的单元格区域或某个单元格)个数。

▶ RTD 函数用于从支持 COM 自动化的程序中检索实时数据。

▶ CHOOSE 函数用于从给定的参数中返回指定的值。

▶ VLOOKUP 和 HLOOKUP 函数是用户在表格中查找数据时使用频率最高的函数。这两个函数可以实现一些简单的数据查询，例如从考试成绩表中查询一个学生的姓名、在电话簿中查找某个联系人的电话号码等。

例如在如图 6-36 所示中的 G3 单元格中输入以下公式：

```
=VLOOKUP(G2,$A$1:$D$7,2)
```

G3　=VLOOKUP(G2,$A$1:$D$7,2)

	A	B	C	D	E	F	G	H
1	学号	姓名	语文	数学		数据查找实例		
2	1001	蒋海峰	80	119		查询学号	1005	
3	1002	季黎杰	92	102		查询姓名	龚景勋	
4	1003	姚志俊	95	92				
5	1004	陆金星	102	116				
6	1005	龚景勋	102	101				
7	1006	张悦熙	113	108				
8								

图 6-36

这样即可在 A1:D7 区域中，查找到值为 G2 内容(即1005)，并返回该学号所对应的第 2 列内容，即龚景勋，如图 6-36 所示。

6.3 名称的应用

名称是工作簿中某些项目或数据的标识符。在公式或函数中使用名称代替数据区域进行计算，可以使公式更为简洁，从而避免输入错误。

6.3.1 定义名称

为了方便处理 Excel 数据，可以将一些常用的单元格区域定义为特定的名称。

定义名称有以下几种方法。

▶ 选中需要命名的单元格区域，在名称框中输入名称，如图 6-37 所示，然后按下回车键。

图 6-37

▶ 选择【公式】选项卡，单击【定义的名称】组中的【定义名称】按钮，打开【新建名称】对话框，在【名称】文本框中输入名称，然后分别设置【范围】【批注】【引用位置】后，单击【确定】按钮，如图 6-38 所示。

图 6-38

▶ 选中需要命名的单元格区域，单击【公式】选项卡中的【根据所选内容创建】按钮(或者按 Ctrl+Shift+F3 键)，在打开的对话框中选中【首行】复选框，单击【确定】按钮即可。图 6-39 所示的操作将分别根据列标题"销售数量""销售金额""实现利润"命名 3 个名称。

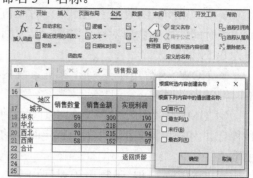

图 6-39

其中【根据所选内容创建名称】对话框中各复选框的功能说明如表 6-7 所示。

表 6-7 选项说明

复选框	说明
首行	将顶端行的文字作为该列的范围名称
最左列	将最左列的文字作为该行的范围名称
末行	将底端行的文字作为该列的范围名称
最右列	将最右列的文字作为该行的范围名称

▶ 单击【公式】选项卡中的【名称管理器】按钮(或按下 Ctrl+F3 键)，打开【名称管理器】对话框，单击【新建】按钮，在打开的【新建名称】对话框中新建名称，如图 6-40 所示。

图 6-40

在 Excel 中，对于命名名称有一些限制和规则，具体如下。

> 名称的命名可以是字母与数字的组合，但不能以纯数字命名或以数字开头。

> 不能使用与单元格地址相同的名称，例如 B2 或 F3 等。

> 不能使用除下画线 "_"、点号和反斜杠 "\"、问号 "？" 以外的其他符号，也不能使用除下画线 "_" 和反斜线 "\" 以外的其他符号开头。

> 不能包含空格，不区分大小写，不允许超过 255 个字符。

> 在设置了打印区域或者使用高级筛选等操作后，Excel 会自动创建一些系统内置的名称，如 print_Area、Criteria 等，创建名称时应避免覆盖 Excel 的内部名称。

名称作为公式的一种存在形式，同样受函数与公式关于嵌套层数、参数个数、计算精度等方面的限制。

6.3.2　使用名称

使用名称的方法有以下几种。

> 在输入公式时使用名称。如果需要在公式编辑过程中调用定义好的名称，除了可以在公式中直接手动输入名称，还可以在【公式】选项卡中单击【用于公式】下拉按钮，在弹出的列表中选择相应的名称，如图 6-41 所示。

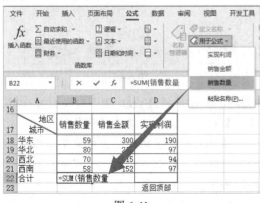

图 6-41

> 在现有公式中使用名称。如果在工作表内已经输入了公式，再进行定义名称时，Excel 不会自动用新名称替换公式中的单元格引用。如需将名称应用到已有公式中，可以单击【公式】选项卡中的【定义名称】下拉按钮，在弹出的列表中选择【应用名称】选项，在打开的对话框中选择需要应用于公式的名称，然后单击【确定】按钮，如图 6-42 所示。

图 6-42

下面通过一个简单的案例来介绍名称在 Excel 公式中的应用。

【例 6-5】 通过将 "数据验证" 与 "定义名称" 功能相结合，在如图 6-43 所示表格的 B7:B10 区域中制作二级下拉菜单，以方便数据的录入。

🔘 视频+素材　(素材文件\第 06 章\例 6-5)

	A	B	C	D	E	F
1	省份			城市		
2	江苏省	南京	苏州	无锡	常州	徐州
3	浙江省	杭州	宁波	温州	绍兴	金华
4						
5						
6	选择省份	选择省份				
7	江苏省	苏州				
8	浙江省	宁波				
9		杭州				
10		宁波				
11		温州				
12		绍兴				
13		金华				

图 6-43

step 1　选中 A2:F3 区域后，单击【公式】选项卡中的【根据所选内容创建】按钮，在打开的对话框中选中【最左列】复选框后，单击【确定】按钮，如图 6-44 所示。

图 6-44

step ② 选中 A7:A10 区域后，单击【数据】选项卡中的【数据验证】按钮，在打开的【数据验证】对话框的【设置】选项卡中将【允许】设置为【序列】，然后单击【来源】文本框右侧的，选择 A2:A3 区域后按回车键，返回【数据验证】对话框，单击【确定】按钮，如图 6-45 所示。

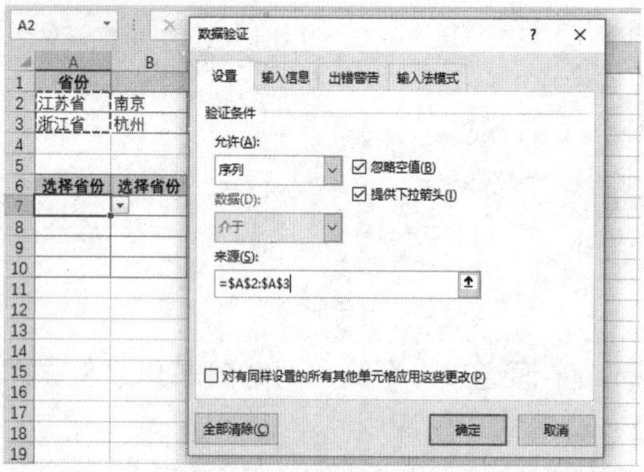

图 6-45

step ③ 选中 B7:B10 区域后，再次单击【数据】选项卡中的【数据验证】按钮，打开【数据验证】对话框，将【允许】设置为【序列】，在【来源】文本框中输入 "=INDIRECT(" 后单击 A7 单元格，如图 6-46 所示。

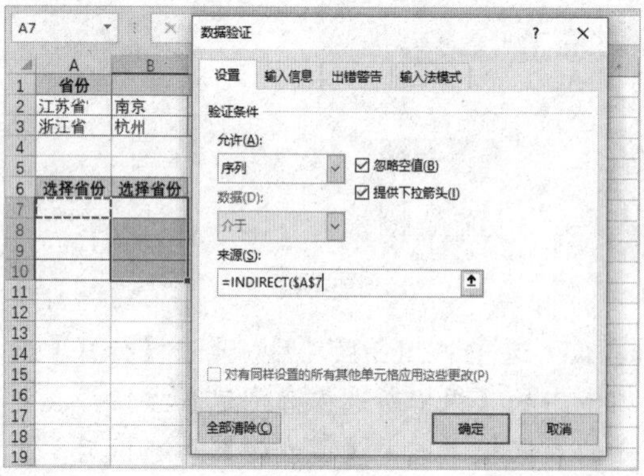

图 6-46

step ④ 按 F4 键将单元格引用方式转换为相对引用，然后输入右括号 ")"，如图 6-47 所示。

图 6-47

step ⑤ 在【数据验证】对话框中单击【确定】按钮，在打开的提示对话框中单击【是】按钮。

step ⑥ 选择【出错警告】选项卡，取消【输入无效数据时显示出错警告】复选框的选中状态，单击【确定】按钮，如图 6-48 所示。

图 6-48

step ⑦ 在打开的 Excel 提示对话框中单击【是】按钮，完成二级下拉菜单的设置。此时，在 A7:A10 区域中单击任意单元格右侧的下拉按钮，可以在弹出的一级下拉菜单中选择省份，单击其后 B 列单元格右下角的下拉按钮，可以在弹出的二级下拉菜单中选择城市。

6.3.3　管理名称

　　使用名称管理器,用户可以方便地查看、新建、编辑和删除名称。

　　▶ 查看已有名称。以例 6-5 为例,完成该案例的操作后,单击【公式】选项卡中的【名称管理器】按钮(或按下 Ctrl+F3 键),可以打开图 6-49 所示的【名称管理器】对话框,在该对话框中可以看到该例创建的 2 个名称:"江苏省" 和 "浙江省",以及每个名称值对应的城市。

图 6-49

　　▶ 修改已有名称的命名和引用位置。在【名称管理器】对话框中选中需要修改的名称后,单击【编辑】按钮,打开【编辑名称】对话框,可对名称进行重命名或修改引用区域,如图 6-50 所示。完成修改后单击【确定】按钮,返回【名称管理器】对话框,再单击【关闭】按钮即可。

图 6-50

　　▶ 筛选和删除错误名称。当名称出现错误无法正常使用时,在【名称管理器】对话框中单击【筛选】下拉按钮,在弹出的下拉列表中选择【有错误的名称】选项,可以筛选出有错误的名称,选中该名称后单击【删除】按钮,可以将有错误的名称删除。

　　▶ 在单元格中粘贴名称列表。如果在定义名称时用到的公式字符较多,在【名称管理器】对话框中将无法完整显示,需要查看详细信息时,可以将定义名称的引用位置或公式全部在单元格中显示出来。具体操作方法是:在工作表中选中用于粘贴名称的目标单元格,按 F3 键或单击【公式】选项卡中的【用于公式】下拉按钮,在弹出的列表中选择【粘贴名称】选项,在打开的【粘贴名称】对话框中单击【粘贴列表】按钮,如图 6-51 所示。

图 6-51

　　▶ 查看名称的命名范围。将工作表的显示比例缩小到 40% 以下时,可以在定义为名称的单元格区域中显示名称的命名范围的边界和名称。边界和名称有助于观察工作表中的命名范围,打印工作表时,这些内容不会被打印输出。

　　在定义和使用名称时,用户应注意以下一些事项。

　　▶ 在不同工作簿中复制工作表时,名称会随着工作表一同被复制。当复制的工作表中包含名称时,应注意可能由此产生的名称混乱问题。

　　▶ 在不同工作簿建立工作表副本时,源工作表中的所有名称将被原样复制。

▶ 在同一个工作簿中建立副本工作表时，原有的工作簿级名称和工作表级名称都将被复制，产生同名的工作表级名称。

▶ 当删除某个工作表时，该工作表中的工作表级名称会被全部删除，而引用该工作表内容的工作簿级名称将被保留，但【引用位置】编辑框中的公式会出现错误值#REF!。

▶ 在【名称管理器】对话框中删除名称后，工作表中所有调用该名称的公式将返回错误值#NAME？。

6.4 使用 ChatGPT 生成公式

在日常工作中的很多情况下，用户可能并不知道在实际情况下该使用 Excel 中的哪个公式，或者对 Excel 中相关公式的语法和使用场景不太了解。此时，通过在 ChatGPT 中描述清楚公式的使用需求和结果，就可以利用 ChatGPT 自动完成相关函数的选择，并生成公式。

例如，在如图 6-52 所示的包销费用统计表中，需要比较收支是否超出预算。

C2 =IF(B2>A2, "超支", "未超支")

	A	B	C	D	E	F
1	预算	实际	是否超支			
2	¥1,500.0	¥800.0	未超支			
3	¥1,200.0	¥1,500.0	超支			
4	¥800.0	¥1,000.0	超支			
5	¥1,230.0	¥1,000.0	未超支			
6	¥3,000.0	¥4,000.0	超支			

图 6-52

可以向 ChatGPT 提出需求描述：生成公式，在 Excel 工作表的 C 列使用公式比对 B 列和 A 列数据，如果 B 列数据大于 A 列数据，则显示“超支”，否则显示“未超支”。

稍等片刻后，ChatGPT 将自动生成公式，以及公式的解释和使用方法，如图 6-53 所示。

要在Excel工作表的C列使用公式比对B列和A列的数据，并根据条件显示相应的结果，你可以使用IF函数来完成。

以下是使用IF函数的公式：

```
=IF(B2>A2, "超支", "未超支")
```

解释：

- B2：表示当前行的B列单元格中的值。
- A2：表示当前行的A列单元格中的值。

将该公式放在C2单元格中，并向下拖动填充到其他行，即可根据条件比对B列和A列的数据，在C列中显示相应的结果。如果B列的数据大于A列的数据，则显示"超支"，否则显示"未超支"。

图 6-53

在表格的 C 列使用 ChatGPT 生成的公式，可得到所要的统计结果。

又如，在如图 6-54 所示的员工考勤记录表中需要根据 G 列指定的姓名在 H 列统计对应员工在 C 列的打卡次数。

	A	B	C	D	E	F	G	H
1	姓名	打卡日期	机器号	对比方式	卡号		姓名	打卡次数
2	张伟	2023/8/17	1	指纹	32012073931		张伟	10
3	张伟	2023/8/18	1	指纹	32012073931		李秀英	9
4	张伟	2023/8/19	1	指纹	32012073931		王勇	13
5	张伟	2023/8/20	1	指纹	32012073931			
6	张伟	2023/8/21	1	指纹	32012073931			
7	张伟	2023/8/22	1	指纹	32012073931			
8	张伟	2023/8/23	1	指纹	32012073931			
9	张伟	2023/8/24	1	指纹	32012073931			
10	张伟	2023/8/25	1	指纹	32012073931			
11	张伟	2023/8/26	1	指纹	32012073931			
12	李秀英	2023/8/17	1	指纹	32012073932			
13	李秀英	2023/8/18	1	指纹	32012073932			
14	李秀英	2023/8/19	1	指纹	32012073932			
15	李秀英	2023/8/20	1	指纹	32012073932			
16	李秀英	2023/8/21	1	指纹	32012073932			
17	李秀英	2023/8/22	1	指纹	32012073932			
18	李秀英	2023/8/23	1	指纹	32012073932			
19	李秀英	2023/8/24	1	指纹	32012073932			
20	李秀英	2023/8/25	1	指纹	32012073932			
21	王勇	2023/8/17	1	指纹	32012073933			
22	王勇	2023/8/18	1	指纹	32012073933			
23	王勇	2023/8/19	1	指纹	32012073933			

图 6-54

要解决这个问题，可以在 ChatGPT 中详细描述需求：在一个 Excel 表中，A 列为姓名，C 列为打卡次数，G 列为统计姓名，H 列用于统计打卡次数。在 H 列中根据 G 列中的姓名统计 A 列中相同姓名以及 C 列的打卡次数。例如，G2 单元格中提供了姓名“张伟”，在 A2:A11 单元格中找到 10 个相同的姓名记录，将 C2:C11 单元中的数字汇总至 H2 单元格。该如何生成公式？

稍等片刻后，ChatGPT 将根据以上描述选择合适的函数并生成相应的公式，如图 6-55 所示。

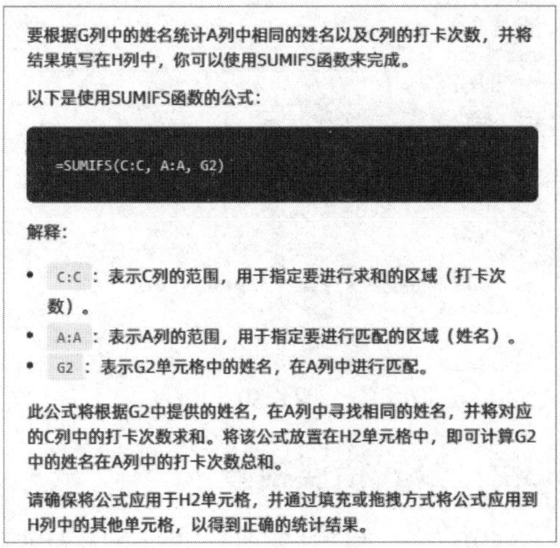

要根据G列中的姓名统计A列中相同的姓名以及C列的打卡次数，并将结果填写在H列中，你可以使用SUMIFS函数来完成。

以下是使用SUMIFS函数的公式：

```
=SUMIFS(C:C, A:A, G2)
```

解释：

- `C:C`：表示C列的范围，用于指定要进行求和的区域（打卡次数）。
- `A:A`：表示A列的范围，用于指定要进行匹配的区域（姓名）。
- `G2`：表示G2单元格中的姓名，在A列中进行匹配。

此公式将根据G2中提供的姓名，在A列中寻找相同的姓名，并将对应的C列中的打卡次数求和。将该公式放置在H2单元格中，即可计算G2中的姓名在A列中的打卡次数总和。

请确保将公式应用于H2单元格，并通过填充或拖拽方式将公式应用到H列中的其他单元格，以得到正确的统计结果。

图 6-55

复制 ChatGPT 生成的公式，将其应用于 H 列即可得到所需的结果。

再如，在如图 6-56 所示的员工统计表中，需要查询指定部门且指定学历的姓名列表，如图 6-56 所示。

	A	B	C	D	E	F	G	H
1	姓名	部门	毕业学校	最终学历		部门	学历	员工姓名
2	宁婉琳	财务部	北京大学	硕士		企划部	硕士	温雅楠
3	林紫薇	营销部	清华大学	博士				赵晓雪
4	张晨曦	企划部	浙江大学	本科				杨婉婷
5	温雅楠	企划部	上海交通大学	硕士				
6	李心怡	企划部	北京航空航天大学	本科				
7	赵晓雪	企划部	南京大学	硕士				
8	陈悦宜	企划部	武汉大学	博士				
9	刘清雅	营销部	四川大学	硕士				
10	周婉娜	营销部	电子科技大学	硕士				
11	徐韵宁	营销部	天津大学	本科				
12	王雨欣	营销部	同济大学	硕士				
13	江悠然	财务部	中国科学技术大学	本科				
14	赖思婷	财务部	西南交通大学	硕士				
15	何馨怡	财务部	华中科技大学	博士				
16	杨婉婷	企划部	中山大学	硕士				

图 6-56

要解决这个问题，可以在 ChatGPT 中详细描述需求：在 Excel 数据表的 H 列根据 F2 单元格中输入的部门名称和 G2 单元格中输入的姓名，查询指定部门(B2:B16 区域)且指定学历(D2:D16 区域)的姓名(A2:A16 区域)。例如，F2 单元格数据为“企划部”，G2 单元格数据为“硕士”，查找 B 列和 D 列中符合“企划部”与“硕士”相同的数据，然后将与其行相对应的 A 列中的数据写在 H 列。该如何生成公式？

稍等片刻后，ChatGPT 将根据以上描述选择合适的函数并生成相应的公式，如图 6-57 所示。

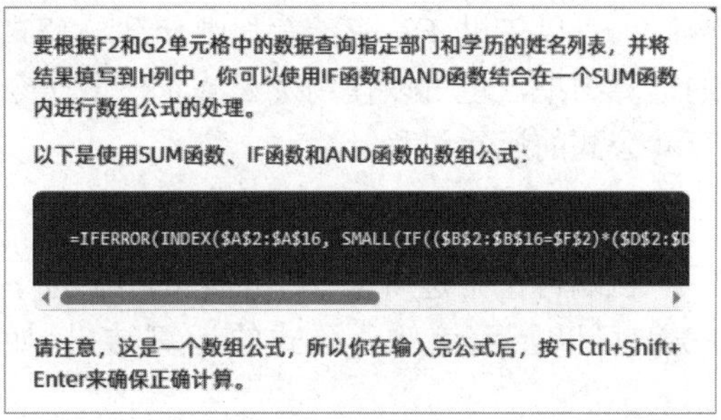

要根据F2和G2单元格中的数据查询指定部门和学历的姓名列表，并将结果填写到H列中，你可以使用IF函数和AND函数结合在一个SUM函数内进行数组公式的处理。

以下是使用SUM函数、IF函数和AND函数的数组公式：

```
=IFERROR(INDEX($A$2:$A$16, SMALL(IF(($B$2:$B$16=$F$2)*($D$2:$D
```

请注意，这是一个数组公式，所以你在输入完公式后，按下Ctrl+Shift+Enter来确保正确计算。

图 6-57

复制 ChatGPT 生成的公式，将其粘贴至 H2 单元格并向下填充，即可在 H 列得到想要的统计结果。

ChatGPT 的出现大大降低了普通用户学习、使用 Excel 公式和函数的门槛。要使用公式和函数解决问题，用户不再需要去记忆复杂的函数名称和参数，也不需要大费周章地学习公式的具体应用案例，只需要向 ChatGPT 正确地描述问题，然后使用人工智能生成的公式即可。

6.5 检查和验证公式

输入公式后，需要验证公式的计算结果是否正确。如果公式返回了错误值或者计算结果有误，用户可以借助 Excel 提供的公式审核工具查找错误原因，并针对错误原因，重新向 ChatGPT 提出问题，修正公式中的错误。

6.5.1 验证公式结果

选中一个数据区域时，Excel 会根据所选内容的格式在状态栏中自动显示该区域的求和、平均值、计数等计算结果，如图 6-58 所示。

根据状态栏中的显示内容，能够对公式的结果进行简单的验证。右击状态栏，在弹出的快捷菜单中可以设置状态栏中显示的计算选项。

A	B	C	D	E	F	G
部门	6月	5月	4月	3月	2月	1月
财务部	5800	5200	4800	5500	6000	5000
营销部	4800	4700	4200	4500	4300	4000
企划部	3800	3500	3300	3100	3200	3000
后勤部	2700	2400	2200	2500	2300	2000
技术部	6900	6700	6200	6300	6500	6000

Sheet1 Sheet2 S... ⊕

平均值: 4800　计数: 6　数值计数: 5　求和: 24000

图 6-58

对于比较复杂的公式，需要手动验证其结果，如查看引用的内容是否正确，运算的逻辑是否有误等。

当公式中包含多段计算或包含嵌套函数时，可以借助 F9 键查看其中一部分公式的运算结果，也可以使用【公式求值】命令查看公式的运算过程。

1. 分段查看公式运算结果

在编辑栏中选中公式中的一部分，按下 F9 键可以显示该部分公式的运算结果，如图 6-59 所示。

√ fx =SUM(C2:F2)-G2

√ fx =7650-G2

C				G	H
基本工资	工龄工资	福利补贴	提成奖金	社保	应发合计
4500	450	900	1800	250	F2)-G2
4500	450	900	1800	250	7400

图 6-59

通过分段查看公式运算结果，可以检查公式各段运行结果是否正确。在查看公式部分运算结果的过程中按 Esc 键或者单击编辑左侧的【取消】按钮×，可以使公式恢复原状。

2. 显示公式运算过程

选中包含公式的单元格后，单击【公式】选项卡中的【公式求值】按钮，在打开的【公式求值】对话框中单击【求值】按钮，可以按照公式运算顺序依次查看分步计算结果。

在【公式求值】对话框中单击【求值】按钮后，如果单击【步入】按钮，将显示下一步要参与计算的单元格内容。如果下一步是定义的名称，会显示名称中所使用公式的计算过程，如图 6-60 所示。

图 6-60

6.5.2　公式错误检查

使用公式进行计算时，可能会因为某种原因而返回错误值。常见错误值及其产生原因说明如表 6-8 所示。

表 6-8　常见的公式错误值及其产生原因

错误值	错误原因
#####	当列宽不能完整显示数字，或使用了负的日期、时间时，单元格中将以#号填充
#VALUE!	当使用的参数类型错误时出现的错误。例如，A2 单元格为字符"A"，B2 单元格公式为=1*A2，文本字符不能进行四则运算导致错误
#DIV/0!	当数字被零除时出现的错误
#NAME?	公式中使用文本字符时，在文本外侧没有添加半角双引号，或函数名称输入有误
#N/A	查询类函数找不到可用结果
#REF!	当删除了被引用的单元格区域或被引用的工作表时，返回该错误值
#NUM!	公式或函数中使用了无效数字值
#NULL!	在使用空格表示两个引用单元格之间的交叉运算符，但计算并不相交的两个区域的交点时，返回该错误

1. 使用错误检查器

Excel 默认开启后台错误检查功能，用户可以根据需要设置错误检查的规则。具体操作方法如下。

step 1 依次按 Alt、T、O 键，打开【Excel 选项】对话框，选择【公式】选项卡。

step 2 在【公式】选项卡中默认选中【错误检查】区域中的【允许后台错误检查】复选框，在【错误检查规则】区域选中各个错误检查规则前的复选框，然后单击【确定】按钮，如图 6-61 所示。

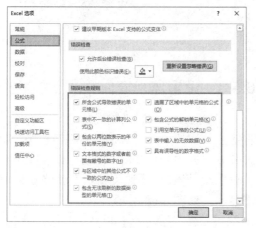

图 6-61

如果单元格中的内容或公式符合图 6-61 所示的规则，或者公式计算结果返回了 #DIV/0!、#N/A 等错误值，单元格的左上角将显示三角形的智能标记 。选中单元格后将自动显示【错误提示器】下拉按钮 ，单击该下拉按钮，在弹出的下拉列表中将显示包括错误的类型及【有关此错误的帮助】【显示计算步骤】等选项，选择相应的选项可以进行对应的检查或忽略错误，如图 6-62 所示。

图 6-62

2. 追踪错误

选择【公式】选项卡，单击【公式审核】组中的【错误检查】按钮，打开【错误检查】对话框，如图 6-63 所示。

图 6-63

在【错误检查】对话框中将显示当前工作表中返回错误值的单元格及错误的原因。单击【上一个】或【下一个】按钮，可以依次查看工作表中其他单元格中公式的错误情况。

选中包含错误值的单元格，单击【公式】选项卡中的【错误检查】下拉按钮，在弹出的列表中选择【追踪错误】选项，将在该单元格中出现蓝色的追踪箭头，表示错误可能来源于哪些单元格，如图 6-64 所示。

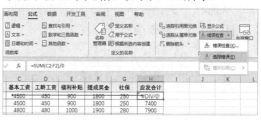

图 6-64

单击【公式】选项卡中的【删除箭头】按钮或按 Ctrl+S 快捷键可以隐藏追踪箭头。

3. 单元格追踪

如果 B1 单元格中引用了 A1 单元格，那么 A1 是 B1 的引用单元格，B1 则是 A1 的从属单元格。

选中包含公式的单元格，单击【公式】选项卡中的【追踪引用单元格】按钮，或选中被公式引用的单元格，单击【追踪从属单元格】按钮，将在引用和从属单元格之间用蓝色箭头链接，方便用户查看公式与各单元格之间的引用关系，如图 6-65 所示。

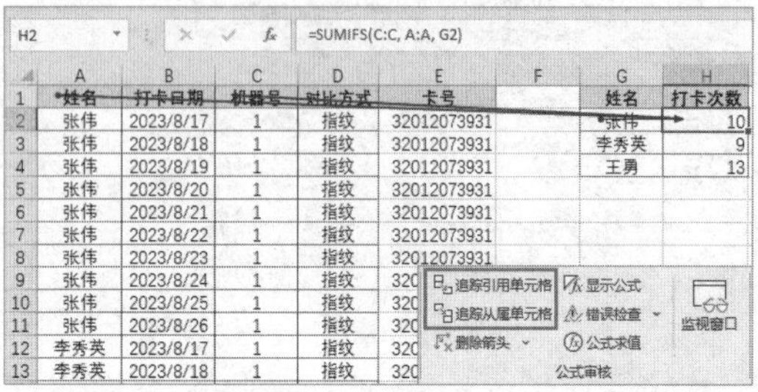

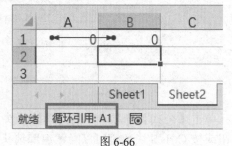

图 6-65

4. 检查循环引用

当公式计算返回的结果需要依赖公式自身所在的单元格的值时，无论是直接还是间接引用，都称为循环引用。如在 B1 单元格中输入公式"=B1+5"，或者在 A1 单元格输入公式"=B1"，在 B1 单元格输入的公式为"=A1"，都会产生循环引用。

如果存在循环引用，公式将无法正常运算，状态栏左侧会提示包含循环引用的单元格地址，如图 6-66 所示。

图 6-66

此时，用户可以单击【公式】选项卡中的【错误检查】下拉按钮，在弹出的下拉列表中选择【循环引用】选项，查看包含循环引用的单元格，如图 6-67 所示。

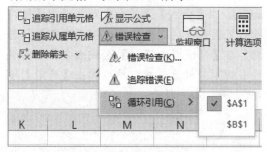

图 6-67

6.5.3　设置监视窗口

在 Excel 中利用"监视窗口"功能可以将重点关注的单元格添加到监视窗口中，随时查看数据的变化情况。切换工作表或调整工作表滚动条时，【监视窗口】始终在最前端显示，如图 6-68 所示。

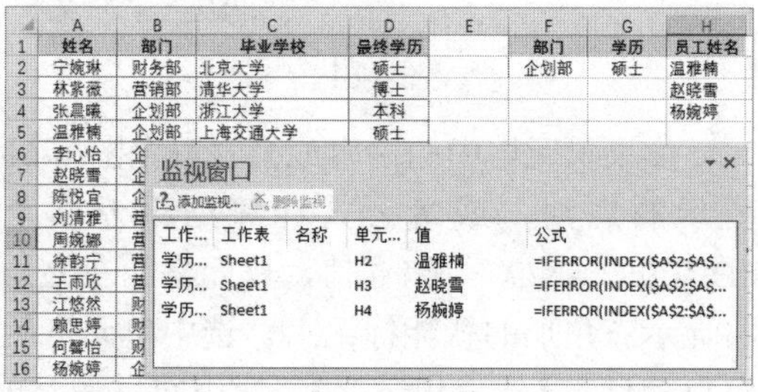

图 6-68

单击【公式】选项卡中的【监视窗口】按钮，在打开的【监视窗口】对话框中单击【添加监视】按钮，然后在打开的【添加监视点】对话框中单击按钮选择目标单元格，并单击【添加】按钮即可在工作表中添加图 6-68 所示的监视窗口。

监视窗口会显示监视点单元格所在工作簿和工作表的名称，同时显示定义的名称、单元格地址、显示的值及使用的公式，并且可以随着这些项目的变化实时更新。

监视窗口中可以添加多个监视点，选中某个监视点后，单击【删除监视】按钮可以将该监视点从窗口中删除。

6.6 案例演练

本章的案例演练是使用时间函数和统计函数，用户通过练习从而巩固本章所学知识。

6.6.1 使用时间函数

【例 6-6】使用时间函数统计员工上班时间，计算员工迟到的罚款金额。

视频+素材 (素材文件\第 06 章\例 6-6)

step 1 启动 Excel 2021，新建一个名为"公司考勤表"的工作簿，并在其中创建数据和套用表格样式，如图 6-69 所示。

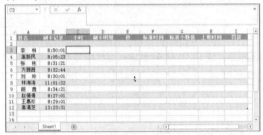

图 6-69

step 2 选中 C3 单元格，打开【公式】选项卡，在【函数库】组中单击【插入函数】按钮，打开【插入函数】对话框。然后在该对话框的【或选择类别】下拉列表中选择【日期和时间】选项，在【选择函数】列表框中选择 HOUR 选项，并单击【确定】按钮，如图 6-70 所示。

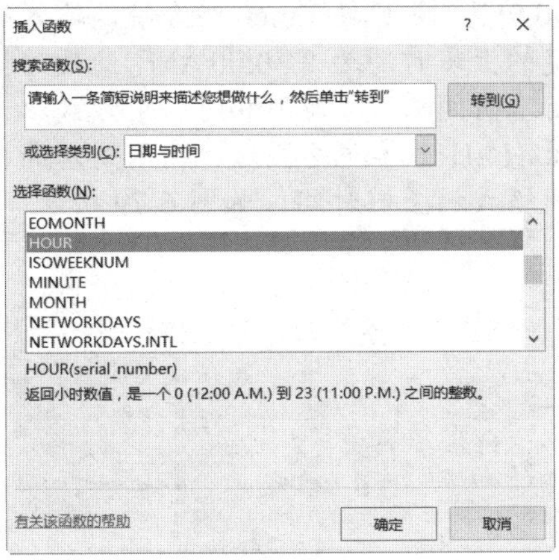

图 6-70

step 3 打开【函数参数】对话框，在 Serial_number 文本框中输入 B3，单击【确定】按钮，统计出员工"李林"的刷卡小时数，如图 6-71 所示。

图 6-71

step 4 使用相对引用方式填充公式至 C4:C12 单元格区域，统计所有员工的刷卡小时数，如图 6-72 所示。

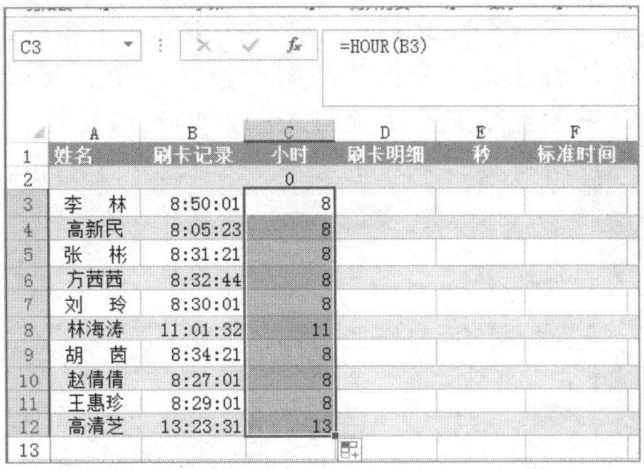

图 6-72

step 5 选中 D3 单元格，在编辑栏中输入公式"=MINUTE(B3)"。按 Ctrl+Enter 组合键，统计出员工"李林"的刷卡分钟数，如图 6-73 所示。

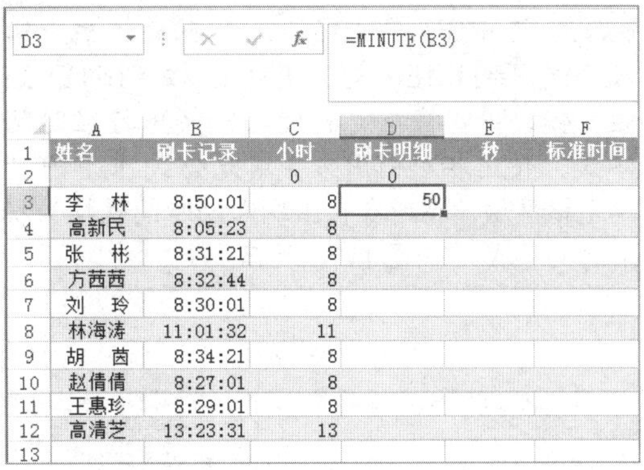

图 6-73

step 6 使用相对引用方式填充公式至 D4:D12 单元格区域，统计出所有员工刷卡的分钟数，如图 6-74 所示。

	D3	:	×	✓	fx	=MINUTE(B3)

	A	B	C	D	E
1	姓名	刷卡记录	小时	刷卡明细	秒
2			0	0	
3	李 林	8:50:01	8	50
4	高新民	8:05:23	8	5
5	张 彬	8:31:21	8	31
6	方茜茜	8:32:44	8	32
7	刘 玲	8:30:01	8	30
8	林海涛	11:01:32	11	1
9	胡 茵	8:34:21	8	34
10	赵倩倩	8:27:01	8	27
11	王惠珍	8:29:01	8	29
12	高清芝	13:23:31	13	23
13					

图 6-74

step 7 选中 E3 单元格，在编辑栏中输入公式 "=SECOND(B3)"。按 Ctrl+Enter 组合键，统计出员工"李林"的刷卡秒数。使用相对引用方式填充公式至 E4:E12 单元格区域，统计所有员工刷卡的秒数，如图 6-75 所示。

	E3	:	×	✓	fx	=SECOND(B3)

	A	B	C	D	E	F
1	姓名	刷卡记录	小时	刷卡明细	秒	标准时间
2			0	0	0	
3	李 林	8:50:01	8	50	1
4	高新民	8:05:23	8	5	23
5	张 彬	8:31:21	8	31	21
6	方茜茜	8:32:44	8	32	44
7	刘 玲	8:30:01	8	30	1
8	林海涛	11:01:32	11	1	32
9	胡 茵	8:34:21	8	34	21
10	赵倩倩	8:27:01	8	27	1
11	王惠珍	8:29:01	8	29	1
12	高清芝	13:23:31	13	23	31
13						

图 6-75

step 8 选中 F3 单元格，然后在编辑栏中输入公式 "=TIME(C3,D3,E3)"。按 Ctrl+Enter 组合键，即可将指定的数据转换为标准时间格式。使用相对引用方式填充公式到 F4:F12 单元格区域，将所有员工刷卡的时间转换为标准时间格式，如图 6-76 所示。

	F3	:	×	✓	fx	=TIME(C3,D3,E3)

	A	B	C	D	E	F	G
1	姓名	刷卡记录	小时	刷卡明细	秒	标准时间	标准小数值
2			0	0	0	12:00 AM	
3	李 林	8:50:01	8	50	1	8:50 AM
4	高新民	8:05:23	8	5	23	8:05 AM
5	张 彬	8:31:21	8	31	21	8:31 AM
6	方茜茜	8:32:44	8	32	44	8:32 AM
7	刘 玲	8:30:01	8	30	1	8:30 AM
8	林海涛	11:01:32	11	1	32	11:01 AM
9	胡 茵	8:34:21	8	34	21	8:34 AM
10	赵倩倩	8:27:01	8	27	1	8:27 AM
11	王惠珍	8:29:01	8	29	1	8:29 AM
12	高清芝	13:23:31	13	23	31	1:23 PM
13							
14							

图 6-76

step 9 选中 G3 单元格，在编辑栏中输入公式 "=TIMEVALUE("8:50:01")"。按 Ctrl+Enter 组合键，将员工"李林"的标准时间转换为小数值，如图 6-77 所示。

	G3	:	×	✓	fx	=TIMEVALUE("8:50:01")

	A	B	C	D	E	F	G
1	姓名	刷卡记录	小时	刷卡明细	秒	标准时间	标准小数值
2			0	0	0	12:00 AM	
3	李 林	8:50:01	8	50	1	8:5	0.36806713
4	高新民	8:05:23	8	5	23	8:05 AM
5	张 彬	8:31:21	8	31	21	8:31 AM
6	方茜茜	8:32:44	8	32	44	8:32 AM
7	刘 玲	8:30:01	8	30	1	8:30 AM
8	林海涛	11:01:32	11	1	32	11:01 AM
9	胡 茵	8:34:21	8	34	21	8:34 AM
10	赵倩倩	8:27:01	8	27	1	8:27 AM
11	王惠珍	8:29:01	8	29	1	8:29 AM
12	高清芝	13:23:31	13	23	31	1:23 PM
13							

图 6-77

step 10 使用同样的方法，计算其他员工刷卡标准时间的小数值，如图 6-78 所示。

	G12	:	×	✓	fx	=TIMEVALUE("13:23:31")

	A	B	C	D	E	F	G
1	姓名	刷卡记录	小时	刷卡明细	秒	标准时间	标准小数值
2			0	0	0	12:00 AM	
3	李 林	8:50:01	8	50	1	8:50	0.36806713
4	高新民	8:05:23	8	5	23	8:05	0.337071759
5	张 彬	8:31:21	8	31	21	8:31	0.355104167
6	方茜茜	8:32:44	8	32	44	8:32	0.356064815
7	刘 玲	8:30:01	8	30	1	8:30	0.354178241
8	林海涛	11:01:32	11	1	32	11:01	0.459398148
9	胡 茵	8:34:21	8	34	21	8:34	0.3571875
10	赵倩倩	8:27:01	8	27	1	8:27	0.352094907
11	王惠珍	8:29:01	8	29	1	8:29	0.353483796
12	高清芝	13:23:31	13	23	31	1:2	0.557997685
13							

图 6-78

step 11 选中 H3 单元格，输入公式 "=TIME(8,30,0)"。按 Ctrl+Enter 组合键，输入公司规定的上班时间为 8:30:00 AM，此处的格式为标准时间格式。使用相对引用方式填充公式至 H4:H12 单元格区域，输入规定的标准时间格式的上班时间，如图 6-79 所示。

	H3	:	×	✓	fx	=TIME(8,30,0)

	A	B	C	D	E	F	G	H	I
1	姓名	刷卡记录	小时	刷卡明细	秒	标准时间	标准小数值	上班时间	罚款
2			0	0	0	12:00 AM		8:30 AM	
3	李 林	8:50:01	8	50	1	8:50	0.36806713	8:30 AM
4	高新民	8:05:23	8	5	23	8:05	0.337071759	8:30 AM
5	张 彬	8:31:21	8	31	21	8:31	0.355104167	8:30 AM
6	方茜茜	8:32:44	8	32	44	8:32	0.356064815	8:30 AM
7	刘 玲	8:30:01	8	30	1	8:30	0.354178241	8:30 AM
8	林海涛	11:01:32	11	1	32	11:01	0.459398148	8:30 AM
9	胡 茵	8:34:21	8	34	21	8:34	0.3571875	8:30 AM
10	赵倩倩	8:27:01	8	27	1	8:27	0.352094907	8:30 AM
11	王惠珍	8:29:01	8	29	1	8:29	0.353483796	8:30 AM
12	高清芝	13:23:31	13	23	31	1:23	0.587997685	8:30 AM
13									

图 6-79

step 12 选中 I3 单元格，输入公式 "=IF(F4 <H4,"",IF(MINUTE(F4-H4)>30,"50 元 ","20 元 "))"。按 Ctrl+Enter 组合键，计算"李林"的罚款金额，空值表示该员工未迟到。使用相对引用方式填充公式至 I4:I12 单元格区域，计算出迟到员工的罚款金额，如图 6-80 所示。

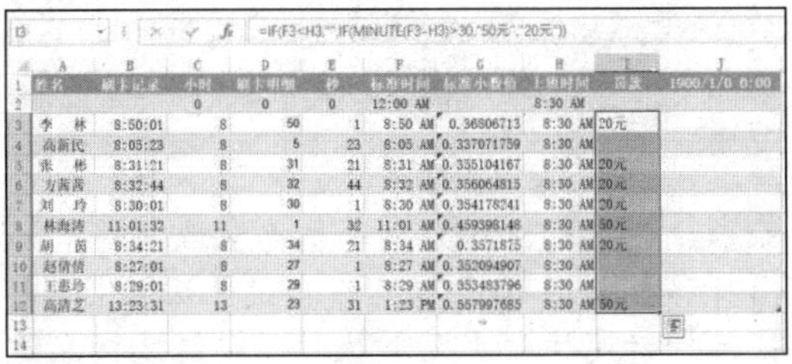

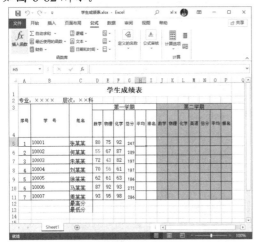

图 6-80

step 13 选中 J2 单元格，输入公式 "=NOW()"。按 Ctrl+Enter 组合键，返回当前系统的时间，如图 6-81 所示。

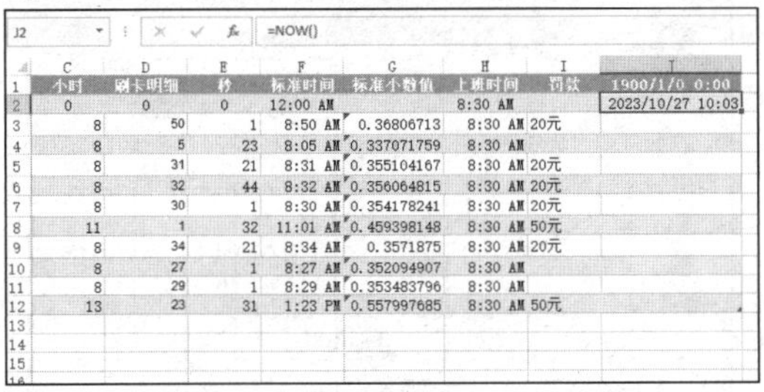

图 6-81

6.6.2 使用统计函数

【例 6-7】使用统计函数在"学生成绩统计"工作簿中求出第一学期各个学生的各科平均成绩。

视频+素材 (素材文件\第 06 章\例 6-7)

step 1 启动 Excel 2021，打开"学生成绩表"工作簿的 Sheet1 工作表。

step 2 选定 H5 单元格，在【公式】选项卡的【函数库】组中单击【插入函数】按钮，如图 6-82 所示。

图 6-82

step 3 打开【插入函数】对话框，在【或选择类别】下拉列表中选择【常用函数】选项，在【选择函数】列表框中选择【AVERAGE】选项，单击【确定】按钮，如图 6-83 所示。

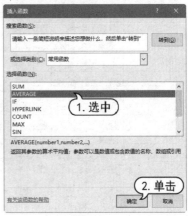

图 6-83

step 4 打开【函数参数】对话框，在【Number1】文本框中输入 "D5:F5"，单击【确定】按钮，如图 6-84 所示。

图 6-84

step 5 系统即可自动计算学生"张某某"的各科平均成绩，并将结果显示在 H5 单元格中，如图 6-85 所示。

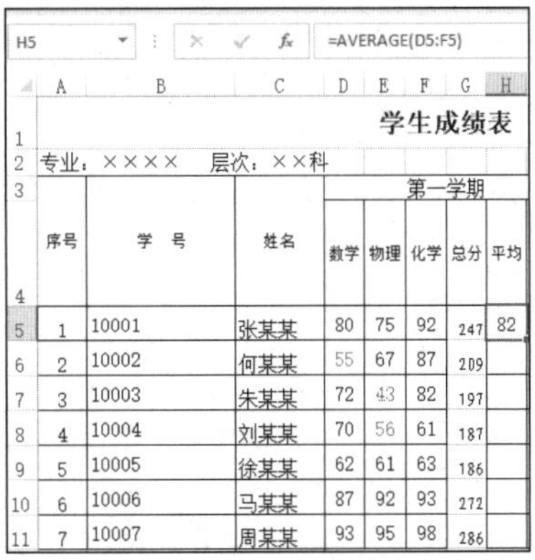

图 6-85

step 6 使用填充功能，将该公式填充到 G6:G11 单元格区域中，如图 6-86 所示。

	A	B	C	D	E	F	G	H	I	J
1								学生成绩表		
2	专业：××××　层次：××科									
3				第一学期						
4	序号	学 号	姓名	数学	物理	化学	总分	平均	排名	数学
5	1	10001	张某某	80	75	92	247	82		
6	2	10002	何某某	55	67	87	209	70		
7	3	10003	朱某某	72	43	82	197	66		
8	4	10004	刘某某	70	56	61	187	62		
9	5	10005	徐某某	62	61	63	186	62		
10	6	10006	马某某	87	92	93	272	91		
11	7	10007	周某某	93	95	98	286	95		
12			最高分							
13			最低分							

图 6-86

step 7 选中 D12 单元格，并在该单元格中输入函数 "=MAX(D5:D11)"，如图 6-87 所示。

	A	B	C	D	E	F	G	H
9	5	10005	徐某某	62	61	63	186	62
10	6	10006	马某某	87	92	93	272	91
11	7	10007	周某某	93	95	98	286	95
12			最高分	=MAX(D5:D11)				
13			最低分					
14								

图 6-87

step 8 选定 D13 单元格，并在该单元格中输入函数 "=Min(D5:D11)"，如图 6-88 所示。

	A	B	C	D	E	F	G	H
9	5	10005	徐某某	62	61	63	186	62
10	6	10006	马某某	87	92	93	272	91
11	7	10007	周某某	93	95	98	286	95
12			最高分	93				
13			最低分	=Min(D5:D11)				
14								

图 6-88

step 9 选定 D12:D13 单元格区域，将鼠标指针移至 D13 单元格右下角的小方块处，当鼠标指针变为 "＋" 形状时，按住鼠标左键不放并拖动至 H13 单元格，然后释放鼠标左键，即可求出单科、总成绩和平均分的最高分和最低分，如图 6-89 所示。

D12				✕ ✓ ƒx	=MAX(D5:D11)			
	A	B	C	D	E	F	G	H	I
1							学生成绩表		
2	专业：××××　层次：××科								
3				第一学期					
4	序号	学 号	姓名	数学	物理	化学	总分	平均	排名
5	1	10001	张某某	80	75	92	247	82	
6	2	10002	何某某	55	67	87	209	70	
7	3	10003	朱某某	72	43	82	197	66	
8	4	10004	刘某某	70	56	61	187	62	
9	5	10005	徐某某	62	61	63	186	62	
10	6	10006	马某某	87	92	93	272	91	
11	7	10007	周某某	93	95	98	286	95	
12			最高分	93	95	98	286	95.3	
13			最低分	55	43	61	186	62	
14									

图 6-89

第7章

管理和分析表格数据

除了输入和编辑数据，用户使用 Excel 提供的数据分析工具，将数据按照一定的规律进行排序、筛选、分类汇总、计算分析等操作，可帮助用户更容易地整理电子表格中的数据。本章将介绍 Excel 中管理和分析电子表格数据的各种方法和技巧。

本章对应视频

例 7-1 删除重复值
例 7-2 合并计算
例 7-3 创建数据透视表

例 7-4 快速生成数据分析报表
例 7-5 使用直方图分析数据
例 7-6 制作交互式图表

7.1 使用数据表分析数据

在 Excel 中利用数据表进行简单数据分析是一种常见且有效的方法。

将数据整理和保存在一个结构化的表格中形成数据表(见图 7-1)后，用户可以利用 Excel 提供的排序、筛选、分类汇总、合并计算等功能，对数据进行分析、处理并组织生成报告。

	A	B	C	D	E	F	G	H
1	序号	品目号	设备名称	规格型号	单位	单价（元）	数量	金额（元）
2	S0001	X200	水槽	教师用	个	¥15.0	23	¥345.0
3	S0002	X272	生物显微镜	200倍	台	¥138.0	1	¥138.0
4	S0009	X404	岩石化石标本实验盒	教师用	盒	¥11.0	12	¥132.0
5	S0011	X219	小学热学实验盒	学生用	盒	¥8.5	12	¥102.0
6	S0012	X252	小学光学实验盒	学生用	盒	¥8.0	12	¥95.6
7	S0010	X246	磁铁性质实验盒	学生用	盒	¥7.2	12	¥86.4
8	S0007	X239	电流实验盒	学生用	盒	¥6.8	12	¥81.6
9	S0008	X238	静电实验盒	学生用	盒	¥6.3	12	¥75.6
10	S0003	X106	学生电源	1.5A	台	¥65.0	1	¥65.0
11	S0006	X261	昆虫盒	学生用	盒	¥3.2	16	¥50.4
12	S0005	X281	太阳高度测量器	学生用	个	¥3.5	12	¥41.4
13	S0004	X283	风力风向计	教学型	个	¥26.8	1	¥26.8

图 7-1

7.1.1 认识数据表

Excel 数据表是由多行数据构成的有组织的信息集合，它通常由位于顶部的一行字段标题，以及多行数值或文本作为数据行。

图 7-1 展示了一个规范的 Excel 数据表。该数据表的第 1 行是字段标题，下面包含若干数据。数据表中的列又称为字段，行称为记录。为了保证数据表能够有效地工作，它必须具备以下几个特点。

▶ 在表格的第一行(即"表头")为其对应的一列数据输入描述性文字。

▶ 如果输入的内容过长，可以使用"自动换行"功能避免列宽增加。

▶ 在表格的每一列输入相同类型的数据。

▶ 为数据表的每一列应用相同的单元格格式。

在 Excel 中最常见的操作任务之一就是管理各种数据表。通常，用户可以对数据表执行以下操作。

▶ 在数据表中输入数据并设置格式。

▶ 根据特定的条件对数据进行排序和筛选。

▶ 对数据表进行分类汇总。

▶ 在数据表中使用函数和公式实现特定的计算目的。

▶ 根据数据表创建图表或数据透视表。

创建图 7-1 所示数据表的步骤如下。

step 1 在表格的第 1 行的各个单元格中输入描述性文字，例如"序号""品目号""设备名称""规格型号""单位""单价(元)""数量""金额(元)"等。

step 2 设置相应的单元格格式，使需要输入的数据能够以正确的形态表示。

step 3 在每一列中输入相同类型的信息。

7.1.2 删除重复值

在创建数据表的过程中，用户可以利用 Excel 的【删除重复值】功能，快速删除数据中的重复值。

图 7-2 所示为京东商城搜索关键词统计表的一部分，目前需要从中提取一份没有重复"关键词"的数据表。

	A	B
1	关键词	销量(万件)
2	雷达	15
3	变频器	138
4	电子	11
5	电路	8.5
6	激光雷达	7.97
7	ccna	7.2
8	数字信号处理	6.8
9	激光雷达	6.3
10	zabbix	65
11	大话5g	3.15
12	激光雷达	3.45

图 7-2

【例 7-1】删除"京东商城搜索关键词统计表"中"关键词"列的重复数据。

视频+素材　(素材文件\第 7 章\例 7-1)

step 1 单击"关键词"列数据区域中的任意单元格，在【数据】选项卡的【数据工具】组中单击【删除重复值】按钮。

step 2 在打开的【删除重复值】对话框中选中【关键词】复选框，并取消其他复选框的选中状态，单击【确定】按钮，如图 7-3 所示。

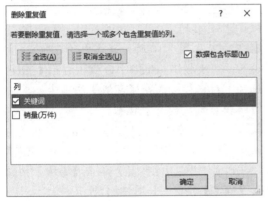

图 7-3

step 3 此时，Excel 将弹出图 7-4 所示的提示框，提示用户已完成重复值的删除。然后单击【确定】按钮即可。

图 7-4

7.1.3　排序数据

数据排序是指按一定规则对数据进行整理、排列，这样可以为数据的进一步处理做好准备。Excel 提供了多种方法对数据清单进行排序，可以按升序、降序的方式，也可以按用户自定义的方式排序。下面将介绍几种最常用的数据排序方法。

1. 按升(降)序快速排序

图 7-5 所示为某公司 1 至 5 月员工销售业绩统计表。该表由于未经排序，看上去杂乱无章，不利于查找和分析数据。

	A	B	C	D	E	F	G	H
1	部门	姓名	一月份	二月份	三月份	四月份	五月份	汇总
2	直营部	张晓晨	120	150	180	200	220	870
3	直营部	李宇航	100	130	110	120	140	600
4	直营部	王雨萱	90	80	70	80	90	410
5	直营部	赵天宇	200	190	180	170	160	900
6	电商部	刘佳琪	150	160	170	180	190	850
7	电商部	陈宇轩	80	90	100	110	120	500
8	电商部	周美丽	120	130	140	150	160	700
9	电商部	孙浩然	110	100	90	80	70	450
10	大客户部	吴雅婷	140	150	160	170	180	800
11	大客户部	郑瑞杰	170	180	190	200	210	950
12	直营部	钱梦洁	80	70	60	70	80	360
13	直营部	孔宇峰	110	120	130	140	150	650
14	电商部	胡思娜	100	90	80	90	100	460
15	直营部	曹立阳	150	160	170	180	190	850
16	电商部	杨晨曦	120	110	100	110	120	560
17	大客户部	崔继光	130	140	150	160	170	750
18	大客户部	史文静	180	190	200	210	220	1000
19	直营部	姜鑫鑫	90	80	70	90	90	410
20	电商部	唐翔宇	100	110	120	130	140	600
21	大客户部	许雪婷	130	140	150	160	170	750

图 7-5

为了能够快速查看所有员工的销售额排名情况，可以利用排序功能快速查看，无论表格中有多少条记录，都可以迅速从大到小或从小到大排列。具体操作步骤如下。

step 1 选中 C 列任意单元格后，单击【数据】选项卡【排序和筛选】组中的【降序】按钮，"一月份"列(C 列)中的数据将按从高到低排列，如图 7-6 所示。

C2			fx	200			
	A	B	C	D	E	F	G	H
1	部门	姓名	一月份	二月份	三月份	四月份	五月份	汇总
2	直营部	赵天宇	200	190	180	170	160	900
3	大客户部	史文静	180	190	200	210	220	1000
4	大客户部	郑瑞杰	170	180	190	200	210	950
5	电商部	刘佳琪	150	160	170	180	190	850
6	直营部	曹立阳	150	160	170	180	190	850
7	大客户部	吴雅婷	140	150	160	170	180	800
8	大客户部	崔继光	130	140	150	160	170	750
9	大客户部	许雪婷	130	140	150	160	170	750
10	直营部	张晓晨	120	150	180	200	220	870
11	电商部	周美丽	120	130	140	150	160	700
12	电商部	杨晨曦	120	110	100	110	120	560
13	电商部	孙浩然	110	100	90	80	70	450
14	直营部	孔宇峰	110	120	130	140	150	650
15	直营部	李宇航	100	130	110	120	140	600
16	电商部	胡思娜	100	90	80	90	100	460
17	电商部	唐翔宇	100	110	120	130	140	600
18	直营部	王雨萱	90	80	70	80	90	410
19	直营部	姜鑫鑫	90	80	70	90	90	410
20	电商部	陈宇轩	80	90	100	110	120	500
21	直营部	钱梦洁	80	70	60	70	80	360

图 7-6

step 2 如果单击【排序和筛选】组中的【升序】按钮，数据将按从低到高排列。

2. 按双关键字条件排序

图 7-7 所示为某单位各部门员工的工资统计表的一部分数据。

	A	B	C	D	E	F	G	H
1	员工姓名	所属部门	基本工资	工龄工资	福利补贴	提成奖金	加班工资	应发合计
2	赵天宇	销售部	5000	500	1000	2000	300	8800
3	史文静	研发部	6000	600	1500	2500	400	11000
4	郑瑞杰	人资源部	5500	550	1200	2200	350	9800
5	刘佳琪	财务部	4500	450	900	1800	250	7900
6	曹立阳	采购部	4800	480	1000	1900	280	8460
7	吴雅婷	技术部	5500	550	1200	2200	350	9800
8	崔继光	运营部	5200	520	1100	2100	320	9240
9	许雪婷	运营部	4800	480	1000	1900	280	8460
10	张晓晨	运营部	5000	500	1000	2000	300	8800
11	周美丽	研发部	6000	600	1500	2500	400	11000
12	杨晨曦	人资源部	5500	550	1200	2200	350	9800
13	孙浩然	财务部	4500	450	900	1800	250	7900

图 7-7

现在需要查看表格中相同部门员工薪酬的高低情况。可以设置按双关键字条件排序表格，设置【所属部门】为主要关键字，【应发合计】为次要关键字。具体操作如下。

step 1 选中数据表中的任意单元格后，单击【数据】选项卡中的【排序】按钮，打开【排序】对话框。

step 2 在【排序】对话框中设置主要关键字【所属部门】的排序条件后，单击【添加条件】按钮添加次要关键字后，设置次要关键字的排序条件为【应发合计】，次序为【降序】，然后单击【确定】按钮，如图 7-8 所示。

图 7-8

step 3 此时数据表中的数据将首先按部门排序，再将每个部门的应付工资按照降序排序，如图 7-9 所示。

	A	B	C	D	E	F	G	H
1	员工姓名	所属部门	基本工资	工龄工资	福利补贴	提成奖金	加班工资	应发合计
2	刘佳琪	财务部	4500	450	900	1800	250	7900
3	孙浩然	财务部	4500	450	900	1800	250	7900
4	曹立阳	采购部	4800	480	1000	1900	280	8460
5	吴雅婷	技术部	5500	550	1200	2200	350	9800
6	郑瑞杰	人资源部	5500	550	1200	2200	350	9800
7	杨晨曦	人资源部	5500	550	1200	2200	350	9800
8	赵天宇	销售部	5000	500	1000	2000	300	8800
9	史文静	研发部	6000	600	1500	2500	400	11000
10	周美丽	研发部	6000	600	1500	2500	400	11000
11	崔继光	运营部	5200	520	1100	2100	320	9240
12	张晓晨	运营部	5000	500	1000	2000	300	8800
13	许雪婷	运营部	4800	480	1000	1900	280	8460

图 7-9

3. 按自定义序列条件排列

图 7-10 所示为某单位员工津贴数据表，其中 C 列记录着员工的职务。

	A	B	C	D	E
1	员工编号	姓名	职务	岗位津贴	联系方式(内部电话编号)
2	A1D4B	张宇	技术员	5000	10001
3	A1D4C	李雪	主管	3000	10002
4	A1D4D	王峰	技术员	2000	10003
5	A1D4E	赵晨	技术员	1500	10004
6	A1D4F	陈晓	销售员	1000	10005
7	A1D4G	刘涛	销售员	1000	10006
8	A1D4H	谢琳	销售员	800	10007
9	A1D4I	郑阳	实习生	500	10008
10	A1D4J	周莉	实习生	2000	10009
11	A1D4K	吴健	销售员	1500	10010
12	A1D4L	钱芳	销售员	2000	10011
13	A1D4M	孙亮	销售员	1000	10012

图 7-10

现在需要按职务对表格进行排序。具体操作步骤如下。

step 1 选中图 7-10 所示表格中的 C2:C13 区域后，依次按下 Alt、T、O 键，打开【Excel选项】对话框，选择【高级】选项卡，单击【编辑自定义列表】按钮。

step 2 打开【自定义序列】对话框，在【输入序列】列表框中依次输入"主管""销售员""技术员""实习生"后，单击【添加】按钮和【确定】按钮，如图 7-11 所示。

图 7-11

step 3　返回【Excel 选项】对话框后，单击【确定】按钮。选中数据表中的任意单元格，单击【数据】选项卡中的【排序】按钮，打开【排序】对话框，设置【主要关键字】为【职务】，【次序】为【自定义序列】，如图 7-12 所示。

图 7-12

step 4　打开【自定义序列】对话框，选中步骤 2 添加的自定义序列后单击【确定】按钮。

step 5　返回【排序】对话框，单击【确定】按钮完成操作，结果如图 7-13 所示。

	A	B	C	D	E
1	员工编号	姓名	职务	岗位津贴	联系方式(内部电话编号)
2	A1D4C	李雪	主管	3000	10002
3	A1D4F	陈晓	销售员	1000	10005
4	A1D4G	刘涛	销售员	1000	10006
5	A1D4H	谢琳	销售员	800	10007
6	A1D4K	吴健	销售员	1500	10010
7	A1D4L	钱芳	销售员	2000	10011
8	A1D4M	孙亮	销售员	1000	10012
9	A1D4B	张宇	技术员	5000	10001
10	A1D4D	王峰	技术员	2000	10003
11	A1D4E	赵晨	技术员	1500	10004
12	A1D4I	郑阳	实习生	500	10008
13	A1D4J	周莉	实习生	2000	10009

图 7-13

4. 按颜色条件排列

图 7-14 所示为一张库存数量统计表的一部分，其中库存量低于 100 的数据被设置了绿色的单元格底纹色。

	A	B	C	D	E
1	产品名称	产品规格	库存数量	入库时间	盘库时间
2	电视	55英寸	100	2023/1/1 10:00	2023/7/1 15:30
3	手机	128GB	200	2023/1/5 9:45	2023/7/5 17:15
4	电脑	笔记本	50	2023/1/10 14:20	2023/7/10 10:35
5	餐桌	实木	300	2023/2/2 11:30	2023/8/2 9:55
6	沙发	布艺	150	2023/2/10 13:45	2023/8/10 11:20
7	衣柜	推拉门	250	2023/3/15 16:10	2023/9/15 14:35
8	洗衣机	8公斤	80	2023/3/20 10:50	2023/9/20 8:15
9	冰箱	对开门	120	2023/4/8 14:30	2023/10/8 12:55
10	空调	1.5匹	180	2023/5/2 9:15	2023/11/2 7:40
11	微波炉	20升	90	2023/6/10 11:40	2023/12/10 9:05
12	热水器	壁挂式	220	2023/6/15 13:20	2023/12/15 11:45
13	咖啡机	自动	70	2023/6/25 17:30	2023/12/25 15:55

图 7-14

现在需要将表格中有相同颜色标记的单元格全部排列在表格的最上方，以方便快速、直观地查看库存量较少的产品数据。具体操作步骤如下。

step 1　选中数据表中的任意单元格，单击【数据】选项卡中的【排序】按钮，打开【排序】对话框，设置【主要关键字】为【库存数量】，单击【排序依据】下拉按钮，在弹出的列表中选择【单元格颜色】选项。

step 2　单击【次序】下拉按钮，在弹出的列表中选择【绿色】色块，然后单击【确定】按钮，如图 7-15 所示。

图 7-15

step 3　完成设置后的排序结果如图 7-16 所示。

	A	B	C	D	E
1	产品名称	产品规格	库存数量	入库时间	盘库时间
2	电脑	笔记本	50	2023/1/10 14:20	2023/7/10 10:35
3	洗衣机	8公斤	80	2023/3/20 10:50	2023/9/20 8:15
4	微波炉	20升	90	2023/6/10 11:40	2023/12/10 9:05
5	咖啡机	自动	70	2023/6/25 17:30	2023/12/25 15:55
6	电视	55英寸	100	2023/1/1 10:00	2023/7/1 15:30
7	手机	128GB	200	2023/1/5 9:45	2023/7/5 17:15
8	餐桌	实木	300	2023/2/2 11:30	2023/8/2 9:55
9	沙发	布艺	150	2023/2/10 13:45	2023/8/10 11:20
10	衣柜	推拉门	250	2023/3/15 16:10	2023/9/15 14:35
11	冰箱	对开门	120	2023/4/8 14:30	2023/10/8 12:55
12	空调	1.5匹	180	2023/5/2 9:15	2023/11/2 7:40
13	热水器	壁挂式	220	2023/6/15 13:20	2023/12/15 11:45

图 7-16

5. 针对区域排列

图 7-17 所示为公司费用发生流水账数据。

	A	B	C	D	E	F
1	月	日	凭证号数	部门	科目划分	发生额
2	8月	1日	记-00121	财务部	招待费	¥500
3	8月	3日	记-00122	营销部	其他	¥1,000
4	8月	5日	记-00123	企划部	技术开发费	¥2,000
5	8月	7日	记-00124	后勤部	广告费	¥1,500
6	8月	10日	记-00125	财务部	其他	¥800
7	8月	12日	记-00126	营销部	招待费	¥600
8	8月	15日	记-00127	企划部	差旅费	¥1,200
9	8月	18日	记-00128	后勤部	技术开发费	¥2,500
10	8月	21日	记-00129	财务部	广告费	¥1,800
11	8月	24日	记-00130	营销部	其他	¥700
12	8月	27日	记-00131	企划部	招待费	¥1,000
13	8月	30日	记-00132	后勤部	差旅费	¥900
14	9月	2日	记-00133	财务部	技术开发费	¥1,200
15	9月	8日	记-00134	营销部	广告费	¥1,800
16	9月	13日	记-00135	企划部	其他	¥600
17	9月	19日	记-00136	后勤部	招待费	¥800
18	9月	25日	记-00137	财务部	差旅费	¥1,500

图 7-17

现在需要对表格中8月产生的【发生额】数据进行排序。具体操作步骤如下。

step 1 选中 A2:F13 区域，单击【数据】选项卡中的【排序】按钮，打开【排序】对话框。

step 2 在【排序】对话框中取消选中【数据包含标题】复选框。设置【主要关键字】为【列F】，【次序】为【升序】，单击【确定】按钮，如图 7-18 所示。

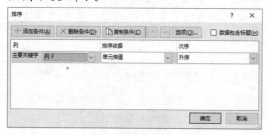

图 7-18

step 3 此时，表格中 8 月的记录将自动以【发生额】由低到高排序，如图 7-19 所示。

	A	B	C	D	E	F
1	月	日	凭证号数	部门	科目划分	发生额
2	8月	27日	记-00131	企划部	招待费	¥400
3	8月	1日	记-00121	财务部	招待费	¥500
4	8月	12日	记-00126	营销部	招待费	¥600
5	8月	24日	记-00130	营销部	其他	¥700
6	8月	5日	记-00125	财务部	其他	¥800
7	8月	30日	记-00132	后勤部	差旅费	¥900
8	8月	3日	记-00122	营销部	差旅费	¥1,000
9	8月	15日	记-00127	企划部	差旅费	¥1,200
10	8月	7日	记-00124	后勤部	广告费	¥1,500
11	8月	21日	记-00129	财务部	广告费	¥1,800
12	8月	5日	记-00123	企划部	技术开发费	¥2,000
13	8月	18日	记-00128	后勤部	技术开发费	¥2,500
14	9月	2日	记-00133	财务部	技术开发费	¥1,200
15	9月	8日	记-00134	营销部	广告费	¥1,800
16	9月	13日	记-00135	企划部	其他	¥600
17	9月	19日	记-00136	后勤部	招待费	¥800
18	9月	25日	记-00137	财务部	差旅费	¥1,500

图 7-19

6. 数据排序的注意事项

当对数据表进行排序时，用户应注意含有公式的单元格。如果要对行进行排序，在排序之后的数据表中对同一行的其他单元格的引用可能是正确的，但对不同行的单元格的引用则可能是不正确的。

如果用户对列执行排序操作，在排序之后的数据表中对同一列的其他单元格的引用可能是正确的，但对不同列的单元格的引用则可能是错误的。

为了避免在对含有公式的数据表中排序数据时出现错误，用户应注意以下几点。

➤ 数据表单元格中的公式引用了数据表外的单元格数据时，应使用绝对引用。

➤ 在对行排序时，应避免使用引用其他行单元格的公式。

➤ 在对列排序时，应避免使用引用其他列单元格的公式。

7.1.4 筛选数据

筛选是一种用于查找数据清单中数据的快速方法。经过筛选后的数据清单只显示包含指定条件的数据行，以供用户浏览、分析之用。

Excel 提供"筛选"和"高级筛选"两种筛选数据表的方法。使用"筛选"功能，可以按简单的条件筛选数据表；使用"高级筛选"功能，可以设置复杂的筛选条件筛选数据表。下面将通过案例介绍"筛选"与"高级筛选"功能的几种常见应用。

1. 筛选大于/小于指定值的记录

图 7-20 所示为某公司各部门费用支取表。现在需要将费用支出额在 1500 元以上的记录单独筛选出来。

	A	B	C	D	E
1	部门名称	办公用品类别	支出金额	支出时间	支取人
2	财务部	文具	300	2023/1/5	张晓梅
3	财务部	电子设备	2000	2023/2/15	王宇航
4	财务部	家具	1500	2023/3/10	李小龙
5	财务部	耗材	500	2023/4/20	刘婷婷
6	营销部	文具	400	2023/1/7	陈鹏飞
7	营销部	电子设备	2500	2023/2/18	王芳华
8	营销部	家具	1800	2023/3/12	张阳阳
9	营销部	耗材	800	2023/4/25	李婷婷
10	企划部	文具	200	2023/1/10	张东明
11	企划部	电子设备	1800	2023/2/20	王欣然
12	企划部	家具	1200	2023/3/15	李小倩
13	企划部	耗材	300	2023/4/30	刘伟国
14	后勤部	文具	150	2023/1/12	王鹤翔
15	后勤部	电子设备	2200	2023/2/22	张晓飞
16	后勤部	家具	1000	2023/3/18	李丹丹
17	后勤部	耗材	400	2023/5/2	刘阳华

图 7-20

这里可以使用"筛选"功能来实现筛选结果。具体操作步骤如下。

step 1 选中数据表中的任意单元格，单击【数据】选项卡【排序和筛选】组中的【筛选】按钮，为表格列添加自动筛选按钮。

step 2 单击【支出金额】列标右侧的筛选按钮▼，在弹出的下拉列表中选择【数字筛选】|【大于】选项，如图 7-21 所示。

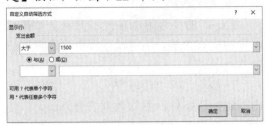

图 7-21

step 3 打开【自定义自动筛选方式】对话框，在【支出金额】输入框中输入 1500，单击【确定】按钮，如图 7-22 所示。

图 7-22

step 4 此时 Excel 将会筛选支出金额在 1500 以上的记录，结果如图 7-23 所示。

1	部门名▼	办公用品类▼	支出金▼	支出时间 ▼	支取人▼
3	财务部	电子设备	2000	2023/2/15	王宇航
7	营销部	电子设备	2500	2023/2/18	王芳华
8	营销部	家具	1800	2023/3/12	张阳阳
11	企划部	电子设备	1800	2023/2/20	王欣然
15	后勤部	电子设备	2200	2023/2/22	张晓飞
18					
19					

图 7-23

2. 筛选排名前 N 位的记录

图 7-24 所示统计了某驾校一次考试中学员的成绩。现在需要将表格中"倒车入库"项目考试成绩前 3 的记录筛选出来。

	A	B	C	D	E	F
1	姓名	倒车入库	侧方停车	坡道停车/起步	直角转弯	曲线行驶
2	张晓梅	95	90	85	92	88
3	王宇航	88	92	89	93	90
4	李小龙	90	85	91	87	94
5	刘婷婷	93	88	92	86	91
6	陈鹏飞	89	87	90	95	87
7	王芳华	92	91	84	90	92
8	张阳阳	86	89	93	88	89
9	李婷婷	91	86	88	89	95
10	张东明	87	93	85	91	90
11	王欣然	94	90	89	87	93
12	李小倩	88	92	90	94	88
13	刘伟国	85	88	94	90	91
14	王鹤翔	96	87	89	92	86
15	张晓飞	89	94	92	86	93
16	李丹丹	91	92	85	95	88

图 7-24

可以使用"前 10 项"功能将【倒车入库】排名前 3 的记录筛选出来。具体操作步骤如下。

step 1 选中数据表中的任意单元格，单击【数据】选项卡中的【筛选】按钮，为表格添加自动筛选按钮，然后单击【倒车入库】列标右侧的筛选按钮▼，在弹出的列表中选择【数字筛选】|【前 10 项】选项。

step 2 打开【自动筛选前 10 个】对话框，设置自动筛选条件为【最大】【3】【项】，单击【确定】按钮即可筛选出数据表中【倒车入库】成绩在前 3 的记录，如图 7-25 所示。

图 7-25

3. 筛选包含指定文本的记录

图 7-26 所示为某淘宝网店近期的出货数据，需要筛选出商品名称中有"衣"字的记录。

1	A	B	C	D	E
1	单号	商品名称	类别	库存	最近出库时间
2	TB-12345678	连衣裙	上衣	50	2023/8/1
3	TB-23456789	高跟鞋	鞋子	30	2023/8/3
4	TB-34567890	半身裙	下装	20	2023/8/2
5	TB-45678901	女式夹克	外套	10	2023/8/4
6	TB-56789012	上衣	上衣	40	2023/8/1
7	TB-67890123	裤子	下装	15	2023/8/1
8	TB-78901234	短外套	外套	25	2023/8/3
9	TB-89012345	女式衬衫	上衣	35	2023/8/2
10	TB-90123456	毛衣	上衣	45	2023/8/5
11	TB-01234567	牛仔裤	下装	55	2023/8/1
12	TB-12345012	内衣	内衣	5	2023/8/1
13	TB-23456123	羽绒服	外套	30	2023/8/3
14	TB-34567234	长裙	下装	40	2023/8/2
15	TB-45678345	短裙	下装	30	2023/8/5
16	TB-56789456	皮衣	外套	20	2023/8/4

图 7-26

这里可以使用搜索筛选器自动筛选出符合要求的记录。具体操作步骤如下。

step 1 选中数据表中的任意单元格，单击【数据】选项卡中的【筛选】按钮，为表格添加自动筛选按钮，单击【商品名称】列标右侧的筛选按钮▽，在弹出的列表中输入"衣"，如图 7-27 所示。

图 7-27

step 2 单击【确定】按钮后，即可看到 Excel 筛选商品名称记录后的结果如图 7-28 所示。

	A	B	C	D	E
1	单号	商品名▼	类别	库存	最近出库时
2	TB-12345678	连衣裙	上衣	50	2023/8/1
3	TB-56789012	上衣	上衣	40	2023/8/1
10	TB-90123456	毛衣	上衣	45	2023/8/5
12	TB-12345012	内衣	内衣	5	2023/8/1
16	TB-56789456	皮衣	外套	20	2023/8/4
17					
18					

图 7-28

4. 筛选同时满足多条件的记录

图 7-29 所示为某图书馆借书记录数据。现在需要根据借出日期筛选出本月(8 月)所有的图书借出记录。

	A	B	C	D	E
1	图书编号	图书名称	借出日期	是否归还	归还日期
2	1001234	高等数学	2023年8月5日	是	2023/8/15
3	1002345	英语口语	2023年2月12日	是	2023/2/22
4	1003456	程序设计	2023年3月18日	是	2023/3/28
5	1004567	经济学原理	2023年4月7日	是	2023/4/14
6	1005678	计算机网络	2023年5月16日	否	-
7	1006789	数据结构	2023年6月21日	否	-
8	1007890	历史文化	2023年7月10日	是	2023/7/17
9	1008901	心理学导论	2023年8月3日	是	2023/8/10
10	1009012	文学选集	2023年1月18日	是	2023/1/28
11	1001012	统计学基础	2023年2月25日	否	-
12	1003212	政治经济学	2023年3月27日	是	2023/4/3
13	1003412	近代社会学	2023年4月14日	否	-
14	1005677	地理导论	2023年8月7日	否	-
15	1006787	化学实验指南	2023年6月9日	是	2023/6/19
16	1009876	物理实验导引	2023年7月15日	否	-

图 7-29

这里可以使用自动筛选功能，在【借出日期】列设置筛选项为【本月】。具体操作步骤如下。

step 1 选中数据表中的任意单元格，单击【数据】选项卡中的【筛选】按钮以添加自动筛选按钮，然后单击【借出日期】列标右侧的筛选按钮▽，在弹出的列表中选择【日期筛选】|【本月】选项。

step 2 此时将筛选出本月(8 月)的图书借出记录，如图 7-30 所示。

	A	B	C	D	E
1	图书编	图书名称	借出日期	是否归	归还日
2	1001234	高等数学	2023年8月5日	是	2023/8/15
9	1008901	心理学导论	2023年8月3日	是	2023/8/10
14	1005677	地理导论	2023年8月7日	否	-
17					
18					

图 7-30

5. 高级筛选

Excel 的高级筛选功能不但包含了普通筛选的所有功能，还可以设置更多、更复杂的筛选条件。

高级筛选要求用户在一个工作表区域内指定筛选条件，并与数据表分开。

一个高级筛选条件区域至少要包括两行数据(如图 7-31 所示)，第 1 行是列标题，应和数据表中的标题匹配；第 2 行必须由筛选条件值构成。

筛选条件

图 7-31

以图 7-31 所示的数据表为例，设置"关系与"条件筛选数据的方法如下。

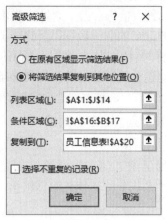

step① 打开图 7-31 所示的工作表后，选中数据表中的任意单元格，单击【数据】选项卡中的【高级】按钮。

step② 打开【高级筛选】对话框，单击【条件区域】文本框后的⬆按钮，如图 7-32 所示

图 7-32

step③ 选中 A16:B17 单元格区域后，按下 Enter 键返回【高级筛选】对话框，单击【确定】按钮，即可完成筛选操作，结果如图 7-33 所示。

工号	姓名	性别	籍贯	出生日期	入职日期	学历	基本工资	绩效系数	奖金
1123	莫静静	女	北京	1997/8/21	2018/9/3	专科	5,000	0.50	4,711
1124	刘乐乐	女	北京	1999/5/4	2018/9/3	本科	5,000	0.50	4,982
性别	基本工资								
女	5,000								

图 7-33

通过"高级筛选"功能，还可以使用"关系或"条件以及同时使用"关系与"和"关系或"条件筛选数据。

如果用户不希望将筛选结果显示在数据表原来的位置，还可以在【高级筛选】对话框中选中【将筛选结果复制到其他位置】单选按钮，然后单击【复制到】文本框后的⬆按钮，指定筛选结果放置的位置后，返回【高级筛选】对话框，单击【确定】按钮即可，如图 7-34 所示。

图 7-34

6. 取消数据表的筛选结果

如果要取消对某一列数据的筛选，可以单击该列标右侧的筛选按钮▼，在弹出的列表中选中【(全选)】复选框，或者选择【从"字段名"中清除筛选】(例如从"类别"中清除筛选)选项，如图 7-35 所示。

	单号	商品名	类别	库存	最近出库时
A↓ 升序(S)				30	2023/8/3
Z↓ 降序(O)				20	2023/8/2
				10	2023/8/3
按颜色排序(T)				15	2023/8/1
工作表视图(V)				25	2023/8/3
				55	2023/8/4
▽ 从"类别"中清除筛选(C)				5	2023/8/1
按颜色筛选(I)				15	2023/8/3
文本筛选(F)				40	2023/8/2
				30	2023/8/5
搜索				20	2023/8/4
☑(全选)					
☑内衣					
☑上衣					

图 7-35

如果要取消数据列表中的所有筛选，单击【数据】选项卡中的【筛选】按钮，或者按 Ctrl+Shift+L 键，可以退出筛选状态。

7.1.5 分类汇总

分类汇总数据，即在按某一条件对数据进行分类的同时，对同一类别中的数据进行统计运算。例如，计算同一类数据的总和、

平均值、最大值等。由于通过分类汇总可以得到分散记录的合计数据，因此分类汇总是数据分析时(特别是大数据分析)的常用功能。在创建分类汇总之前，用户必须先根据需要对分类汇总的数据列进行数据清单排序。

1. 按类别分类汇总数据

图 7-36 所示为某书店一天之内销售图书的数据记录。现在需要通过创建分类汇总，统计出各个图书分类的总销量。

	A	B	C	D	E	F
1	图书编码	销售日期	图书分类	出版社	作者	总销量
2	12345QH	2023/1/15	科幻小说	清华大学出版社	赵雨萱	100
3	23456QH	2023/2/18	历史类	人民邮电出版社	陈晓彤	80
4	34567QH	2023/3/25	小说类	机械工业出版社	李梓涵	120
5	45678QH	2023/4/10	文学类	清华大学出版社	王婧怡	90
6	56789QH	2023/5/2	科幻小说	人民邮电出版社	张雨薇	150
7	67890QH	2023/6/8	历史类	机械工业出版社	刘心怡	70
8	78901QH	2023/7/11	小说类	清华大学出版社	杨诗涵	110
9	89012QH	2023/8/14	文学类	人民邮电出版社	黄雅婷	85
10	90123QH	2023/9/21	科幻小说	清华大学出版社	周晓宇	130
11	01234QH	2023/10/3	历史类	机械工业出版社	徐子涵	95
12	12345QH	2023/11/9	小说类	人民邮电出版社	宋思嘉	140
13	34567QH	2023/12/12	科幻小说	机械工业出版社	许小雨	75

图 7-36

这里可以通过数据排序和创建分类汇总来对各个类别进行统计。具体操作步骤如下。

step ① 选中【图书分类】列中的任意单元格，单击【数据】选项卡中的【降序】按钮_{Z↓}，将【图书分类】列数据降序排列，如图 7-37 所示。

	A	B	C	D	E	F
1	图书编码	销售日期	图书分类	出版社	作者	总销量
2	34567QH	2023/3/25	小说类	机械工业出版社	李梓涵	120
3	78901QH	2023/7/11	小说类	清华大学出版社	杨诗涵	110
4	23456QH	2023/11/9	小说类	人民邮电出版社	宋思嘉	140
5	45678QH	2023/4/10	文学类	清华大学出版社	王婧怡	90
6	89012QH	2023/8/14	文学类	人民邮电出版社	黄雅婷	85
7	23456QH	2023/2/18	历史类	人民邮电出版社	陈晓彤	80
8	67890QH	2023/6/8	历史类	机械工业出版社	刘心怡	70
9	01234QH	2023/10/3	历史类	机械工业出版社	徐子涵	95
10	12345QH	2023/1/15	科幻小说	清华大学出版社	赵雨萱	100
11	56789QH	2023/5/2	科幻小说	人民邮电出版社	张雨薇	150
12	90123QH	2023/9/21	科幻小说	清华大学出版社	周晓宇	130
13	34567QH	2023/12/12	科幻小说	机械工业出版社	许小雨	75

图 7-37

step ② 单击【数据】选项卡【分类显示】组中的【分类汇总】按钮，打开【分类汇总】对话框，设置【分类字段】为【图书分类】，选中【总销量】复选框，单击【确定】按钮，如图 7-38 所示。

图 7-38

step ③ 此时 Excel 将按图书分类总计出总销量，结果如图 7-39 所示。

1 2 3		A	B	C	D	E	F
	1	图书编码	销售日期	图书分类	出版社	作者	总销量
	2	34567QH	2023/3/25	小说类	机械工业出版社	李梓涵	120
	3	78901QH	2023/7/11	小说类	清华大学出版社	杨诗涵	110
	4	23456QH	2023/11/9	小说类	人民邮电出版社	宋思嘉	140
	5			小说类 汇总			370
	6	45678QH	2023/4/10	文学类	清华大学出版社	王婧怡	90
	7	89012QH	2023/8/14	文学类	人民邮电出版社	黄雅婷	85
	8			文学类 汇总			175
	9	23456QH	2023/2/18	历史类	人民邮电出版社	陈晓彤	80
	10	67890QH	2023/6/8	历史类	机械工业出版社	刘心怡	70
	11	01234QH	2023/10/3	历史类	机械工业出版社	徐子涵	95
	12			历史类 汇总			245
	13	12345QH	2023/1/15	科幻小说	清华大学出版社	赵雨萱	100
	14	56789QH	2023/5/2	科幻小说	人民邮电出版社	张雨薇	150
	15	90123QH	2023/9/21	科幻小说	清华大学出版社	周晓宇	130
	16	34567QH	2023/12/12	科幻小说	机械工业出版社	许小雨	75
	17			科幻小说 汇总			455
	18			总计			1245

图 7-39

2. 创建多种统计的分类汇总

多种统计结果的分类汇总是指在分类汇总结果中同时显示多种统计结果，例如同时显示求和值、最大值、平均值等。仍以前面的图 7-5 所示的数据表为例，如果需要显示每个部门 1~5 月份业绩的汇总、平均值、最大值、最小值，则需要创建多种统计的分类汇总。具体操作方法如下。

step ① 单击分类汇总后数据表中的任意单元格，单击【数据】选项卡中的【分类汇总】按钮，打开【分类汇总】对话框。

step ② 在【分类汇总】对话框中设置【分类字段】为【部门】，【汇总方式】为【求和】，在【选定汇总项】列表框中依次选中【一月】【二月】【三月】【四月】【五月】5 个复选框，然后取消【替换当前分类汇总】复选框的选中状态，并单击【确定】按钮，如图 7-40 所示。

图 7-40

step 3 重复以上操作，分别设置对【部门】进行【平均值】【最小值】的分类汇总，完成后的结果如图 7-41 所示。

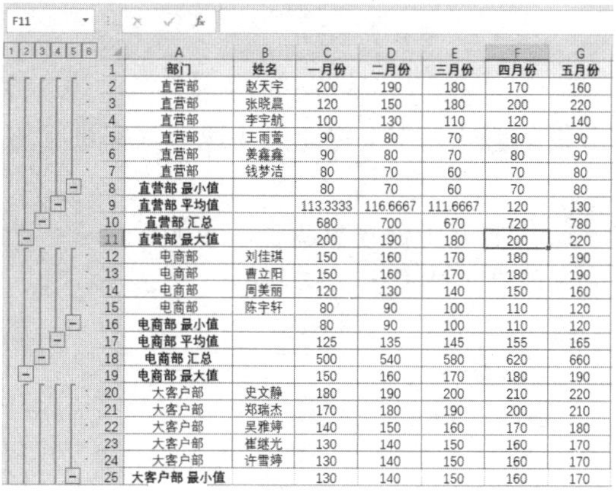

图 7-41

如果用户想将分类汇总后的数据列表按汇总项打印，只需在【分类汇总】对话框中选中【每组数据分页】复选框即可。

3. 取消和替换当前分类汇总

如果需要取消已经设置好的分类汇总，只需在打开【分类汇总】对话框后，单击【全部删除】按钮即可。如果需要替换当前的分类汇总，则要在【分类汇总】对话框中选中【替换当前分类汇总】复选框。

7.1.6　合并计算

在工作中经常会遇到表格大多数记录为某一类属性的情况，要么是某个期间，要么是某个区域，当需要将所有期间或全部区域合并在一起进行数据分析时，面对分散在各处的多个单元格，就需要用到 Excel 的"合并计算"功能。

"合并计算"是指将多个单元格的数据合并为一个单元格并进行计算，常用于数据的汇总和总结。下面将通过案例介绍合并计算功能的一些常见应用。

图 7-42 所示为某企业不同月份的销售记录分散在不同数据表中，为了后续对数据进行统一分析，需要将所有表格合并在一起。

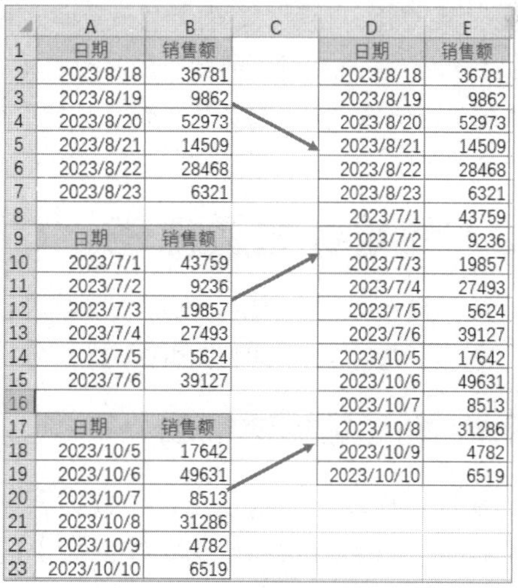

图 7-42

【例 7-2】使用"合并计算"功能，将 3 张数据表中的数据合并在一张数据表中。

视频+素材　　（素材文件\第 7 章\例 7-2）

step 1 选中放置结果的单元格 D1 后，单击【数据】选项卡中的【合并计算】按钮，打开【合并计算】对话框。

step 2 在【合并计算】对话框中使用 ⬆ 按钮和【添加】按钮，将 A1:B7、A9:B15 和 A17:B23 区域添加到【所有引用位置】列表框中，然后选中【首行】和【最左列】复选框，并单击【确定】按钮，如图 7-43 所示。

图 7-43

step 3 此时，所有表格合并后，可以看到 D 列显示的是数值而非日期。在 D1 单元格中输入字段名称"日期"后，选中 D2 单元格，按 Ctrl+Shift+↓ 快捷键选中 D 列中的数据，如图 7-44 所示。

step 4 按 Ctrl+1 快捷键，打开【设置单元格格式】对话框，将 D 列数据的数字设置为"日期"，然后对 D1:E1 区域进行对齐方式设置，即可完成数据合并操作。

	A	B	C	D	E
1	日期	销售额		日期	销售额
2	2023/8/18	36781		45156	36781
3	2023/8/19	9862		45157	9862
4	2023/8/20	52973		45158	52973
5	2023/8/21	14509		45159	14509
6	2023/8/22	28468		45160	28468
7	2023/8/23	6321		45161	6321
8				45108	43759
9	日期	销售额		45109	9236
10	2023/7/1	43759		45110	19857
11	2023/7/2	9236		45111	27493
12	2023/7/3	19857		45112	5624
13	2023/7/4	27493		45113	39127
14	2023/7/5	5624		45204	17642
15	2023/7/6	39127		45205	49631
16				45206	8513
17	日期	销售额		45207	31286
18	2023/10/5	17642		45208	4782
19	2023/10/6	49631		45209	6519
20	2023/10/7	8513			
21	2023/10/8	31286			
22	2023/10/9	4782			
23	2023/10/10	6519			

图 7-44

在上面案例中的 3 个表中，第 2 列的字段都是"销售额"，所以在合并计算时将多表数据放置在同一列下。当多个表格中第 2 列字段名称不同时，合并计算工具会按字段进行多列数据合并计算。

7.2 使用数据透视表

数据透视表是一种可用于对数据进行汇总和分析的强大工具，它能够快速对数据进行重排、汇总和展示，以便更好地理解和分析数据。

7.2.1 创建数据透视表

数据透视表是一种从 Excel 数据表、关系数据库文件或 OLAP 多维数据集中的特殊字段中总结信息的分析工具，它能够对大量数据快速汇总并建立交叉列表的交互式动态表格，帮助用户分析和组织数据。例如，计算平均数或标准差、建立关联表、计算百分比、建立新的数据子集等。

在 Excel 2021 中，用户可以参考以下案例所介绍的方法，创建数据透视表。

【例 7-3】在"产品销售"工作表中创建数据透视表。
视频+素材 (素材文件\第 07 章\例 7-3)

step 1 打开"产品销售"工作表，选中数据表中的任意单元格，选择【插入】选项卡，单击【表格】组中的【数据透视表】按钮。

step 2 打开【创建数据透视表】对话框，选中【现有工作表】单选按钮，单击按钮，如图 7-45 所示。

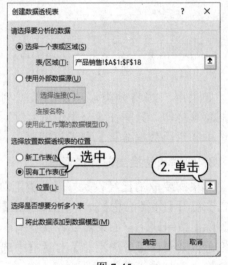

图 7-45

step 3 单击 H1 单元格，然后按 Enter 键。

step 4 返回【创建数据透视表】对话框后，在该对话框中单击【确定】按钮。在显示的【数据透视表字段】窗格中，选中需要在数据透视表中显示的字段，如图 7-46 所示。

图 7-46

step 5 单击工作表中的任意单元格，关闭【数据透视表字段】窗格，完成数据透视表的创建，如图 7-47 所示。

行标签	求和项:销售金额	求和项:单价	求和项:数量	求和项:年份
⊟东北	1224800	14800	168	4058
卡西欧	776000	9700	80	2029
浪琴	448800	5100	88	2029
⊟华北	1629800	20300	321	8113
浪琴	1629800	20300	321	8113
⊟华东	3001200	38700	473	12171
阿玛尼	661200	8700	76	2029
浪琴	1275000	15000	255	6086
天梭	1065000	15000	142	4056
⊟华南	2712950	37300	291	8116
阿玛尼	1270200	17400	146	4058
卡西欧	1442750	19900	145	4058
⊟华中	622500	7500	83	2028
天梭	622500	7500	83	2028
总计	9191250	118600	1336	34486

图 7-47

step 6 完成数据透视表的创建后，在【数据透视表字段】窗格中选中具体的字段，将其拖动到窗格底部的【筛选】【列】【行】和【值】

等区域，可以调整字段在数据透视表中显示的位置，如图 7-48 所示。

图 7-48

step 7 完成后的数据透视表的结构设置，如图 7-49 所示。

年份	(全部)		
行标签	求和项:销售金额	求和项:单价	求和项:数量
⊟东北	1224800	14800	168
卡西欧	776000	9700	80
浪琴	448800	5100	88
⊟华北	1629800	20300	321
浪琴	1629800	20300	321
⊟华东	3001200	38700	473
阿玛尼	661200	8700	76
浪琴	1275000	15000	255
天梭	1065000	15000	142
⊟华南	2712950	37300	291
阿玛尼	1270200	17400	146
卡西欧	1442750	19900	145
⊟华中	622500	7500	83
天梭	622500	7500	83
总计	9191250	118600	1336

图 7-49

7.2.2 快速生成数据分析报表

通过选择报表筛选字段中的项目，用户可以对数据透视表的内容进行筛选，筛选结果仍然显示在同一个表格内。

【例 7-4】快速生成数据分析报表。

视频+素材 (素材文件\第 07 章\例 7-4)

step 1 打开图 7-50 所示的 "销售分析" 工作表，选中 H1 单元格，单击【插入】选项卡中的【数据透视表】按钮。

图 7-50

step 2 打开【创建数据透视表】对话框，单击【表/区域】文本框后的↑按钮，如图 7-51 所示。

图 7-51

step 3 选中 A1:F18 单元格区域后按 Enter 键。

step 4 返回【创建数据透视表】对话框，单击【确定】按钮，打开【数据透视表字段】窗格，选中【选择要添加到报表的字段】列表中的所有选项，将【行】区域中的【地区】和【品名】字段拖动到【筛选】区域，将【值】

区域中的【年份】字段拖动到【行】区域，如图 7-52 所示。

图 7-52

step 5 选中数据透视表中的任意单元格，单击【分析】选项卡中的【选项】下拉按钮，在弹出的列表中选择【显示报表筛选页】选项，打开【显示报表筛选页】对话框，选中【品名】选项，单击【确定】按钮，如图 7-53 所示。

图 7-53

step 6 此时，Excel 将根据【品名】字段中的数据，创建对应的工作表，分别如图 7-54~图 7-57 所示。

图 7-54

图 7-55

图 7-56

图 7-57

7.2.3　设置数据透视表

在创建数据透视表后，将会出现【数据透视表分析】和【设计】选项卡，可以对数据透视表进行设置，比如设置数据透视表的汇总方式等。

1. 显示分类汇总

创建数据透视表后，Excel 默认在字段组的顶部显示分类汇总数据，用户可以通过多种方法设置分类汇总的显示方式或删除分类汇总。

▶ 选中数据透视表中的任意单元格后，在【设计】选项卡中单击【分类汇总】下拉按钮，可以从弹出的列表中设置【不显示分类汇总】【在组的底部显示所有分类汇总】或【在组的顶部显示所有分类汇总】，如图 7-58 所示。

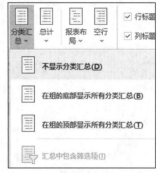

图 7-58

▶ 通过字段设置，可以设置分类汇总的显示形式。在数据透视表中选中【行标签】列中的任意单元格，然后单击【分析】选项卡中的【字段设置】按钮。在打开的【字段设置】对话框中，用户可以通过选中【无】单选按钮，删除分类汇总的显示，或者选择【自定义】选项修改分类汇总显示的数据内容。

▶右击数据透视表中字段名列中的单元格，在弹出的快捷菜单中选择【分类汇总

"字段名"】(例如分类汇总"地区")命令，可以实现分类汇总的显示或隐藏的切换，如图 7-59 所示。

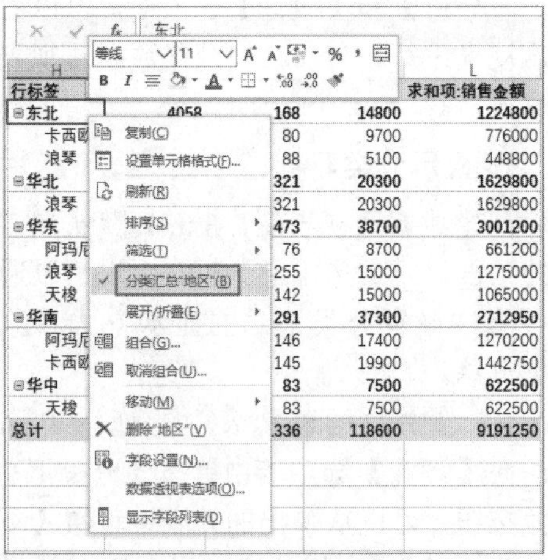

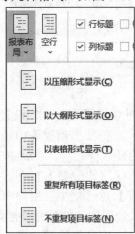

图 7-59

2. 更改报表格式

选中数据透视表后，在【设计】选项卡的【布局】组中单击【报表布局】下拉按钮，用户可以更改数据透视表的报表格式，包括以压缩形式显示、以大纲形式显示、以表格形式显示等几种格式，如图 7-60 所示。

图 7-60

3. 排序数据透视表

数据透视表与普通数据表有着相似的排序功能和完全相同的排序规则。在普通数据表中可以实现的排序操作，在数据透视表中也可以实现。

以图 7-61 所示的数据透视表为例，要对数据透视表中的"卡西欧"项按从左到右升序排列，可以右击该项中的任意值，在弹出的快捷菜单中选择【排序】|【其他排序选项】命令。

图 7-61

打开【按值排序】对话框，选中【升序】和【从左到右】单选按钮，然后单击【确定】按钮即可，如图 7-62 所示。

图 7-62

7.2.4　使用切片器

切片器是 Excel 中自带的一个简便的筛选组件，它包含一组按钮。使用切片器，可以方便地筛选出数据表中的数据。

要在数据透视表中筛选数据，首先需要插入切片器。选中数据透视表中的任意单元格，打开【数据透视表分析】选项卡，在【筛选】组中单击【插入切片器】按钮。在打开的【插入切片器】对话框中选中所需字段前面的复选框，然后单击【确定】按钮，如图 7-63 所示，即可显示插入的切片器。

图 7-63

插入的切片器像卡片一样显示在工作表内，在切片器中单击需要筛选的字段，如在图 7-64 所示的【地区】切片器中单击【华东】选项，在切片器里则会自动选中与之相关的项目名称，而且在数据透视表中也会显示相应的数据。

图 7-64

若单击切片器右上角的【清除筛选器】按钮，即可清除对字段的筛选。另外，选中切片器后，将光标移到切片器边框上，当光标变成 形状时，按住鼠标左键进行拖动，可以调整切片器的位置。打开【切片器工具】的【选项】选项卡，在【大小】组中还可以设置切片器的大小。在切片器筛选框中，按住 Ctrl 键的同时可以选中多个字段项进行筛选。

7.2.5　使用数据透视图

数据透视图是针对数据透视表统计出的数据进行展示的一种手段。

要创建数据透视图，首先选中工作表中的整个数据透视表，然后选择【数据透视表分析】选项卡，单击【工具】组中的【数据透视图】按钮，打开【插入图表】对话框后选中一种数据透视图样式，然后单击【确定】按钮，如图 7-65 所示。

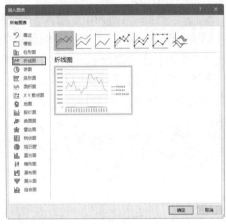

图 7-65

返回工作表后，即可看到创建的数据透视图效果，如图 7-66 所示。

图 7-66

选中并右击工作表中插入的数据透视图，然后在弹出的快捷菜单中选择【显示字段列表】命令。在显示的【数据透视图字段】窗格中的【选择要添加到报表的字段】列表框中，可以根据需要，选择在图表中显示的图例。单击具体项目选项后的下拉按钮(例如单击【地区】选项)，在弹出的下拉菜单中，可以设置图表中显示的项目。

7.3 制作图表

在 Excel 中，图表常被用于可视化和分析数据。图表能够将数据以图形形式直观地展示出来，使得数据更易于理解和分析。用户通过图表可以快速把握数据的趋势、关系、差异等。用户还可以将多个数据系列进行比较，从而更容易发现数据之间的差异和关联。

7.3.1 创建图表

要创建图表，首先需要在工作表中准备好相应的数据。在 Excel 中，有 3 种常用的方法可以创建图表。

▶ 选中数据后，使用【插入】选项卡的【图表】组中的命令控件快速创建图表。比如单击【插入】选项卡【图表】组中的【插入柱形图或条形图】下拉按钮，在弹出的列表中选择一种图表类型即可，如图 7-67 所示。

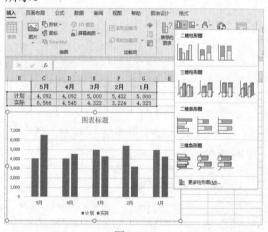

图 7-67

▶ 选中数据后，单击【图表】组右下角的对话框启动器，打开【插入图表】对话框后选择一种图表样式来创建图表，如图 7-68 所示。

▶ 选中数据后，按 F11 键或 Alt+F1 快捷键可以快速创建图表(使用 Alt+F1 快捷键创建的是嵌入式图表，而使用 F11 快捷键创建的是图表工作表)。

图 7-68

Excel 内置多种类型的图表，常用的有柱形图、折线图、饼图、条形图、面积图、XY 散点图、股价图、曲面图、雷达图、树状图、旭日图、直方图、箱形图、瀑布图和漏斗图，不同的图表类型对于数据的表达各不相同。在创建图表时，用户可以按数据分析的目的来选择图表的类型，例如当需要比较数据大小时，使用柱状图或者条形图；需要反映部分占整体比例时，选择饼图或圆环图；需要显示随时间波动、趋势的变化时，选择折线图或面积图；需要展示数据二级分类时，选择旭日图；需要呈现数据累积效果时，选择瀑布图；需要分析数据分布区域时，选择直方图。

下面用一个案例来说明直方图与数据分析工具结合使用的过程。

【例7-5】在数据分析工具中使用直方图分析并呈现某淘宝网店近30天以来的利润数据。

🎬 视频+素材　（素材文件\第7章\例7-5）

step 1 打开数据表后在 C3 单元格中输入 "=SUM("，然后选中 A3 单元格后，按下 Ctrl+Shift+↓ 快捷键，选中 A 列中的每日利润数据，如图 7-69 所示。

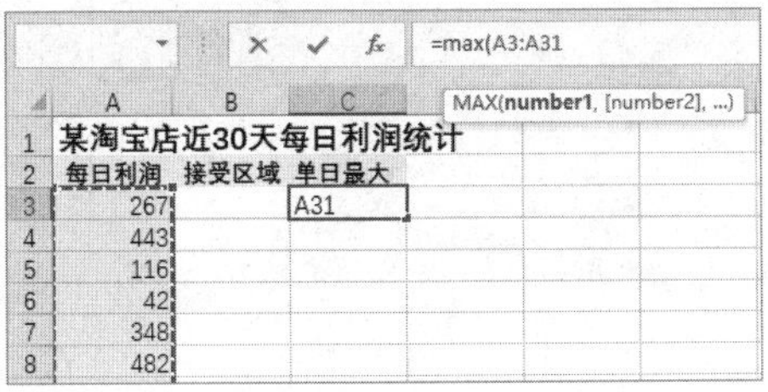

	A	B	C
1	某淘宝店近30天每日利润统计		
2	每日利润	接受区域	单日最大
3	267		A31
4	443		
5	116		
6	42		
7	348		
8	482		

=max(A3:A31

MAX(number1, [number2], ...)

图 7-69

step 2 输入 ")" 后按 Ctrl+Enter 快捷键，在 C3 单元格计算出近 30 天内单日最大利润值(本例为 482)。然后根据单日最大利润值在"接受区域"列设计使用直方图分析数据的分组档位(本例为每 100 分一组)，如图 7-70 所示。

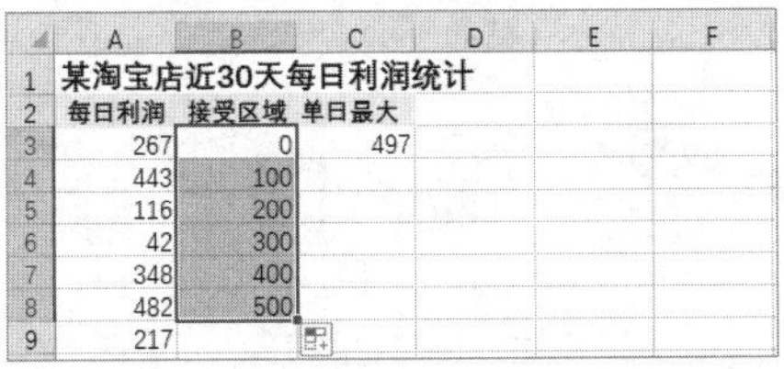

	A	B	C	D	E	F
1	某淘宝店近30天每日利润统计					
2	每日利润	接受区域	单日最大			
3	267	0	497			
4	443	100				
5	116	200				
6	42	300				
7	348	400				
8	482	500				
9	217					

图 7-70

step 3 依次按 Alt、T、O 键打开【Excel 选项】对话框，选择【加载项】选项，在显示的选项区域中单击【转到】按钮，如图 7-71 所示。

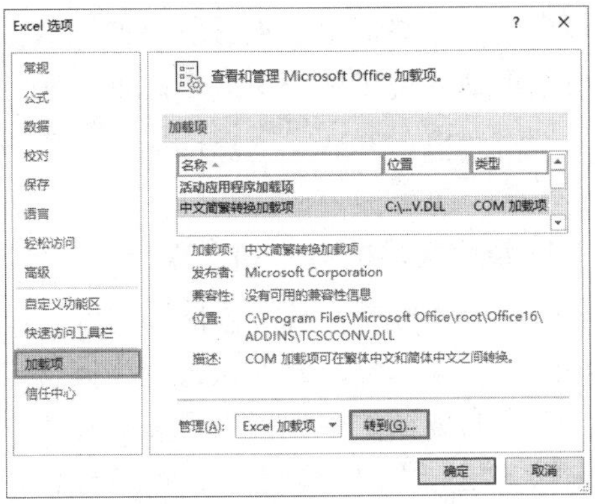

图 7-71

step 4 打开【加载项】对话框，选中【分析工具库】复选框后，单击【确定】按钮，如图 7-72 所示。

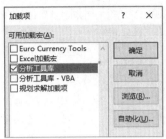

图 7-72

step 5 返回 Excel 工作界面，在功能区选择【数据】选项卡，单击【分析】组中的【数据分析】按钮，打开【数据分析】对话框，选中【直方图】选项后单击【确定】按钮，如图 7-73 所示。

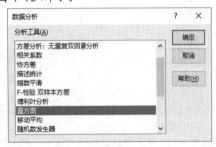

图 7-73

step 6 打开【直方图】对话框，设置【输入区域】为【每日利润】列中的单元格区域(A3:A32)，【接收区域】为 B3:B8 单元格区域，【输出区域】为 D3 单元格。并在选中【图表输出】复选框后，单击【确定】按钮，如图 7-74 所示。

图 7-74

完成上述操作后，将在工作表中生成图 7-75 所示的分析数据与直方图。通过直方图可以直观地看到各分组档位利润的变化情况(100~200 档单日利润出现的频率最高，0~100 档频率最低)。

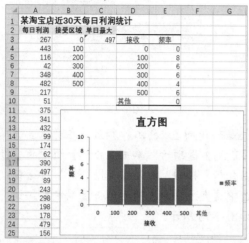

图 7-75

知识点滴

在使用以上方法得到直方图分析数据结果后，用户可以将图 7-75 中 D3:E10 区域中的统计数据发给 ChatGPT，使用人工智能辅助分析得到的数据。人工智能可以在数据分析的各个环节提供辅助，从数据的探索和预测到可视化和决策支持。它可以处理大量的数据，并从中提取有用的信息，从而帮助用户做出更明智的决策。

7.3.2 创建组合图表

在 Excel 中，用户不仅可以创建单一的图表类型，还可以创建组合图表，使数据的显示更加科学有序。

图 7-76 所示为某批发市场全年交易额的相关数据。需要将其中的交易额显示为柱形图，将百分比增长率显示为折线图，通过柱形图的高低比较数据的大小，通过折线图的走向观察数据的增减趋势。

	A	B	C	D	E
1	年份	季度	交易额(万元)	增长	
2	2023	一季度	5731	12%	
3	2023	二季度	9267	32%	
4	2023	三季度	4082	8%	
5	2023	四季度	1596	21%	

图 7-76

step 1 选中数据表 B1:D5 区域后，单击【插入】选项卡中的【插入组合图】下拉按钮，在弹出的下拉列表中选择【簇状柱形图-次坐标轴上的折线图】选项，如图 7-77 所示。

图 7-77

step 2 此时将创建默认格式的簇状柱形图-次坐标轴上的折线图图表。为图表添加标题并重新设置样式后，其效果如图 7-78 所示。

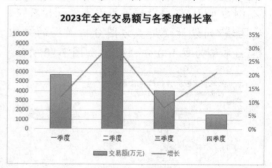

图 7-78

7.3.3 编辑图表

图表的主要作用是以直观可见的方式来描述和展现数据。由于数据的关系和特性总是多样的，一些情况下直接创建的图表并不能很直观地展现出用户所要表达的意图。遇到这种情况就需要通过编辑图表，让图表能够提供更有价值的信息。

1. 调整图表的大小和位置

Excel 中的图表通常包括标题区、绘图区和图例区 3 部分，并默认采用横向构成方式。但在商务图表中，采用更多的却是纵向的构图方式。用户可以参考下面的操作，通过调整图表大小改变图表的构图。

step 1 选中图表后，将鼠标指针放置在图表四周的控制柄上拖动，调整图表的大小，如图 7-79 所示。

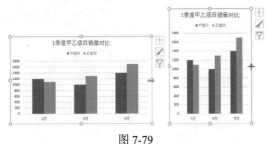

图 7-79

step 2 选中图表，在【格式】选项卡的【大小】组中，用户可以精确调整图表的大小参数。

step 3 将鼠标指针放置在图表的图表区中(或四周的边框线上)，按住鼠标左键拖动可以调整图表在工作表中的位置。

2. 更改图表类型

创建图表后，如果需要重新更改图标的类型，不需要在 Excel 中重新选择单元格数据并创建图表，只需要单击【图表设计】选项卡中的【更改图表类型】按钮即可，具体操作方法如下。

step 1 选中图表后单击【图表设计】选项卡中的【更改图表类型】按钮，打开【更改图表类型】对话框，选择另一种图表类型，然后单击【确定】按钮，如图 7-80 所示。

图 7-80

step 2 此时，图表将自动更改为所选类型，如图 7-81 所示。

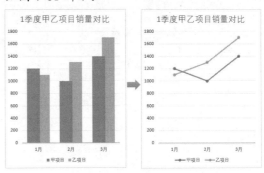

图 7-81

3. 调整图表数据系列

创建图表后，用户可以通过调整数据系列，使数据呈现结果符合数据分析的需要。具体操作方法如下。

step 1 在数据表 D1:E3 区域中输入新的数据，选中图表后拖动图表数据区域右侧的控制柄，如图 7-82 所示。

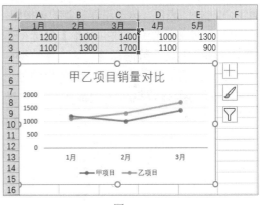

图 7-82

step 2 当图表数据覆盖 D1:E3 区域后，图表中将自动添加新的数据系列，如图 7-83 所示。同样，如果在拖动图表数据区域时，将区域中的数据移出图表数据区域，与之相对应的数据系列也将从图表中消失。

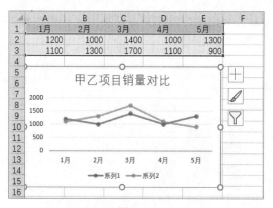

图 7-83

4. 设置图表数据标签

图表的数据标签是用来表示图表中各个数据点的具体数值或分类信息的标签。数据标签的作用是使观众能够快速准确地理解图表中的数据内容，从而更好地进行数据分析和决策。

在 Excel 中创建图表后，默认图表中不显示数据标签。要为图表添加数据标签，用户可以在选中图表后，单击图表右侧的＋按钮，在弹出的列表中选中【数据标签】复选框，则会在图表中显示数据标签。单击【数据标签】复选框右侧的下拉按钮，在弹出的列表中用户可以选择数据标签的显示位置，如图 7-84 所示。

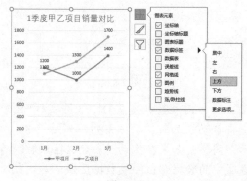

图 7-84

在图 7-84 所示的列表中选择【更多选项】选项，可以打开【设置数据标签格式】窗格，在该窗格中用户可以调整数据标签中显示的

具体项目内容，让数据标签不仅可以显示数字，还可以显示系列名称等，如图 7-85 所示。

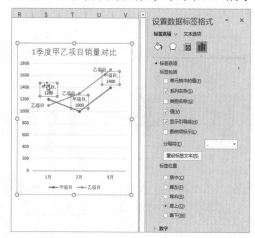

图 7-85

5. 编辑图表坐标轴

图表坐标轴是用于显示和度量数据值的直线，它们构成了图表的基本框架。坐标轴通常分为水平轴(X 轴)和垂直轴(Y 轴)，它们在图表上创建了一个二维坐标系，使得数据能够被准确地表示和比较。

通过编辑图表的坐标轴，用户可以重新设置坐标轴的位置、最大值、最小值和单位。

▶ 重新设置坐标轴的刻度位置。在建立图表时，Excel 会根据当前数据状况及选用的图表类型自动确认坐标轴的最大值和位置。有时默认值虽然能够呈现数据中的问题，但是影响了图表的表达要求。例如在图 7-86 所示的图表中，坐标轴与数据系列出现了重叠，导致一部分坐标轴上的部门名称看不清。

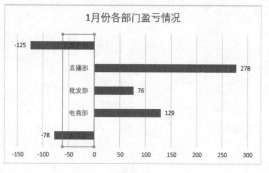

图 7-86

这个问题可以通过设置坐标轴刻度位置来解决，具体操作步骤如下。

step 1 选中并双击图 7-86 中的垂直坐标轴，打开【设置坐标轴格式】窗格，展开【标签】选项组，将【标签位置】设置为【低】，如图 7-87 所示。

图 7-87

step 2 此时坐标轴将显示在图表中数据较低的一侧(左侧)，能够完整显示其中的内容，如图 7-88 所示。

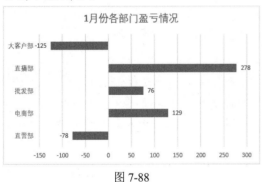

图 7-88

▶ 设置坐标的最大值、最小值和单位。在【设置坐标轴格式】窗格中展开【坐标轴选项】选项组，用户可以对坐标轴的最大值、最小值及单位进行设置，如图 7-89 所示。

合理设置坐标轴的最大值、最小值和单位，可以简化图表，让数据呈现更加合理，如图 7-90 所示。

图 7-89

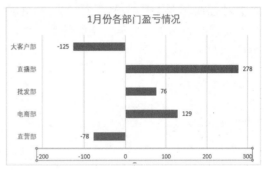

图 7-90

6. 设置图例位置与文字

在创建图表时，如果数据表中没有相关图例的文字，Excel 将默认生成"系列 1""系列 2"等图例名称，如图 7-91 所示。

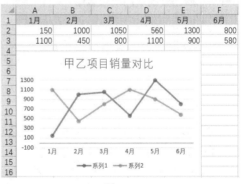

图 7-91

用户可以在选中图表后，单击图表右侧的＋按钮，在弹出的列表中单击【图例】复选框右侧的下拉按钮，设置图例在图表中的显示位置，如图 7-92 所示。

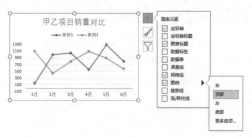

图 7-92

如果要更改图例文本，具体操作如下。

step 1 选中图表后，单击【图表设计】选项卡中的【选择数据】按钮，打开【选择数据源】对话框，在【图例项(系列)】列表中选择需要修改的图例后，单击【编辑】按钮，如图 7-93 所示。

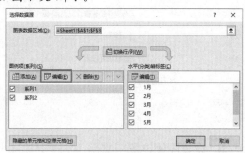

图 7-93

step 2 打开【编辑数据系列】对话框，在【系列名称】输入框中输入新的系列名后，单击【确定】按钮，如图 7-94 所示。

图 7-94

step 3 使用同样的方法设置其他图例的名称后，单击【确定】按钮，图表效果如图 7-95 所示。

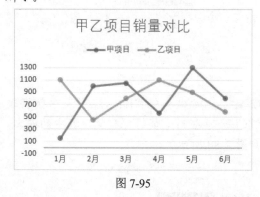

图 7-95

7.4 设置条件格式

Excel 的条件格式功能可以根据特定的条件来自动格式化单元格或区域的外观。条件格式可用于突出显示数据中的特定模式、数值范围、文本等，从而帮助用户更好地分析、呈现和理解数据。

7.4.1 设置条件格式的方法

选中单元格或区域后，在【开始】选项卡的【样式】组中单击【条件格式】下拉按钮，在弹出的下拉列表中用户可以通过选择【突出显示单元格规则】【最前/最后规则】【数据条】【色阶】【图标集】等条件格式选项设置条件格式，如图 7-96 所示。

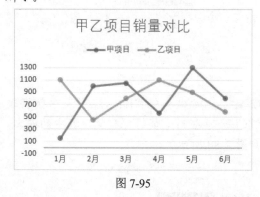

图 7-96

选择一种条件格式选项后，在弹出的子列表中提供了多个与该选项相关的内置规则。用户可以根据条件格式的设置需求，选择合适的规则。例如，选择【突出显示单元格规则】选项，在弹出的子列表中可以选择【大于】【小于】【介于】【等于】【文本包含】【发生日期】【重复值】等选项，如图 7-97 所示。

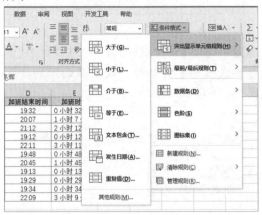

图 7-97

选择不同的选项，可以为单元格或区域设置不同的规则。

7.4.2　使用数据条展示数据差异

图 7-98 所示为某销售公司的各销售中心营收占比数据表中的一部分数据。

	A	B	C	D	E
1	编号	销售中心	利润(万)	营收占比	
2	1	翔宇销售中心	1523	15.23%	
3	2	卓越销售中心	2567	25.67%	
4	3	锦绣销售中心	1085	10.85%	
5	4	和谐销售中心	3291	32.91%	
6	5	南风销售中心	945	9.45%	
7	6	北极销售中心	689	6.89%	

图 7-98

在该表中使用数据条来展示不同部门的营收比，可以使数据的呈现更加直观。具体操作步骤如下。

step 1　选中 D2:D7 区域后，单击【开始】选项卡【样式】组中的【条件格式】下拉按钮，在弹出的列表中选择【数据条】选项，在样式列表中选择蓝色数据条样式，如图 7-99 所示。此时在 D2:D7 区域中的数据条长度默认

根据所选区域的最大值和最小值来显示，可以将其最大值调整为 1，即百分之百。

图 7-99

step 2　再次单击【开始】选项卡中的【条件格式】下拉按钮，在弹出的列表中选择【管理规则】选项，打开【条件格式规则管理器】对话框，选中数据条规则，然后单击【编辑规则】按钮，如图 7-100 所示。

图 7-100

step 3　打开【编辑格式规则】对话框，在【编辑规则说明】选项区域单击【最大值】下的【类型】下拉按钮，将最大值设置为【数字】，【值】设置为 1，然后单击【负值和坐标轴】按钮，如图 7-101 所示。

图 7-101

step④ 打开【负值和坐标轴设置】对话框，在【坐标轴设置】区域中选中【单元格中点值】单选按钮，然后单击【确定】按钮，如图 7-102 所示。

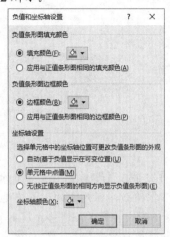

图 7-102

step⑤ 返回【编辑格式规则】对话框，连续单击【确定】按钮，效果如图 7-103 所示。

	A	B	C	D	E
1	编号	销售中心	利润(万)	营收占比	
2	1	翔宇销售中心	1523	15.23%	
3	2	卓越销售中心	2567	25.67%	
4	3	锦绣销售中心	1085	30.85%	
5	4	和谐销售中心	3291	32.91%	
6	5	南风销售中心	-945	-9.45%	
7	6	北极销售中心	-3689	-46.89%	

图 7-103

7.4.3 管理已有的条件格式

在工作表中创建条件格式后，用户可以根据实际应用需求对其进行编辑、修改、查找与删除。

1. 编辑与修改条件格式规则

编辑与修改条件格式规则的方法如下。

step① 选中要修改条件格式规则的单元格区域，单击【开始】选项卡中的【条件格式】下拉按钮，在弹出的下拉列表中选择【管理规则】选项，打开【条件格式规则管理器】对话框。

step② 在【条件格式规则管理器】对话框中，单击【显示其格式规则】下拉按钮，可以选择

不同的工作表、表格、数据透视表或当前条件格式规则所应用的范围，如图 7-104 所示。

图 7-104

step③ 单击【新建规则】按钮，可以打开【新建格式规则】对话框，设置新的规则，如图 7-105 所示。

图 7-105

step④ 在【条件格式规则管理器】对话框中的【应用于】编辑框中，可以修改条件格式的应用范围。选中需要编辑规则的项目，单击【删除规则】按钮，将删除该规则；单击【编辑规则】按钮，将打开【编辑格式规则】对话框，在该对话框中可以对已有的条件格式规则进行编辑修改。

2. 查找条件格式规则

在 Excel 中，通过目测的方法无法确定单元格中是否包含条件格式规则，如果要查找哪些单元格或区域设置了条件格式，可以使用以下方法。

step① 按 Ctrl+G 快捷键或 F5 键打开【定位】对话框，单击【定位条件】按钮，如图 7-106 所示。

图 7-106

step 2 打开【定位条件】对话框，选中【条件格式】单选按钮后，如果选中【全部】单选按钮，将会选中所有包含条件格式的单元格区域，如果选中【相同】单选按钮，将仅选中与活动单元格具有相同条件格式的单元格区域，如图 7-107 所示。

图 7-107

step 3 最后，连续单击【确定】按钮即可。

除此之外，也可以单击【开始】选项卡【编辑】组中的【查找和选择】下拉按钮，在弹出的列表中选择【条件格式】选项，选中工作表中所有包含条件格式的区域。

3. 调整条件格式规则的优先级

在默认情况下，新设置的条件格式规则总是添加在【条件格式规则管理器】对话框列表的顶部，因此具有最高的优先级。选中一项规则后，单击对话框中的【上移】按钮或【下移】按钮，可以更改该规则的优先顺序(优先级)，如图 7-108 所示。

图 7-108

当同一个单元格中存在多个条件格式规则时，如果规则之间没有冲突，则全部规则都会生效。如果规则之间存在冲突，则只会执行优先级高的规则。

4. 删除条件格式规则

单击【开始】选项卡中的【条件格式】下拉按钮，在弹出的列表中选择【清除所选单元格的规则】选项，将清除所选单元格区域的条件格式规则；选择【清除整个工作表的规则】选项，将清除当前工作表中的所有条件格式规则。

如果当前选中的是"表格"(在【插入】选项卡中单击【表格】按钮创建的表)或数据透视表，可以选择【清除此表的规则】或【清除此数据透视表的规则】选项，如图 7-109 所示。

图 7-109

7.5 案例演练

本章的案例演练部分是制作交互式图表，用户通过练习从而巩固本章所学知识。

在 Excel 中，用户除了可以使用软件基础功能来创建简单的图表，还可以利用函数、名称、控件等功能创建各种类型的交互式图表，以呈现和分析比较复杂的数据。

例如，图 7-110 所示为一份按月统计的销售数据情况表，统计了 4 项指标的相关数据。

	A	B	C	D	E	F	G
1	项目	1月	2月	3月	4月	5月	6月
2	目标	2100	1600	1800	1400	1900	1300
3	实际完成	1700	1500	1300	1300	1400	1100
4	利润率	11%	19%	27%	12%	21%	15%
5	市场份额	8%	15%	21%	18%	10%	23%

图 7-110

如果我们将表格中所有的指标数据都放在一个图表中时，图表中的内容将显得比较繁杂，难以进行数据分析。因此需要创建交互式动态图表，将表格中的 4 项指标分别用几个可相互切换的图表来呈现。

【例 7-6】在 Excel 中创建一个可以通过单选按钮切换数据的交互式图表。
🔘 视频+素材 （素材文件\第 7 章\例 7-6）

step 1 按 Ctrl+N 快捷键创建一个空白工作簿，将源数据粘贴两份至该工作簿中，并清空其中一份数据，只保留数据表结构，如图 7-111 所示。

	A	B	C	D	E	F	G
1	项目	1月	2月	3月	4月	5月	6月
2	目标	2100	1600	1800	1400	1900	1300
3	实际完成	1700	1500	1300	1300	1400	1100
4	利润率	11%	19%	27%	12%	21%	15%
5	市场份额	8%	15%	21%	18%	10%	23%
6							
7							
8	项目	1月	2月	3月	4月	5月	6月
9	目标						
10	实际完成						
11	利润率						
12	市场份额						

图 7-111

step 2 选择【开发工具】选项卡，单击【控件】组中的【插入】下拉按钮，在弹出的下拉列表中选择【选项按钮】选项 ⦿，然后按住鼠标左键拖动，在工作表中插入选项按钮，如图 7-112 所示。

step 3 单击选项按钮的文件名，将其重命名为"目标与实际"，然后右击选项按钮，在弹出的菜单中选择【设置控件格式】命令，如图 7-113 所示。

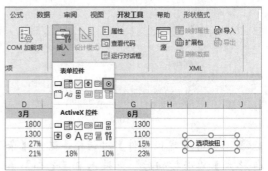
图 7-112

图 7-113

step 4 打开【设置对象格式】对话框，单击【单元格链接】输入框右侧的 ⬆，选择 K1 单元格后按回车键，然后单击【确定】按钮，如图 7-114 所示。

图 7-114

step 5 按住 Ctrl 键将制作好的选项按钮复制 2 份，并分别将其命名为"利润情况"和"市场份额"。此时，选择【目标与实际】选项按钮，K1 单元格中的数字变为 1；选择

【市场份额】选项按钮，单元格中的数字变为 2；选择【利润情况】选项按钮，单元格中的数字将变为 3，如图 7-115 所示。

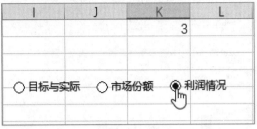

图 7-115

step 6 在 B9 单元格中输入以下公式，使用 IF 函数检测 K1 单元格中的数值，如果等于 1，返回 B2 单元格中的数据，否则返回 "#N/A"：

=IF($K$1=1,B2,NA())

此时，如果选中【目标与实际】选项按钮，B9 单元格将显示 B2 单元格中的数据。选中【市场份额】和【利润情况】选项按钮，则 B9 单元格将显示 "#N/A"。

step 7 拖动 B9 单元格右下角的填充柄，先向右填充，再向下填充，如图 7-116 所示。

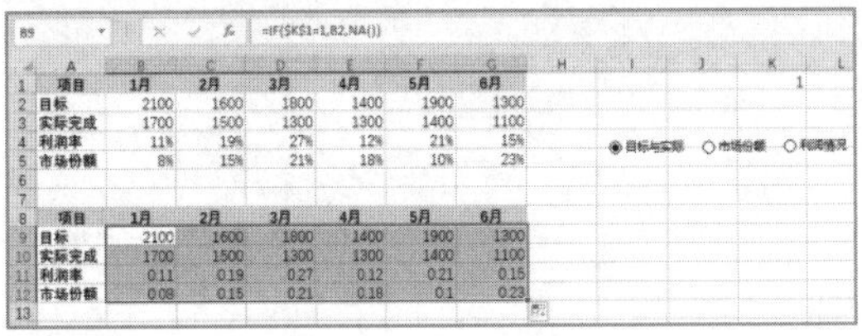

图 7-116

step 8 选中【市场份额】选项按钮，将 B12 单元格中的公式改为：

=IF($K$1=2,B2,NA())

拖动 B12 单元格右侧的填充柄向右填充公式，如图 7-117 所示。

step 9 选中【利润情况】选项按钮，将 B11 单元格中的公式改为：

=IF($K$1=2,B5,NA())

拖动 B11 单元格右侧的填充柄向右填充公式。

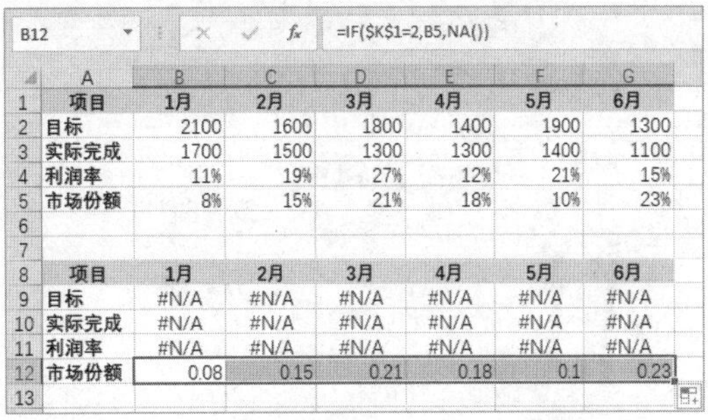

图 7-117

step 10 选中 B11:G12 区域，单击【开始】选项卡【数字】组中的【百分比样式】按钮 %，设置区域中的数据格式为"百分比样式"。

step 11 选中 A8:G12 区域，单击【插入】选项卡中的【推荐的图表】按钮，打开【插入图表】对话框，选择【所有图表】选项卡中的【组合图】选项，在【为您的数据系列选择图表类型和轴】列表框中设置【利润率】和【市场份额】数据系列采用【带数据标记的折线图】，然后单击【确定】按钮，如图 7-118 所示。

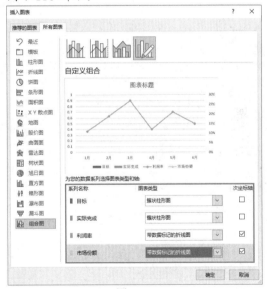

图 7-118

step 12 此时，将在工作表中插入图 7-119 所示的图表。单击【目标与实际】【市场份额】【利润率】选项按钮，可以切换不同的图表数据，如图 7-119 所示。

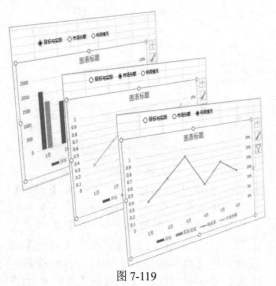

图 7-119

step 13 选中图表后，单击【图表设计】选项
卡【图表样式】组中的【其他】按钮▽，

在打开的库中选择一种图表样式，最后交互
式图表的效果如图 7-120 所示。

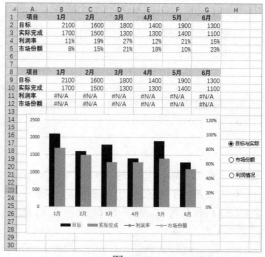

	A	B	C	D	E	F	G	H
1	项目	1月	2月	3月	4月	5月	6月	
2	目标	2100	1600	1800	1400	1900	1300	
3	实际完成	1700	1500	1300	1300	1400	1100	
4	利润率	11%	19%	27%	12%	21%	15%	
5	市场份额	8%	15%	21%	18%	10%	23%	
6								
7								
8	项目	1月	2月	3月	4月	5月	6月	
9	目标	2100	1600	1800	1400	1900	1300	
10	实际完成	1700	1500	1300	1300	1400	1100	
11	利润率	#N/A	#N/A	#N/A	#N/A	#N/A	#N/A	
12	市场份额	#N/A	#N/A	#N/A	#N/A	#N/A	#N/A	

图 7-120

第8章

PowerPoint 基础办公应用

PowerPoint 2021 是 Office 组件中一款用来制作演示文稿的软件，为用户提供了丰富的背景和配色方案，用于制作精美的幻灯片效果。本章将介绍 PowerPoint 2021 基础办公操作的内容。

 **本章对应视频**

8.1 创建演示文稿

在 PowerPoint 2021 中，用户可以创建各种多媒体演示文稿。演示文稿中的每一页称为幻灯片。

8.1.1 创建空白演示文稿

空白演示文稿是一种形式最简单的演示文稿，没有应用模板设计、配色方案及动画方案，可以自由设计。创建空白演示文稿的方法主要有以下两种。

▶ 在 PowerPoint 启动界面中创建空白演示文稿：启动 PowerPoint 2021 后，在打开的界面中单击【空白演示文稿】按钮，如图 8-1 所示。

图 8-1

▶ 在【新建】界面中创建空白演示文稿：选择【文件】选项卡，在打开的界面中选择【新建】选项，打开【新建】界面。接下来，在【新建】界面中单击【空白演示文稿】按钮，如图 8-2 所示。

图 8-2

8.1.2 使用模板创建演示文稿

PowerPoint 除可以创建最简单的空白演示文稿外，还可以根据自定义模板和内置模板创建演示文稿。模板是一种以特殊格式保存的演示文稿，一旦应用了一种模板后，幻灯片的背景图形、配色方案等就都已经确定，所以套用模板可以提高新建演示文稿的效率。

启动 PowerPoint 2021 后，选择【新建】选项，然后在打开的界面中选择【花团锦簇】模板选项，如图 8-3 所示。

图 8-3

打开对话框，提示联网下载模板，如图 8-4 所示，单击【创建】按钮即可下载模板。稍后将打开由该模板创建的演示文稿。

图 8-4

8.1.3　根据现有内容创建演示文稿

如果用户想使用现有演示文稿中的一些内容或风格来设计其他的演示文稿，可以使用 PowerPoint 的"现有内容"创建一个和现有演示文稿具有相同内容和风格的新演示文稿，用户只需在原有的基础上进行适当修改即可。

首先打开一个空白演示文稿，将光标定位在幻灯片的最后位置，在【插入】选项卡的【幻灯片】组中单击【新建幻灯片】按钮下方的下拉箭头，在弹出的菜单中选择【重用幻灯片】命令。打开【重用幻灯片】任务窗格，单击【浏览】按钮，如图 8-5 所示。

图 8-5

打开【浏览】对话框，选择需要使用的现有演示文稿，单击【打开】按钮，如图 8-6 所示。

图 8-6

此时【重用幻灯片】任务窗格中显示现有演示文稿中所有可用的幻灯片，在幻灯片列表中单击需要的幻灯片，将其插入指定位置，如图 8-7 所示。

图 8-7

8.2　幻灯片基础操作

幻灯片是演示文稿的重要组成部分，在 PowerPoint 2021 中需要掌握幻灯片的一些基础操作，主要包括选择幻灯片、插入新幻灯片、移动与复制幻灯片、删除幻灯片等。

8.2.1　选择幻灯片

在 PowerPoint 2021 中，用户可以选中一张或多张幻灯片，然后对选中的幻灯片进行操作。无论是在"大纲视图""普通视图"或"幻灯片浏览视图"中，选择幻灯片的方法都是非常类似的，以下是在普通视图中选择幻灯片的方法。

▶ 选择单张幻灯片：无论是在普通视图还是在幻灯片浏览视图下，只需单击需要的幻灯片，即可选中该张幻灯片。

▶ 选择编号相连的多张幻灯片：首先单击起始编号的幻灯片，然后按住 Shift 键，单击结束编号的幻灯片，此时两张幻灯片之间的多张幻灯片被同时选中。

▶ 选择编号不相连的多张幻灯片：在按住 Ctrl 键的同时，依次单击需要选择的每张幻灯片，即可同时选中单击的多张幻灯片，如图 8-8 所示。

图 8-8

▶ 选择全部幻灯片：无论是在普通视图还是在幻灯片浏览视图下，按 Ctrl+A 组合键，即可选中当前演示文稿中的所有幻灯片。

8.2.2 插入幻灯片

启动 PowerPoint 2021 应用程序后，PowerPoint 会自动建立一张新的幻灯片，随着制作过程的推进，需要在演示文稿中插入更多的幻灯片。以下将介绍 3 种插入幻灯片的方法。

▶ 通过【幻灯片】组插入：在幻灯片预览窗格中，选择一张幻灯片，打开【开始】选项卡，在功能区的【幻灯片】组中单击【新建幻灯片】按钮，即可插入一张默认版式的幻灯片。当需要应用其他版式时，单击【新建幻灯片】按钮右下方的下拉箭头，在弹出的版式菜单中选择【标题和内容】选项，即可插入该样式的幻灯片，如图 8-9 所示。

▶ 通过右击插入：在幻灯片预览窗格中，选择一张幻灯片，右击该幻灯片，从弹出的快捷菜单中选择【新建幻灯片】命令，即可在选择的幻灯片之后插入一张新的幻灯片。

▶ 通过键盘操作插入：通过键盘操作插入幻灯片的方法是最为快捷的方法。在幻灯片预览窗格中，选择一张幻灯片，然后按 Enter 键，即可插入一张新幻灯片。

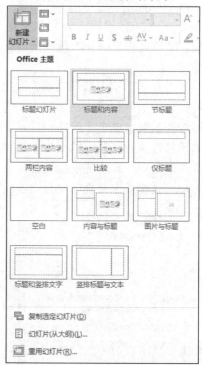

图 8-9

8.2.3 移动与复制幻灯片

PowerPoint 支持以幻灯片为对象的移动和复制操作，可以将整张幻灯片及其内容进行移动或复制。

1. 移动幻灯片

在制作演示文稿时，如果需要重新排列幻灯片的顺序，就需要移动幻灯片。

移动幻灯片的方法如下：选中需要移动的幻灯片，在【开始】选项卡的【剪贴板】组中单击【剪切】按钮。在需要移动到的目标位置单击，然后在【开始】选项卡的【剪贴板】组中单击【粘贴】按钮。

在普通视图或幻灯片浏览视图中，直接用鼠标对幻灯片进行选择并拖动，也可以实现幻灯片的移动。

2. 复制幻灯片

在制作演示文稿时，有时会需要两张内容基本相同的幻灯片。此时，可以利用幻灯片的复制功能，复制出一张相同的幻灯片，然后对其进行适当的修改。复制幻灯片的方法如下：选中需要复制的幻灯片，在【开始】选项卡的【剪贴板】组中单击【复制】按钮，然后在需要插入幻灯片的位置单击，在【开始】选项卡的【剪贴板】组中单击【粘贴】按钮。

8.2.4　删除幻灯片

在演示文稿中删除多余幻灯片是清除大量冗余信息的有效方法。删除幻灯片的方法主要有以下几种。

▶　选中需要删除的幻灯片，直接按 Delete 键。

▶　右击需要删除的幻灯片，从弹出的快捷菜单中选择【删除幻灯片】命令。

▶　选中幻灯片，在【开始】选项卡的【剪贴板】组中单击【剪切】按钮。

8.3　编辑幻灯片文本

幻灯片文本是演示文稿中至关重要的部分，文本对文稿中的主题、问题的说明与阐述具有其他方式不可替代的作用。

8.3.1　输入和设置文本

在 PowerPoint 2021 中，不能直接在幻灯片中输入文字，只能通过占位符或文本框来添加文本。

大多数幻灯片的版式中都提供了文本占位符，这种占位符中预设了文字的属性和样式，供用户添加标题文字、项目文字等。占位符文本的输入主要在普通视图中进行。

使用文本框，可以在幻灯片中放置多个文字块，可以使文字按照不同的方向排列；也可以打破幻灯片版式的制约，在幻灯片中的任意位置上添加文字信息。

首先插入【标题和内容】的幻灯片，如图 8-10 所示。

图 8-10

在幻灯片编辑窗口中单击【单击此处添加标题】占位符，输入标题文本，然后在【开始】选项卡中设置字体和颜色，如图 8-11 所示。

图 8-11

在幻灯片编辑窗口中单击【单击此处添加文本】占位符，输入文本，然后在【开始】选项卡中设置字体和颜色，如图 8-12 所示。

图 8-12

新建一个空白幻灯片，在【插入】选项卡单击【文本框】下拉按钮，选择【绘制横排文本框】命令，如图 8-13 所示。

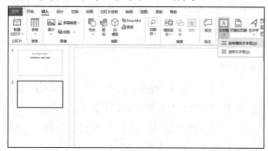

图 8-13

在幻灯片编辑窗口中拖曳鼠标绘制一个文本框，在文本框内输入文本，并设置字体格式，如图 8-14 所示。

图 8-14

8.3.2 设置段落格式

段落格式包括段落对齐和段落间距设置等。掌握了在幻灯片中编排段落格式的方法后，即可轻松地设置与整个演示文稿风格相适应的段落格式。

比如选中占位符或文本框中的文本，在【开始】选项卡的【段落】组中，单击对话框启动器按钮，打开【段落】对话框的【缩进和间距】选项卡。在【行距】下拉列表中选择【1.5 倍行距】选项，单击【确定】按钮，如图 8-15 所示。此时幻灯片中的文字效果如图 8-16 所示。

图 8-15

图 8-16

8.3.3 添加项目符号和编号

在演示文稿中，为了使某些内容更为醒目，经常要用到项目符号和编号。这些项目符号和编号用于强调一些特别重要的观点或条目，从而使主题更加美观、突出、分明。

1. 设置常用的项目符号和编号

将光标定位在需要添加项目符号和编号的段落，或者同时选中多个段落，在【开始】选项卡的【段落】组中，单击【项目符号】下拉按钮，从弹出的下拉菜单中选择【项目符号和编号】命令，打开【项目符号和编号】对话框，在【项目符号】选项卡中可以设置项目符号样式，如图 8-17 所示。

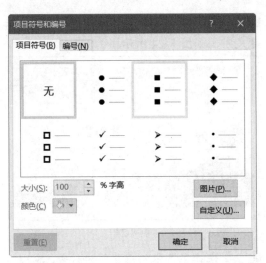

图 8-17

在【编号】选项卡中可以设置编号样式，如图 8-18 所示。

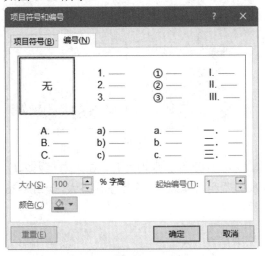

图 8-18

2. 使用图片项目符号

PowerPoint 允许用户将图片设置为项目符号，这样大大丰富了项目符号的形式。

在【项目符号和编号】对话框中单击右下角的【图片】按钮，将打开【插入图片】对话框，选择【来自文件】选项，如图 8-19 所示。此时将打开【插入图片】对话框，在本机中选择图片作为项目符号，如图 8-20 所示。

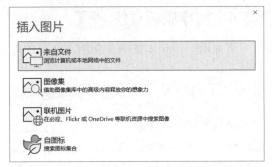

图 8-19

图 8-20

3. 使用自定义项目符号

用户还可以将系统符号库中的各种字符设置为项目符号。在【项目符号和编号】对话框中单击右下角的【自定义】按钮，打开【符号】对话框，在该对话框中可以自定义设置项目符号的样式，如图 8-21 所示。

图 8-21

8.3.4 制作旅游宣传 PPT

下面用一个具体案例来介绍上文相关内容的操作。

【例 8-1】创建名为"旅游宣传 PPT"的演示文稿，并输入和编辑幻灯片文本。

➡ 视频+素材 (素材文件\第 8 章\例 8-1)

step 1 启动 PowerPoint 2021，选择【新建】选项，在文本框内输入"彩虹"，按 Enter 键搜索，然后选择其中的【彩虹演示文稿】模板，如图 8-22 所示。

图 8-22

step 2 单击【创建】按钮下载模板，创建文档后以"旅游宣传 PPT"为名保存。

step 3 选中不需要的幻灯片缩略图，按 Delete 键删除。保留的幻灯片效果如图 8-23 所示。

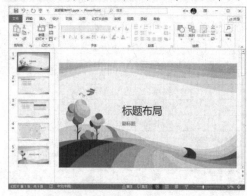

图 8-23

step 4 选择第 1 张幻灯片作为封面，输入标题文字，如图 8-24 所示。

图 8-24

step 5 选择第 5 张幻灯片作为封底，输入标题文字，如图 8-25 所示。

图 8-25

step 6 打开第 3 张幻灯片，在文本框内容输入标题和内容文本，设置字体格式，如图 8-26 所示。

图 8-26

8.4 丰富幻灯片内容

幻灯片中只有文本未免会显得单调，PowerPoint 2021 支持在幻灯片中插入各种多媒体元素，包括图片、声音和视频等，来丰富幻灯片的内容。

8.4.1　插入图片

在 PowerPoint 中，可以方便地插入各种来源的图片文件，如 PowerPoint 自带的图像集、利用其他软件制作的图片、从互联网下载的或通过扫描仪及数码相机输入的图片等。

1. 插入联机图片

PowerPoint 2021 联机图片库内容非常丰富。若要插入联机图片，在【插入】选项卡的【图像】组中单击【图片】下拉按钮，选择【联机图片】命令，打开【联机图片】界面，在文本框中输入文字进行搜索，然后按 Enter 键进行查找，如图 8-27 所示。

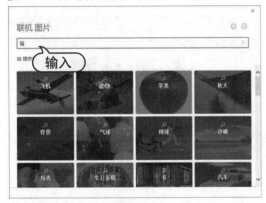

图 8-27

选择图片后单击【插入】按钮即可插入联机图片，如图 8-28 所示。

图 8-28

2. 插入图像集图片

PowerPoint 2021 还提供了自带图像集图片以供用户选择使用。在【插入】选项卡的【图像】组中，单击【图片】下拉按钮，选择【图像集】命令，打开【图像集】界面，包含了【图像】【图标】【人像抠图】【贴纸】等选项，用户可以选择需要的图像集图片插入幻灯片中，如图 8-29 所示。

图 8-29

3. 插入本机图片

在幻灯片中还可以插入本机磁盘中的图片。这些图片可以是位图，也可以是网络下载的或通过数码相机输入的图片等。插入图片后，还可以设置图片的大小及效果等。

【例 8-2】在"旅游宣传 PPT"演示文稿中，插入图片并进行编辑。

视频+素材 (素材文件\第 08 章\例 8-2)

step 1 启动 PowerPoint 2021，打开"旅游宣传 PPT"演示文稿。

step 2 在第 4 张幻灯片中，单击框内的【图片】按钮，如图 8-30 所示。

图 8-30

step 3 打开【插入图片】对话框，选择需要的图片后，单击【插入】按钮，如图 8-31 所示。

图 8-31

step 4 此时在图片框内显示图片，调整四周控制点可以设置其大小，如图 8-32 所示。

图 8-32

step 5 在另两个框内使用同样的方法插入图片，如图 8-33 所示。

图 8-33

step 6 除了用图片框内的按钮添加图片，也可以直接添加。单击【插入】选项卡中的【图片】按钮，选择【此设备】命令，如图 8-34 所示。

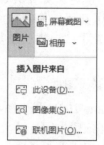

图 8-34

step 7 打开【插入图片】对话框，选择需要的图片后，单击【插入】按钮，如图 8-35 所示。

图 8-35

step 8 设置图片的大小和位置，然后在【图片格式】选项卡的【排列】组中，单击【下移一层】按钮，选择【置于底层】命令，如图 8-36 所示。

图 8-36

step9 选择右下图，在【图片格式】选项卡中选择一种【图片样式】，如图 8-37 所示。

图 8-37

step10 选择右下图，在【图片格式】选项卡中单击【图片效果】按钮，在下拉菜单中选择一种【图片效果】，如图 8-38 所示。

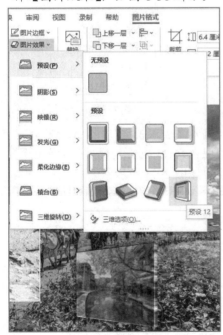

图 8-38

step11 选择左图，单击【裁剪】下拉按钮，在菜单中选择【剪裁为形状】|【云形】选项，如图 8-39 所示。

图 8-39

8.4.2 插入表格

使用 PowerPoint 制作一些专业型演示文稿时，通常需要使用表格，例如销售统计表、财务报表等。表格采用行列化的形式，它与幻灯片页面文字相比，更能体现出数据的对应性及内在的联系。

要插入表格，可以打开【插入】选项卡，在【表格】组中单击【表格】下拉按钮，从弹出的菜单中选择【插入表格】命令，打开【插入表格】对话框，设置行数和列数，单击【确定】按钮即可，如图 8-40 所示。

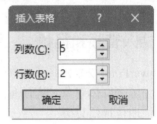

图 8-40

插入表格后，还可以继续在表格上添加行或列，并对表格格式进行设置。

【例 8-3】在"旅游宣传 PPT"演示文稿中编辑表格。

🎬视频+素材 (素材文件\第 08 章\例 8-3)

step1 启动 PowerPoint 2021，打开"旅游宣传 PPT"演示文稿。

step2 在第 3 张幻灯片中，选中表格对象，在【布局】选项卡中单击【在下方插入】按钮，为表格添加一行，如图 8-41 所示。

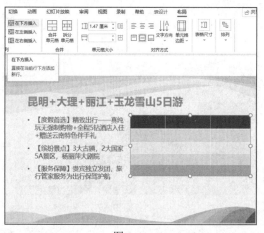

图 8-41

step 3 在表格中输入并设置文字,如图 8-42 所示。

地点	开放时间	注意事项
玉龙雪山	07:30-16:30	携带适度保暖衣物和氧气瓶(可购买)
蓝月谷	08:00-16:00	水里面有铜离子,不能饮用
茶马古道	全天开放	可自费骑马照相
束河古镇	全天开放	有很多民宿酒店,丰俭由人

图 8-42

8.4.3 插入音频和视频

在 PowerPoint 2021 中可以方便地插入音频和视频等多媒体对象,从画面到声音向观众多方位地传递信息。

1. 插入音频

打开【插入】选项卡,在【媒体】组中单击【音频】按钮下方的下拉箭头,在弹出的下拉菜单中选择【PC 上的音频】命令,如图 8-43 所示。

图 8-43

打开【插入音频】对话框,从该对话框中选择需要插入的声音文件,单击【插入】按钮,如图 8-44 所示。

图 8-44

2. 插入视频

打开【插入】选项卡,在【媒体】组中单击【视频】下拉按钮,在弹出的下拉菜单中选择【此设备】命令,如图 8-45 所示。

图 8-45

打开【插入视频文件】对话框,打开文件的保存路径,选择视频文件后单击【插入】按钮,如图 8-46 所示。

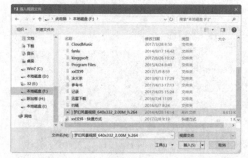

图 8-46

【例 8-4】在"旅游宣传 PPT"演示文稿中插入音频和视频。

视频+素材 (素材文件\第 08 章\例 8-4)

step 1 启动 PowerPoint 2021，打开"旅游宣传 PPT"演示文稿。

step 2 选择第 1 张幻灯片，在【插入】选项卡的【媒体】组中单击【音频】下拉按钮，选择【PC 上的音频】命令，打开【插入音频】对话框，选择一个音频文件，单击【插入】按钮，如图 8-47 所示。

图 8-47

step 3 此时将出现声音图标，使用鼠标将其拖动到幻灯片的右上角，单击【播放】按钮 ▶ 可以播放声音，如图 8-48 所示。

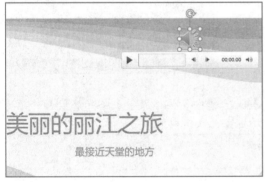

图 8-48

step 4 在【播放】选项卡中选中【放映时隐藏】复选框，然后单击【在后台播放】按钮，如图 8-49 所示。

图 8-49

step 5 选择第 5 张幻灯片，打开【插入】选项卡，在【媒体】组中单击【视频】下拉按钮，选择【此设备】命令，打开【插入视频文件】对话框，打开文件的保存路径，选择视频文件，单击【插入】按钮，如图 8-50 所示。

图 8-50

step 6 此时插入视频，调整位置和大小，单击【播放】按钮即可播放视频，如图 8-51 所示。

图 8-51

8.5　案例演练

本章的案例演练部分是制作"店铺营运 PPT"，用户通过练习从而巩固本章所学知识。

【例 8-5】制作"店铺营运 PPT"演示文稿。

🔑 视频+素材 (素材文件\第 08 章\例 8-5)

step 1 启动 PowerPoint 2021，以【幻灯片】模板新建一个名为"店铺营运 PPT"的演示文稿，如图 8-52 所示。

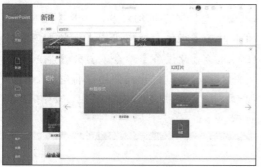

图 8-52

step 2 单击【新建幻灯片】按钮，在下拉菜单中选择【标题和内容】选项，新建 3 张幻灯片，如图 8-53 所示。

图 8-53

step 3 选择第 1 张幻灯片，输入文字并设置文字格式，如图 8-54 所示。

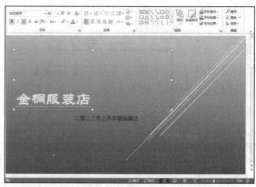

图 8-54

step 4 选择第 2 张幻灯片，输入标题文字后，在【插入】选项卡中单击【表格】按钮，选择【插入表格】命令，插入行为 5、列为 2 的表格，如图 8-55 所示。

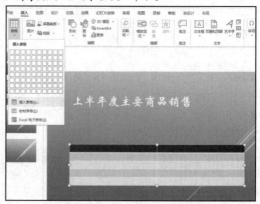

图 8-55

step 5 选中表格，设置表格的底纹和外框，然后输入表格内的文字，如图 8-56 所示。

商品名称	商品销售总额
打底毛衣	25100
打底裤	18600
呢外套	42500
雪地靴	32680

图 8-56

step 6 选择第 3 张幻灯片，在【插入】选项卡内单击【图片】下拉按钮，选择【此设备】命令，如图 8-57 所示。

图 8-57

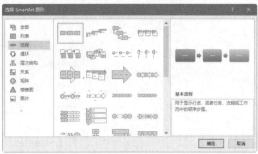

图 8-60

step 7 打开【插入图片】对话框，选择 4 张图片插入，如图 8-58 所示。

图 8-58

step 8 设置图片的大小和位置，并在其【图片格式】选项卡内设置图片的样式和效果，如图 8-59 所示。

图 8-59

step 9 选择第 4 张幻灯片，在【插入】选项卡单击【SmartArt】按钮，打开【选择 SmartArt 图形】对话框，选择【基本流程】选项，单击【确定】按钮，如图 8-60 所示。

step 10 选中 SmartArt 图形，在后面添加 3 个形状，在【SmartArt 设计】选项卡的【SmartArt 样式】组中，单击【更改颜色】下拉按钮，选择一种颜色样式，如图 8-61 所示。

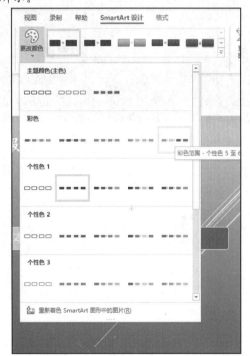

图 8-61

step 11 在【SmartArt 设计】选项卡的【版式】组中，单击【其他】按钮，从弹出的列表中选择【其他布局】命令，打开【选择 SmartArt 图形】对话框，在【流程】列表框中选择【连续块状流程】选项，单击【确定】按钮，如图 8-62 所示。

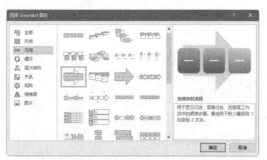

图 8-62

step ⑫ 在 SmartArt 图形形状中输入相关文字，如图 8-63 所示。

图 8-63

step ⑬ 在【格式】选项卡中设置形状的大小，然后选中【店长】形状，在【格式】选项卡的【形状】组中单击【更改形状】按钮，选择【六边形】选项更改形状，最后效果如图 8-64 所示。

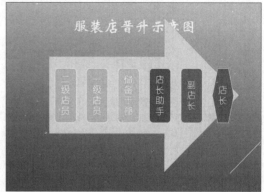

图 8-64

第 9 章

幻灯片版式和动画设计

在制作幻灯片时，为幻灯片设置母版可使整个演示文稿保持一个统一的风格；为幻灯片添加动画效果，可使幻灯片更加生动、形象。本章将介绍设置幻灯片母版、设计动画效果等高级操作内容。

本章对应视频

9.1 设置幻灯片母版

幻灯片母版决定着幻灯片的外观,用于设置幻灯片的标题、正文文字等样式,包括字体、字号、字体颜色和阴影等效果。

9.1.1 母版的类型

PowerPoint中的母版类型分为幻灯片母版、讲义母版和备注母版3种类型,不同母版的作用和视图都是不相同的。

1. 幻灯片母版

幻灯片母版中的信息包括字形、占位符的大小和位置、背景设计和配色方案。用户通过更改这些信息,即可更改整个演示文稿中幻灯片的外观。

打开【视图】选项卡,在【母版视图】组中单击【幻灯片母版】按钮,即可打开幻灯片母版视图,如图9-1所示。

图 9-1

> 🖱 实用技巧
>
> 在幻灯片母版视图中,用户可以看到如标题占位符、副标题占位符、页脚占位符等区域。这些占位符的位置及属性,决定了应用该母版的幻灯片的外观属性。当改变母版占位符属性后,所有应用该母版的幻灯片的属性也将随之改变。

2. 讲义母版

讲义母版是为制作讲义而准备的,通常需要打印输出,因此讲义母版的设置大多和打印页面有关。它允许设置一页讲义中包含几张幻灯片,设置页眉、页脚、页码等基本信息。在讲义母版中插入新的对象或者更改

版式时,新的页面效果不会反映在其他母版视图中。

打开【视图】选项卡,在【母版视图】组中单击【讲义母版】按钮,打开讲义母版视图。此时功能区自动打开【讲义母版】选项卡,如图9-2所示。

图 9-2

3. 备注母版

备注母版主要用来设置幻灯片的备注格式,一般是用来打印输出的,所以备注母版的设置大多也和打印设置有关。打开【视图】选项卡,在【母版视图】组中单击【备注母版】按钮,切换到备注母版视图,如图9-3所示。

图 9-3

9.1.2　设置母版版式

在 PowerPoint 中创建的演示文稿都带有默认的版式，这些版式一方面决定了占位符、文本框、图片和图表等内容在幻灯片中的位置，另一方面决定了幻灯片中文本的样式。在幻灯片母版视图中，用户可以按照自己的需求设置母版版式。

【例 9-1】创建"项目策划商务模板"演示文稿，设置母版版式。

🔘 视频+素材 (素材文件\第 09 章\例 9-1)

step 1 启动 PowerPoint 2021，在【新建】选项卡中的文本框内输入"项目策划商务模板"，搜索并单击模板，打开对话框，单击【创建】按钮即可下载该模板，如图 9-4 所示。

图 9-4

step 2 稍后将打开该模板创建的演示文稿，如图 9-5 所示。

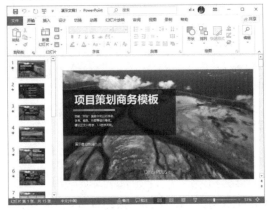

图 9-5

step 3 单击【视图】选项卡下的【幻灯片母版】按钮，进入母版视图，如图 9-6 所示。

图 9-6

step 4 默认选择左侧版式缩略图，删除页面中的一些文本框，然后调整色条的长度和大小，并设置文本格式，如图 9-7 所示。

图 9-7

step 5 在【插入】选项卡下单击【形状】按钮，选择【矩形：剪去单角】选项，如图 9-8 所示。

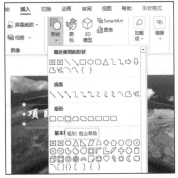

图 9-8

step 6 绘制矩形后，在【形状格式】选项卡中单击【形状填充】下拉按钮，选择【其他填充颜色】命令，如图9-9所示。

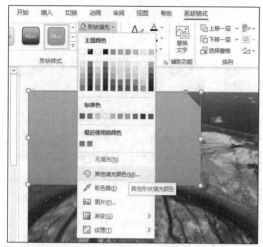

图 9-9

step 7 打开【颜色】对话框，设置颜色和透明度，然后单击【确定】按钮，如图9-10所示。

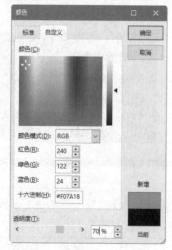

图 9-10

step 8 将矩形下沉一层，选择标题文字框，设置颜色，如图9-11所示。

图 9-11

step 9 在【幻灯片母版】选项卡中单击【关闭母版视图】按钮，退出母版视图。

9.1.3 设置页眉和页脚

在制作幻灯片时，使用 PowerPoint 提供的页眉页脚功能，可以为每张幻灯片添加相对固定的信息。要插入页眉和页脚，只需在【插入】选项卡的【文本】组中单击【页眉和页脚】按钮，打开【页眉和页脚】对话框，在其中进行相关操作即可。

打开【页眉和页脚】对话框后，选中【日期和时间】【幻灯片编号】【页脚】【标题幻灯片中不显示】复选框，并在【页脚】文本框中输入信息，单击【全部应用】按钮，如图9-12所示。

图 9-12

9.2 设计幻灯片切换动画

幻灯片切换动画效果是指一张幻灯片如何从屏幕上消失，以及另一张幻灯片如何显示在屏幕上的方式。在 PowerPoint 中，可以为一组幻灯片设置同一种切换方式，也可以为每张幻灯片设置不同的切换方式。

9.2.1 添加切换动画

要为幻灯片添加切换动画，可以打开【切换】选项卡，在【切换到此幻灯片】组中进行设置。在该组中单击▽按钮，将打开幻灯片动画效果列表，如图 9-13 所示。将鼠标指针指向某个选项时，幻灯片将应用该效果，供用户预览，单击即可使用该动画效果。

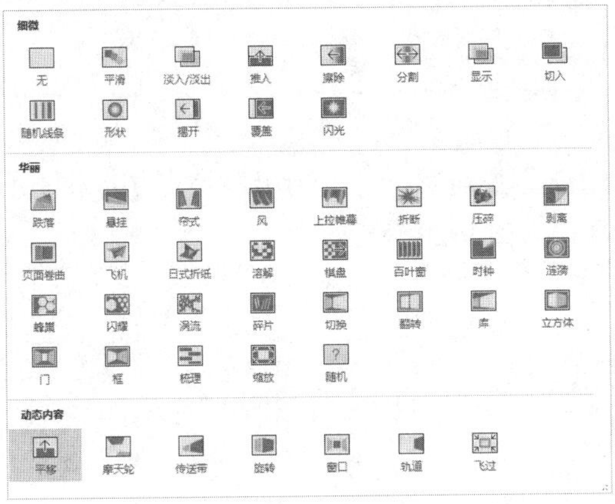

图 9-13

单击选中某个动画后，当前幻灯片将应用该切换动画，并可立即预览动画效果，如图 9-14 所示。

图 9-14

此外，幻灯片被设置切换动画后，在【切换】选项卡的【预览】组中单击【预览】按钮，也可以预览当前幻灯片中设置的切换动画效果。

9.2.2 设置切换动画

添加切换动画后，还可以对切换动画进行设置，如设置切换动画时出现的声音效果、持续时间和换片方式等，从而使幻灯片的切换效果更为逼真。

例如要设置切换动画的声音和持续时间，可以先打开演示文稿，选择【切换】选项卡，在【计时】组中单击【声音】下拉按钮，从弹出的下拉菜单中选择【打字机】选项，在【计时】组的【持续时间】微调框中输入"01.00"，为幻灯片设置动画切换效果的持续时间，单击【应用到全部】按钮即可完成设置，如图 9-15 所示。

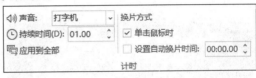

图 9-15

> **实用技巧**
>
> 在【计时】组的【换片方式】区域中，选中【单击鼠标时】复选框，表示在播放幻灯片时，需要在幻灯片中单击鼠标左键来换片；而取消选中该复选框，选中【设置自动换片时间】复选框，表示在播放幻灯片时，经过所设置的时间后会自动切换至下一张幻灯片，无须单击鼠标。

下面用一个具体案例介绍添加和设置切换动画的操作步骤。

【例 9-2】在"公司宣传 PPT"演示文稿中添加和设置切换动画。

视频+素材 (素材文件\第 09 章\例 9-2)

step 1 启动 PowerPoint 2021，打开"公司宣传 PPT"演示文稿，选择第 1 张幻灯片，单击【切换】选项卡的【切换到此幻灯片】组中的▽按钮，在切换动画下拉菜单中，选择【华丽型】效果组中的【门】动画，如图 9-16 所示。

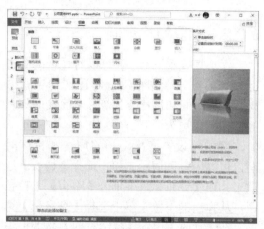

图 9-16

step 2 单击【切换】选项卡【预览】组中的
【预览】按钮，将会播放该幻灯片的切换效
果，如图 9-17 所示。

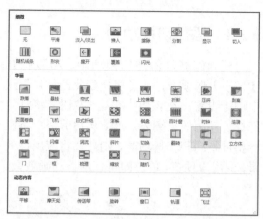

图 9-19

step 5 选中第 4 张幻灯片，选择【旋转】动
画，如图 9-20 所示。

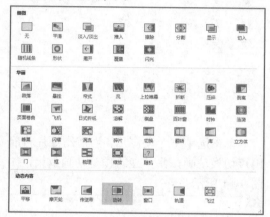

图 9-20

step 6 选择【切换】选项卡，在【计时】组
中单击【声音】下拉按钮，从弹出的下拉菜
单中选择【风铃】选项，如图 9-21 所示。

关于我们
ABOUT US

图 9-17

step 3 选中第 2 张幻灯片，选择【淡入/淡
出】动画，如图 9-18 所示。

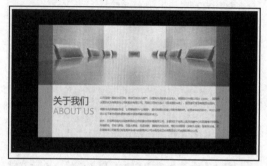

图 9-18

step 4 选中第 3 张幻灯片，选择【库】动画，
如图 9-19 所示。

图 9-21

step ⑦ 在【计时】组中将【持续时间】设置为"01.50"，并选中【单击鼠标时】复选框，最后单击【应用到全部】按钮，如图 9-22 所示。

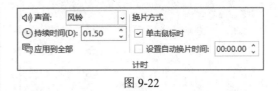

图 9-22

9.3 添加对象动画效果

所谓对象动画，是指为幻灯片内部某个对象设置的动画效果。用户可以对幻灯片中的文字、图形、表格等对象添加不同的动画效果，如进入动画、强调动画、退出动画和动作路径动画等。

9.3.1 添加进入动画效果

进入动画用于设置文本或其他对象以多种动画效果进入放映屏幕。在添加该动画效果之前，需要选中对象。对于占位符或文本框来说，选中占位符、文本框，以及进入其文本编辑状态时，都可以为它们添加该动画效果。

选中对象后，打开【动画】选项卡，单击【动画】组中的【其他】按钮，在弹出的【进入】列表框中选择一种进入效果，即可为对象添加该动画效果，如图 9-23 所示。

图 9-23

另外，在【高级动画】组中单击【添加动画】按钮，同样可以在弹出的【进入】列表框中选择内置的进入动画效果，若选择【更多进入效果】命令，则打开【添加进入效果】对话框，如图 9-24 所示，在该对话框中同样可以选择更多的进入动画效果。

图 9-24

9.3.2 添加强调动画效果

强调动画是为了突出幻灯片中的某部分内容而设置的特殊动画效果。添加强调动画的过程和添加进入效果的过程基本相同，选择对象后，在【动画】组中单击【其他】按钮，在弹出的【强调】列表框中选择一种强调效果，即可为对象添加该动画效果，如图 9-25 所示。

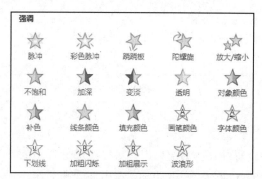

图 9-25

在【高级动画】组中单击【添加动画】按钮，同样可以在弹出的【强调】列表中选择内置的强调动画效果，若选择【更多强调效果】命令，则打开【添加强调效果】对话框，在该对话框中同样可以选择更多的强调动画效果，如图 9-26 所示。

图 9-26

9.3.3 添加退出动画效果

退出动画用于设置幻灯片中的对象退出屏幕的效果。添加退出动画的过程和添加进入、强调动画的过程基本相同。

选择对象后，在【动画】组中单击【其他】按钮，在弹出的【退出】列表框中选择

一种退出效果，即可为对象添加该动画效果，如图 9-27 所示。

图 9-27

在【高级动画】组中单击【添加动画】按钮，同样可以在弹出的【退出】列表框中选择内置的退出动画效果，若选择【更多退出效果】命令，则打开【添加退出效果】对话框，在该对话框中同样可以选择更多的退出动画效果，如图 9-28 所示。

图 9-28

9.3.4 添加动作路径动画效果

动作路径动画可以指定文本等对象沿着预定的路径运动。PowerPoint 2021 不仅提供了大量预设路径效果，还可以由用户自定义路径动画。

添加动作路径动画的步骤与添加进入动画的步骤基本相同，在【动画】组中单击【其他】按钮，在弹出的【动作路径】列表中选择一种动作路径效果，即可为对象添加该动画效果，如图 9-29 所示。

图 9-29

在【高级动画】组中单击【添加动画】按钮，在弹出的【动作路径】列表中同样可以选择一种动作路径效果；选择【其他动作路径】命令，打开【添加动作路径】对话框，在该对话框中同样可以选择更多的动作路径，如图 9-30 所示。

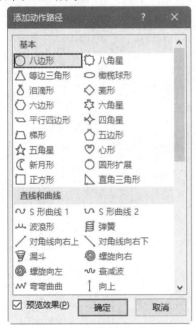

图 9-30

下面用一个具体实例介绍添加对象动画效果的操作步骤。

【例 9-3】在“公司宣传 PPT”演示文稿中添加对象动画效果。

📹视频+素材 (素材文件\第 09 章\例 9-3)

step 1 启动 PowerPoint 2021，打开“公司宣传 PPT”演示文稿，选中第 1 张幻灯片中的图片，在【动画】组中选中【浮入】选项，为图片对象设置一个【浮入】效果的进入动画，如图 9-31 所示。

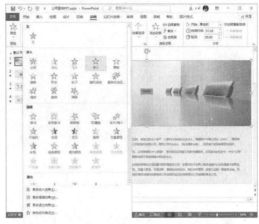

图 9-31

step 2 选中幻灯片左下方的“关于我们”文本框，在【动画】选项卡的【高级动画】组中单击【添加动画】选项，在弹出的列表中选择【更多进入效果】选项，打开【添加进入效果】对话框，选择【挥鞭式】选项后，单击【确定】按钮，如图 9-32 所示。

图 9-32

step 3 选中幻灯片右下角的文本框,在【动画】选项卡的【动画】组中选择【浮入】选项,并单击【效果选项】按钮,在弹出的列表中选择【上浮】选项,如图9-33所示。

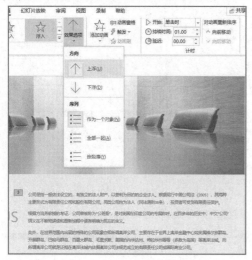

图 9-33

step 4 在【动画】选项卡的【动画】组中单击【动画窗格】按钮,打开动画窗格,选中编号为3的动画,右击鼠标,在弹出的菜单中选择【计时】选项,如图9-34所示。

图 9-34

step 5 打开【上浮】对话框,单击【开始】下拉按钮,在弹出的列表中选择【与上一动画同时】选项,在【延迟】文本框中输入0.5,单击【确定】按钮,如图9-35所示。

图 9-35

step 6 选中第2张幻灯片,选中中间的圆形,在【动画】组中选中【强调】|【陀螺旋】选项,为图片对象设置强调动画,如图9-36所示。

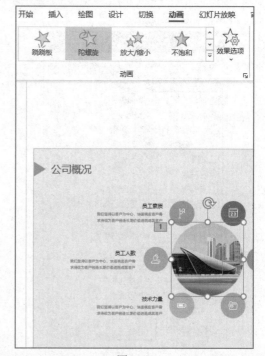

图 9-36

step 7 按住Ctrl键选中幻灯片中的6个图标,在【动画】选项卡中单击【添加动画】按钮,选择【更多强调效果】选项,打开【添加强调效果】对话框,选择【脉冲】选项后,单击【确定】按钮,如图9-37所示。

图 9-37

step 8 选中第 4 张幻灯片，选中右侧两个文本框，在【动画】组中选中【退出】|【擦除】选项，为图片对象设置退出动画，如图 9-38 所示。

图 9-38

step 9 在【动画】选项卡的【动画】组中单击【效果选项】按钮，在弹出的列表中选择【自顶部】选项，如图 9-39 所示。

图 9-39

step 10 选中第 4 张幻灯片左上角的飞镖图形，单击【添加动画】按钮，在弹出的列表中选择【动作路径】|【直线】选项，如图 9-40 所示。

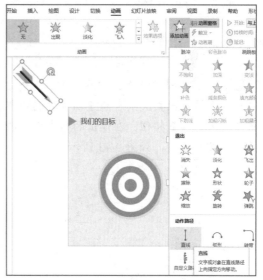

图 9-40

step 11 按住鼠标左键拖动路径动画的目标为圆形图形的正中，如图 9-41 所示。

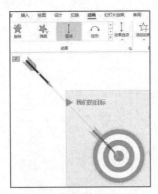

图 9-41

step **12** 选中第 2 张幻灯片,选中 6 个文本框,在【动画】选项卡的【动画】组中设置【进入】|【飞入】动画效果,如图 9-42 所示。

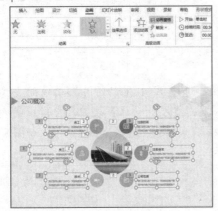

图 9-42

step **13** 按住 Ctrl 键选中幻灯片左侧的 3 个文本框,在【动画】选项卡的【动画】组中单击【效果选项】按钮,在弹出的列表中选择【自左侧】选项,如图 9-43 所示。

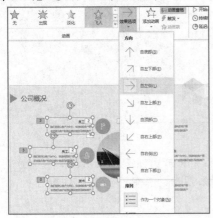

图 9-43

step **14** 按住 Ctrl 键选中幻灯片右侧的 3 个文本框,在【动画】选项卡的【动画】组中单击【效果选项】按钮,在弹出的列表中选择【自右侧】选项,如图 9-44 所示。

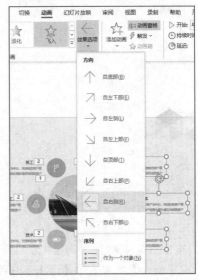

图 9-44

step **15** 选中第 3 张幻灯片,然后选中幻灯片中的 3 个圆形图形,在【动画】选项卡的【动画】组中选择【进入】|【缩放】动画效果,如图 9-45 所示。

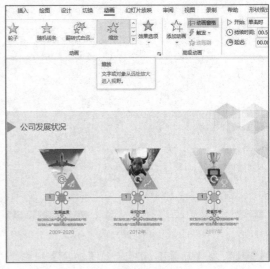

图 9-45

step **16** 按住 Ctrl 键选中幻灯片中的图片和文本框,在【动画】组中选择【进入】|【浮入】动画效果,如图 9-46 所示。

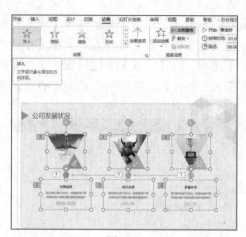

图 9-46

step 17 按住 Ctrl 键选中幻灯片中的 3 个三角形图形，在【动画】组中选择【强调】|【脉冲】动画效果，如图 9-47 所示。

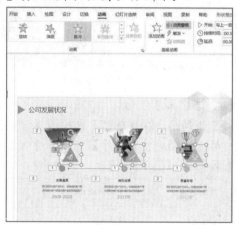

图 9-47

step 18 选中幻灯片中的直线形状，单击【添加动画】按钮，为图形添加【退出】|【擦除】动画，如图 9-48 所示。

图 9-48

step 19 用户可以根据需要调整动画的顺序。打开动画窗格，选择第 4 个动画组，选中并拖曳到第 1 个动画组后，动画向前移动后，原来的第 4 组动画现在变为第 2 组动画，如图 9-49 所示。

图 9-49

step 20 完成以上设置后，按下 F5 键放映幻灯片，即可观看动画的设置效果，如图 9-50 所示。

图 9-50

9.3.5 设置动画计时选项

为对象添加动画效果后，还需要设置动画计时选项，如开始时间、持续时间、延迟时间等。在【动画】选项卡中的【计时】组中，可以设置动画计时、合并、排序等选项。

【例 9-4】在"公司宣传 PPT"演示文稿中设置计时等选项。

🎬 视频+素材 (素材文件\第 09 章\例 9-4)

step **1** 启动 PowerPoint 2021，打开"公司宣传 PPT"演示文稿，选择第 2 张幻灯片，打开【动画】选项卡，在【高级动画】组中单击【动画窗格】按钮，打开动画窗格，选中第 2 组动画，右击，选择弹出菜单中的【从上一项开始】命令，表示第 2 组动画将在第 1 个动画播放时一起播放，无须单击鼠标，如图 9-51 所示。

图 9-51

step **2** 此时在动画窗格中合并为一个动画，如图 9-52 所示。

图 9-52

step **3** 在动画窗格中选中第 1 个动画效果，右击并选择【计时】命令，如图 9-53 所示。

图 9-53

step **4** 打开【陀螺旋】对话框的【计时】选项卡，在【期间】下拉列表中选择【中速(2秒)】选项，在【重复】下拉列表中选择【直到下一次单击】选项，然后单击【确定】按钮，如图 9-54 所示。

图 9-54

step **5** 选中第 3 张幻灯片，在动画窗格中选择第 2 组动画，在【动画】选项卡【计时】组中的【对动画重新排序】下单击【向后移动】按钮，如图 9-55 所示。

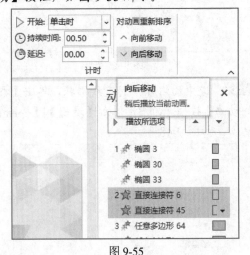

图 9-55

step **6** 此时原来第 2 组动画移到下一列动画组后，变成了第 3 组动画，如图 9-56 所示。

图 9-56

step 7 选择第 2 组动画，在【计时】组中单击【开始】下拉按钮，从弹出的菜单中选择【上一动画之后】选项，此时，第 2 组动画将在第 1 组动画播放完后自动开始播放，无须单击鼠标，如图 9-57 所示。

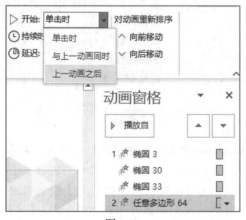

图 9-57

step 8 选择第 4 组动画，在【计时】组中单击【开始】下拉按钮，选择【上一动画之后】选项，并在【持续时间】和【延迟】文本框中输入"01.00"，如图 9-58 所示。

图 9-58

9.3.6 设置动画触发器

若在放映幻灯片时使用触发器，则可以在单击幻灯片中的对象后显示动画效果。

【例 9-5】在"公司宣传 PPT"演示文稿中设置触发器。

视频+素材（素材文件\第 09 章\例 9-5）

step 1 启动 PowerPoint 2021，打开"公司宣传 PPT"演示文稿，选中第 4 张幻灯片，在【插入】选项卡中单击【形状】按钮，选择【矩形：圆角】形状，在幻灯片中绘制矩形按钮，添加文字"点击"，设置形状样式和字体格式，如图 9-59 所示。

图 9-59

step 2 选择要触发的对象，比如选择动画窗格中的第 2 个动画，然后在【动画】选项卡的【高级动画】组中单击【触发】按钮，从弹出的菜单中选择【通过单击】|【矩形：圆角 2】选项，如图 9-60 所示。

图 9-60

step 3 按 Shift+F5 键，进入幻灯片放映状态，单击【点击】按钮，即可播放箭头中靶的动画，如图 9-61 所示。

图 9-61

9.4 制作交互式幻灯片

在 PowerPoint 中，可以为幻灯片中的文本、图像等对象添加超链接或者动作按钮。当放映幻灯片时，可以在添加了超链接的文本或动作按钮上单击，程序将自动跳转到指定的页面，或者执行指定的程序。

9.4.1 添加超链接

超链接是指向特定位置或文件的一种链接方式，可以利用它指定程序跳转的位置。超链接只有在幻灯片放映时才有效。

只有幻灯片中的对象才能添加超链接，备注、讲义等内容不能添加超链接。幻灯片中可以显示的对象几乎都可以作为超链接的载体。添加或修改超链接的操作一般在普通视图中的幻灯片编辑窗口中进行。

在 PowerPoint 中，超链接可以跳转到当前演示文稿中的特定幻灯片、其他演示文稿中特定的幻灯片、自定义放映、电子邮件地址、文件或 Web 页上。

【例 9-6】在"公司产品简介 PPT"演示文稿中添加超链接。

🔘 视频+素材 (素材文件\第 09 章\例 9-6)

step 1 启动 PowerPoint 2021，打开"公司产品简介 PPT"演示文稿，选择第 2 张幻灯片，进入目录页面中，右击第一个目录文本框【公司简介】，从弹出的快捷菜单中选择

【超链接】命令，如图 9-62 所示。

图 9-62

step 2 打开【插入超链接】对话框，在【链接到】列表框中单击【本文档中的位置】按钮，在【请选择文档中的位置】列表框中选择需要链接到的第 3 张幻灯片，单击【确定】按钮，如图 9-63 所示。

图 9-63

step 3 按照同样的方法，设置第 2 个目录链接到第 4 张幻灯片；第 3 个目录链接到第 7 张幻灯片；第 4 个目录链接到第 8 张幻灯片，如图 9-64 所示。

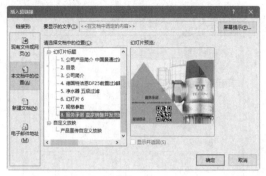

图 9-64

step 4 完成目录链接设置后，按 F5 键进入幻灯片放映状态，在目录页放映时，将鼠标放到设置了超链接的文本框上，鼠标会变成手指形状，单击这个目录就会切换到相应的幻灯片页面，如图 9-65 所示。

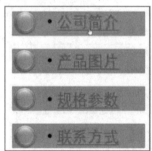

图 9-65

step 5 选中第 8 张幻灯片，创建一个横排文本框，输入文字，并设置字体格式，如图 9-66 所示。

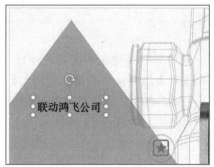

图 9-66

step 6 在【插入】选项卡的【链接】组中单击【链接】按钮，打开【插入超链接】对话框，在【链接到】列表框中单击【现有文件或网页】按钮，然后在右侧单击【当前文件夹】按钮，在【查找范围】下拉列表中选择保存链接到目标演示文稿的位置，选择要链接的目标演示文稿【产品推广 PPT】，单击【书签】按钮，如图 9-67 所示。

图 9-67

step 7 打开【在文档中选择位置】对话框，在列表框中选择链接到的现有文档的指定位置幻灯片，设置完成后依次单击两个【确定】按钮完成超链接的添加，如图 9-68 所示。

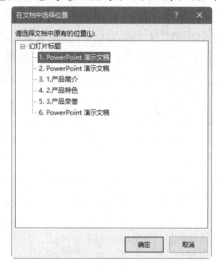

图 9-68

step 8 按 Ctrl 键显示鼠标手形，单击文本超链接，如图 9-69 所示。此时将自动弹出"产品推广 PPT"演示文稿，并显示第 1 张幻灯片。

图 9-69

实用技巧

演示文稿中的超链接外观样式是由当前所选的主题样式决定的，如果用户希望单独更改演示文稿中的超链接外观样式，可以通过新建主题颜色等操作来实现。

9.4.2 绘制动作按钮

使用动作按钮，既可以控制幻灯片的放映过程，也可以实现超链接的功能，如激活另一个程序，播放音频或视频，快速跳转到其他幻灯片、文件或网页等。

动作按钮是 PowerPoint 中预先设置好的一组带有特定动作的图形按钮，这些按钮被预先设置为指向前一张、后一张、第一张、最后一张幻灯片、播放声音及播放电影等链接。

【例 9-7】在"公司产品简介 PPT"演示文稿中绘制动作按钮。

视频+素材 (素材文件\第 09 章\例 9-7)

step 1 启动 PowerPoint 2021，打开"公司产品简介 PPT"演示文稿，选择第 2 张幻灯片，选择【插入】选项卡，在【插图】组中单击【形状】按钮，在弹出的类别中选择一种动作按钮，这里选择【动作按钮：后退或前一项】按钮◁，如图 9-70 所示。

图 9-70

step 2 在幻灯片中合适的位置按住鼠标左键绘制动作按钮，释放鼠标后打开【操作设置】对话框，保持默认设置，单击【确定】按钮，如图 9-71 所示。

图 9-71

step 3 此时显示该动作按钮，将其拖动到合适位置，效果如图 9-72 所示。

图 9-72

step 4 选中幻灯片中绘制的动作按钮，选择【形状格式】选项卡，在【形状样式】命令组中单击【其他】按钮，在展开的库中选择一种形状样式，如图 9-73 所示。

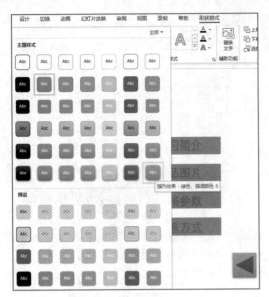

图 9-73

step 5 选中幻灯片中的动作按钮，按 Ctrl+C 组合键，再按 Ctrl+V 组合键复制该按钮，在【插入形状】组中单击【编辑形状】下拉按钮，在弹出的菜单中选择【更改形状】|【动作按钮：空白】选项，如图 9-74 所示。

图 9-74

step 6 打开【操作设置】对话框，选中【超链接到】单选按钮，单击下面的下拉按钮，在弹出的列表中选择【幻灯片】选项，如图 9-75 所示。

step 7 打开【超链接到幻灯片】对话框，选择最后 1 张幻灯片，单击【确定】按钮，如图 9-76 所示。

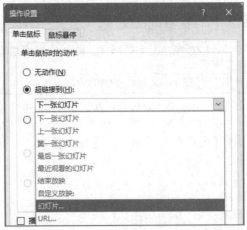

图 9-75

图 9-76

step 8 返回【操作设置】对话框，单击【确定】按钮。右击自定义的动作按钮，在弹出的菜单中选择【编辑文字】命令，然后在按钮上输入文本"结束放映"，如图 9-77 所示。

图 9-77

9.5 案例演练

本章的案例演练部分是添加动画效果等几个案例操作，用户通过练习从而巩固本章所学知识。

9.5.1 添加动画效果

【例9-8】在"商务计划书PPT"演示文稿中添加动画效果。

🔘 视频+素材 (素材文件\第09章\例9-8)

step 1 启动 PowerPoint 2021，打开"商务计划书PPT"演示文稿，选中第1张幻灯片，选择【切换】选项卡下的【覆盖】动画，如图9-78所示。

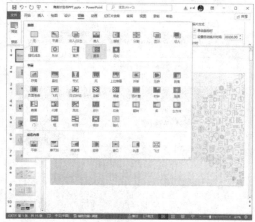

图 9-78

step 2 选中第2张幻灯片，单击【立方体】切换动画，如图9-79所示。按照同样的方法，为其余幻灯片设置切换方式。

图 9-79

step 3 在第1张幻灯片中，选中左上角的组合图形，选择【动画】选项卡中的【浮入】动画，如图9-80所示。

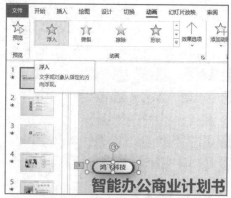

图 9-80

step 4 设置【浮入】动画效果为【下浮】，设置【计时】组中的【持续时间】为"00.50"，如图9-81所示。

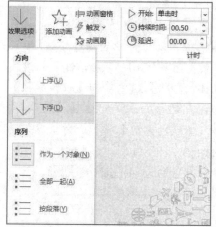

图 9-81

step 5 选中文本框，在【动画】选项卡的【高级动画】组中单击【添加动画】按钮，然后选择【更多进入效果】命令，打开【添加进入效果】对话框，选择【空翻】选项，如图9-82所示。

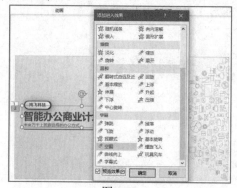

图 9-82

step 6　选中左边的线条，设置为【擦除】动画，选择效果为【自左侧】。使用同样的方法，为这根线条右边的 3 根线条设置相同的动画效果，如图 9-83 所示。

图 9-83

step 7　插入一张图片，然后设置图片对象的大小和位置，并添加【伸缩】动画，如图 9-84 所示。

图 9-84

step 8　选中右边的图形，设置为【飞入】动画，选择效果为【自右侧】，在【计时】组中设置参数，如图 9-85 所示。

step 9　使用相同的方法，为其他幻灯片中的各个对象添加不同的动画效果，并设置其动画选项，如图 9-86 所示。

图 9-85

图 9-86

9.5.2　添加交互效果

【例 9-9】在"商场购物指南 PPT"演示文稿中添加超链接和动作按钮。

视频+素材　(素材文件\第 09 章\例 9-9)

step 1　启动 PowerPoint 2021，打开"商场购物指南 PPT"演示文稿，选中第 2 张幻灯片，右击文本框中的第 1 行文字，在弹出的快捷菜单中选择【超链接】命令。

step 2　打开【插入超链接】对话框，在【链接到】列表框中单击【本文档中的位置】按钮，在【请选择文档中的位置】列表框中选择需要链接到的第 3 张幻灯片，单击【确定】按钮，如图 9-87 所示。

图 9-87

step 3 按照同样的方法，设置第 2 行文字链接到第 4 张幻灯片；第 3 行文字链接到第 5 张幻灯片；第 4 行文字链接到第 6 张幻灯片。完成链接设置后，进入放映状态，单击链接就会切换到相应的幻灯片页面，如图 9-88 所示。

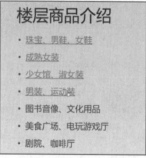

图 9-88

step 4 选择【插入】选项卡，在【插图】组中单击【形状】按钮，在弹出的列表中选择【动作按钮：空白】按钮，如图 9-89 所示。

图 9-89

step 5 在幻灯片中绘制按钮，自动打开【操作设置】对话框，选中【超链接到】单选按钮，单击下面的下拉按钮，在弹出的列表中选择【幻灯片】选项，如图 9-90 所示。

图 9-90

step 6 打开【超链接到幻灯片】对话框，选择最后 1 张幻灯片，单击【确定】按钮，如图 9-91 所示。

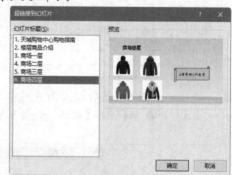

图 9-91

step 7 返回【操作设置】对话框，单击【确定】按钮。右击自定义的动作按钮，在弹出的菜单中选择【编辑文字】命令，在按钮上输入文本"跳到最后"，调整文字格式及按钮大小，如图 9-92 所示。

图 9-92

第10章

放映与发布演示文稿

在 PowerPoint 中，用户可以选择最为理想的放映速度与方式，使幻灯片的放映过程更加清晰明确。此外，用户还可以将制作完成的演示文稿进行打包或发布。本章将介绍管理演示文稿放映和发布的相关内容。

---- **本章对应视频** -------------------------------

例 10-1 将演示文稿打包成 CD   例 10-2 设置放映及发布

10.1 应用排练计时

制作完演示文稿后，用户可以根据需要进行放映前的准备。若演讲者为了专心演讲需要自动放映演示文稿，可以选择排练计时设置，从而使演示文稿自动播放。

排练计时的作用在于为演示文稿中的每张幻灯片计算好播放时间之后，在正式放映时自行放映幻灯片，演讲者则可以专心进行演讲而不用再去控制幻灯片的切换等操作。

1. 开始排练计时

在放映幻灯片之前，演讲者可以运用PowerPoint 的【排练计时】功能来排练整个演示文稿放映的时间，即让每张幻灯片的放映时间和整个演示文稿的总放映时间了然于胸。当真正放映时，就可以做到从容不迫。

实现排练计时的方法为：打开【幻灯片放映】选项卡，在【设置】组中单击【排练计时】按钮，如图10-1 所示，此时将进入排练计时状态。

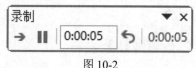

图 10-1

在打开的【录制】工具栏中将开始计时，如图10-2 所示。

图 10-2

若当前幻灯片中的内容显示的时间足够，则可单击鼠标进入下一对象或下一张幻灯片的计时，以此类推。当所有内容完成计时后，将打开提示对话框，单击【是】按钮即可保留排练计时，如图10-3 所示。

从幻灯片浏览视图中可以看到每张幻灯片下方均显示各自的排练时间，如图10-4所示。

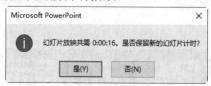

图 10-3

图 10-4

2. 取消排练计时

当幻灯片被设置了排练计时后，实际情况又需要演讲者手动控制幻灯片，那么就需要取消排练计时设置。

取消排练计时的方法为：打开【幻灯片放映】选项卡，单击【设置】组里的【设置幻灯片放映】按钮，打开【设置放映方式】对话框，在【推进幻灯片】选项区域中，选中【手动】单选按钮，单击【确定】按钮，即可取消排练计时，如图10-5 所示。

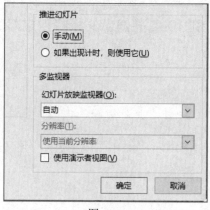

图 10-5

10.2　幻灯片放映设置

幻灯片放映前，用户可以根据需要设置幻灯片放映的方式和类型，以及进行自定义放映等操作。

10.2.1　设置放映类型

在【设置放映方式】对话框的【放映类型】选项区域中，可以设置幻灯片的放映模式。

▶　【演讲者放映(全屏幕)】模式：打开【幻灯片放映】选项卡，在【设置】组中单击【设置幻灯片放映】按钮，打开【设置放映方式】对话框。在【放映类型】选项区域中选中【演讲者放映(全屏幕)】单选按钮，然后单击【确定】按钮，即可使用该类型模式，如图 10-6 所示。该模式是系统默认的放映类型，也是最常见的全屏放映方式。在这种放映方式下，将以全屏幕的状态放映演示文稿，演讲者现场控制演示节奏，具有放映的完全控制权。用户可以根据观众的反应随时调整放映速度或节奏，还可以暂停下来进行讨论或记录观众即席反应。该模式一般用于召开会议时的大屏幕放映、联机会议或网络广播等，效果如图 10-7 所示。

图 10-6

图 10-7

▶　【观众自行浏览(窗口)】模式：在【放映类型】选项区域中选中【观众自行浏览(窗口)】单选按钮，然后单击【确定】按钮，即可使用该类型模式，如图 10-8 所示。观众自行浏览是在标准 Windows 窗口中显示的放映形式，放映时的 PowerPoint 窗口具有菜单栏、Web 工具栏，类似于浏览网页的效果，便于观众自行浏览，如图 10-9 所示。

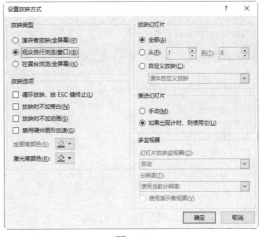

图 10-8

图 10-9

▶【在展台浏览(全屏幕)】模式：在【放映类型】选项区域中选中【展台浏览(全屏幕)】单选按钮，然后单击【确定】按钮，即可使用该类型模式，如图 10-10 所示。采用该放映类型，最主要的特点是不需要专人控制就可以自动运行，在使用该放映类型时，如超链接等的控制方法都失效。当播放完最后一张幻灯片后，会自动从第一张幻灯片重新开始播放，直至读者按下 Esc 键才会停止播放，如图 10-11 所示。

图 10-10

🎧 实用技巧

使用【在展台浏览（全屏幕）】模式放映演示文稿时，用户不能对其放映过程进行干预，必须设置每张幻灯片的放映时间，或者预先设定演示文稿排练计时，否则可能会长时间停留在某张幻灯片上。

图 10-11

10.2.2　设置放映方式

幻灯片的放映方式主要有定时放映、连续放映、循环放映、自定义放映等几种方式。

▶ 定时放映：定时放映即设置每张幻灯片在放映时停留的时间，当等待到设定的时间后，幻灯片将自动向下放映。打开【切换】选项卡，在【计时】组选中【单击鼠标时】复选框，则用户单击鼠标或按 Enter 键和空格键时，放映的演示文稿将切换到下一张幻灯片，如图 10-12 所示。

图 10-12

▶ 连续放映：在【切换】选项卡的【计时】组选中【设置自动换片时间】复选框，并为当前选定的幻灯片设置自动切换时间，再单击【应用到全部】按钮，为演示文稿中的每张幻灯片设定相同的切换时间，即可实现幻灯片的连续自动放映，如图 10-13 所示。

图 10-13

▶ 循环放映：打开【幻灯片放映】选项卡，在【设置】组中单击【设置幻灯片放映】

按钮，打开【设置放映方式】对话框。在【放映选项】选项区域中选中【循环放映，按 Esc 键终止】复选框，则在播放完最后一张幻灯片后，会自动跳转到第 1 张幻灯片，而不是结束放映，直到按 Esc 键退出放映状态，如图 10-14 所示。

图 10-14

▶ 自定义放映：自定义放映是指用户可以自定义幻灯片放映的张数，使一个演示文稿适用于多种观众，即可以将一个演示文稿中的多张幻灯片进行分组，以便给特定的观众放映演示文稿中的特定部分。用户可以用超链接分别指向演示文稿中的各个自定义放映，也可以在放映整个演示文稿时只放映其中的某个自定义放映。

设置自定义放映的步骤如下。

step 1 启动 PowerPoint 2021，打开一个演示文稿，在【幻灯片放映】选项卡中，单击【开始放映幻灯片】组中的【自定义幻灯片放映】按钮，在弹出的菜单中选择【自定义放映】命令，如图 10-15 所示。

图 10-15

step 2 打开【自定义放映】对话框，单击【新建】按钮，打开【定义自定义放映】对话框，在【幻灯片放映名称】文本框中输入文字"课件自定义放映"，在【在演示文稿中的幻灯片】列表中选择第 2 张和第 3 张幻灯片，然后单

击【添加】按钮，将两张幻灯片添加到【在自定义放映中的幻灯片】列表中，单击【确定】按钮，如图 10-16 所示。

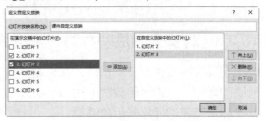

图 10-16

step 3 返回至【自定义放映】对话框，在【自定义放映】列表中显示创建的放映，单击【关闭】按钮，如图 10-17 所示。

图 10-17

step 4 在【幻灯片放映】选项卡的【设置】组中单击【设置幻灯片放映】按钮，打开【设置放映方式】对话框，在【放映幻灯片】选项区域中选中【自定义放映】单选按钮，然后在其下方的列表框中选择需要放映的自定义放映，单击【确定】按钮，如图 10-18 所示。

图 10-18

10.3　放映幻灯片

完成准备工作后，就可以开始放映已设计完成的演示文稿。在放映的过程中，用户可以使用激光笔等工具对幻灯片进行标记等操作。

10.3.1　选择开始放映方法

完成放映前的准备工作后，就可以开始放映幻灯片了。常用的放映方法为从头开始放映和从当前幻灯片开始放映等。

➤ 从头开始放映：从头开始放映是指从演示文稿的第一张幻灯片开始播放演示文稿。在 PowerPoint 2021 中，打开【幻灯片放映】选项卡，在【开始放映幻灯片】组中单击【从头开始】按钮，如图 10-19 所示。或者直接按 F5 键，开始放映演示文稿，此时进入全屏模式的幻灯片放映视图。

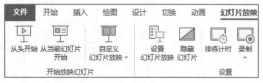

图 10-19

➤ 从当前幻灯片开始放映：当需要从指定的某张幻灯片开始放映，则可以使用【从当前幻灯片开始】功能。选择指定的幻灯片，打开【幻灯片放映】选项卡，在【开始放映幻灯片】组中单击【从当前幻灯片开始】按钮，显示从当前幻灯片开始放映的效果。此时进入幻灯片放映视图，幻灯片以全屏幕方式从当前幻灯片开始放映。

10.3.2　使用激光笔和黑白屏

在幻灯片放映的过程中，可以将鼠标设置为激光笔，也可以将幻灯片设置为黑屏或白屏显示。

1. 使用激光笔

在幻灯片放映视图中，可以将鼠标指针变为激光笔样式，以将观看者的注意力吸引到幻灯片上的某个重点内容或特别要强调的内容位置。

将演示文稿切换至幻灯片放映视图状态下，按 Ctrl 键的同时，单击鼠标左键，此时鼠标指针变成红圈的激光笔样式，移动鼠标指针，将其指向观众需要注意的内容上，如图 10-20 所示。

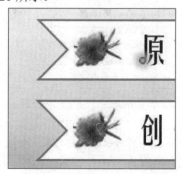

图 10-20

激光笔默认颜色为红色，可以更改其颜色，打开【设置放映方式】对话框，在【激光笔颜色】下拉列表框中选择颜色即可，如图 10-21 所示。

图 10-21

2. 使用黑白屏

在幻灯片放映的过程中，有时为了隐藏幻灯片内容，可以将幻灯片进行黑屏或白屏显示。

全屏放映下，在右键菜单中选择【屏幕】|【黑屏】命令或【屏幕】|【白屏】命令即可，如图 10-22 所示。

图 10-22

10.3.3 添加标记

若想在放映幻灯片时为重要位置添加标记以突出重点内容，那么此时就可以利用 PowerPoint 提供的笔或荧光笔来实现。其中笔主要用来圈点幻灯片中的重点内容，有时还可以进行简单的写字操作；而荧光笔主要用来突出显示重点内容，并且呈透明状。

step 1 在放映的幻灯片上右击鼠标，然后在弹出的快捷菜单中选择【指针选项】|【笔】命令，如图 10-23 所示。

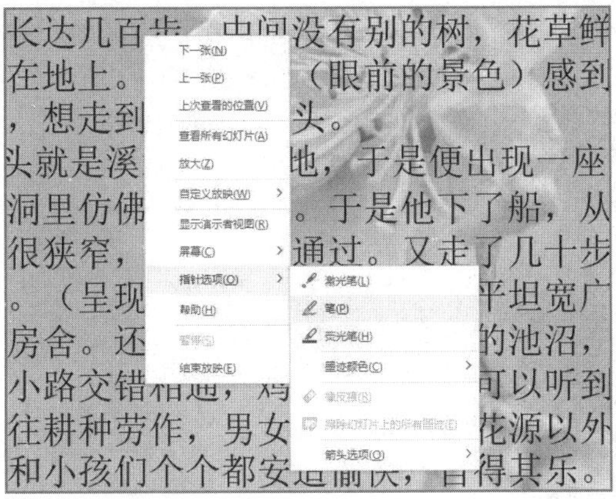

长达几百步，中间没有别的树，花草鲜在地上。（眼前的景色）感到，想走到头就是溪洞里仿佛很狭窄，（呈现房舍。还小路交错相通往耕种劳作，男女和小孩们个个都安

图 10-23

step 2 此时在幻灯片中将显示一个小红点，按住鼠标左键不放并拖动鼠标即可为幻灯中的重点内容添加标记，如图 10-24 所示。

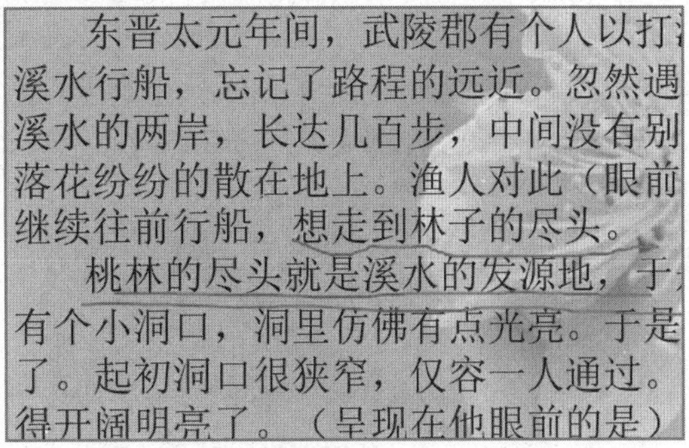

东晋太元年间，武陵郡有个人以打溪水行船，忘记了路程的远近。忽然遇溪水的两岸，长达几百步，中间没有别落花纷纷的散在地上。渔人对此（眼前继续往前行船，想走到林子的尽头。

桃林的尽头就是溪水的发源地，于有个小洞口，洞里仿佛有点光亮。于是了。起初洞口很狭窄，仅容一人通过。得开阔明亮了。（呈现在他眼前的是）

图 10-24

step 3 在放映视图中右击，从弹出的快捷菜单中选择【指针选项】|【墨迹颜色】命令，然后从弹出的颜色面板中选择【蓝色】色块，即可用蓝色笔标记，如图 10-25 所示。

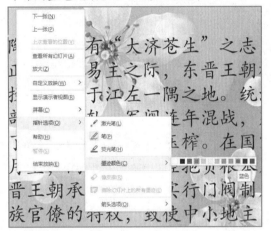

图 10-25

step 4 荧光笔的使用方法与笔相似，也是在放映幻灯片上单击鼠标右键，在弹出的快捷菜单中选择【指针选项】|【荧光笔】命令。此时幻灯片中将显示一个黄色的小方块，按住鼠标左键不放并拖动鼠标即可为幻灯片中的重点内容添加标记，如图 10-26 所示。

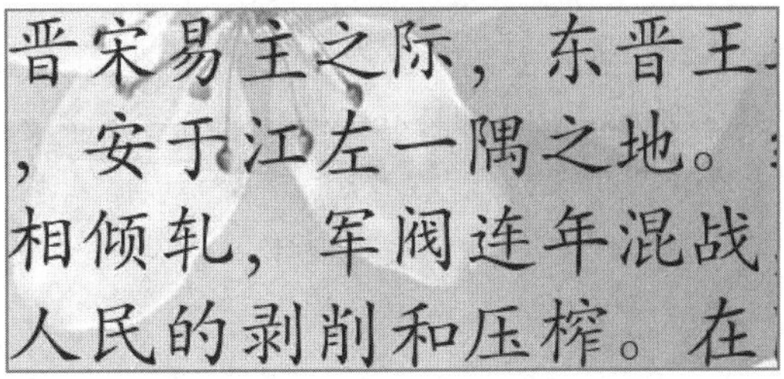

晋宋易主之际，东晋王，安于江左一隅之地。，相倾轧，军阀连年混战人民的剥削和压榨。在

图 10-26

step 5 在放映视图中右击,从弹出的快捷菜单中选择【指针选项】|【墨迹颜色】命令,然后从弹出的颜色面板中选择【绿色】色块,如图10-27所示。

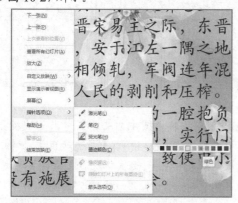

图 10-27

step 6 当幻灯片播放完毕后,单击鼠标左键退出放映状态时,系统将弹出对话框询问用户是否保留在放映时所做的墨迹注释,单击【保留】按钮,如图10-28所示。

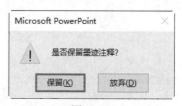

图 10-28

step 7 此时将绘制的注释图形保留在幻灯片中,效果如图10-29所示。

创作背景

　　年轻时的陶渊明本有"大济苍生"之志,可是他生活的时代正是晋宋易主之际,东晋王朝极端腐败,对外一味投降,安于江左一隅之地。统治集团生活荒淫,内部互相倾轧,军阀连年混战,赋税徭役繁重,加深了对人民的剥削和压榨。在国家濒临崩溃的动乱岁月里,陶渊明的一腔抱负根本无法实现。同时,东晋王朝承袭旧制,实行门阀制度,保护高门士族贵族官僚的特权,致使中小地主出身的知识分子没有施展才能的机会。

图 10-29

10.4　打包和发布演示文稿

通过打包演示文稿,可以创建演示文稿的 CD 或打包文件夹,然后在另一台计算机上进行幻灯片的放映。发布演示文稿是指将演示文稿转换为其他格式的文件,以满足用户其他用途的需要。

10.4.1　打包成 CD

单击演示文稿中的【文件】按钮,在弹出的界面中选择【导出】选项,在右侧的界面中选择【将演示文稿打包成 CD】选项,打开【打包成 CD】对话框,在其中单击【复制到 CD】按钮,即可将演示文稿压缩到 CD。

【例 10-1】将演示文稿打包成 CD。

视频+素材 (素材文件\第 10 章\例 10-1)

step 1 启动 PowerPoint 2021,打开"教学课件"演示文稿,单击【文件】按钮,在弹出的界面中选择【导出】命令。在右侧中间窗格的【导出】选项区域中选择【将演示文

稿打包成 CD】选项,并在右侧的窗格中单击【打包成 CD】按钮,如图 10-30 所示。

图 10-30

step 2 打开【打包成 CD】对话框，在【将 CD 命名为】文本框中输入"教学课件 CD"，单击【选项】按钮，如图 10-31 所示。

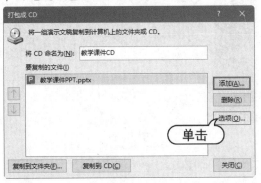

图 10-31

step 3 打开【选项】对话框，选择包含的文件，在密码文本框中输入相关的密码(这里设置打开密码为 123，修改密码为 456)，单击【确定】按钮，如图 10-32 所示。

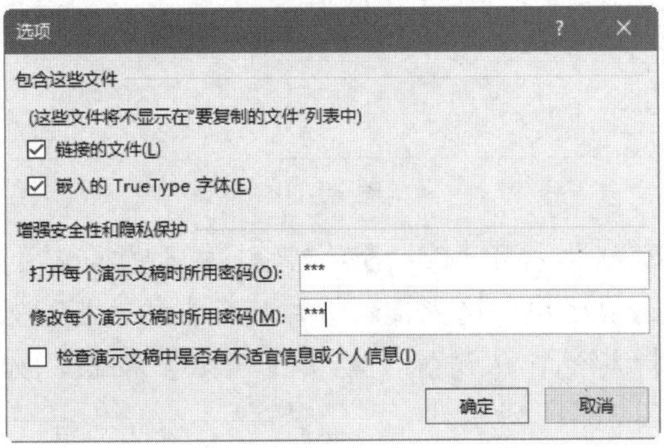

图 10-32

step 4 打开【确认密码】对话框，输入打开和修改演示文稿的密码，单击【确定】按钮，如图 10-33 所示。

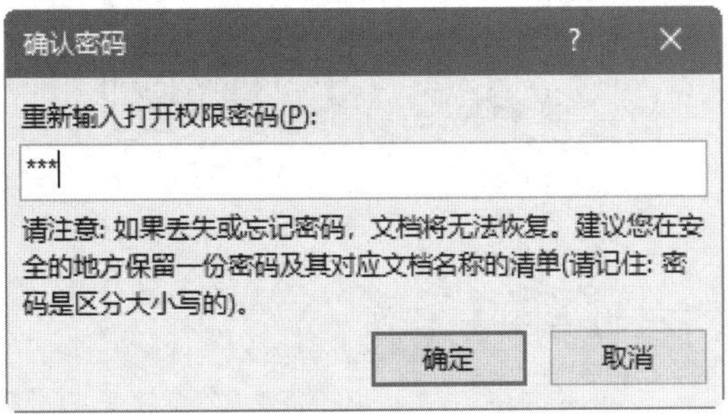

图 10-33

step 5 返回【打包成 CD】对话框，单击【复制到文件夹】按钮，如图 10-34 所示。

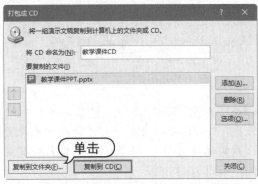

图 10-34

step 6 打开【复制到文件夹】对话框，在【位置】文本框右侧单击【浏览】按钮，如图 10-35 所示。

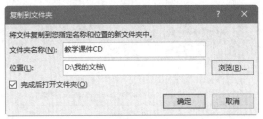

图 10-35

step 7 打开【选择位置】对话框，在其中设置文件的保存路径后，单击【选择】按钮，如图 10-36 所示。

图 10-36

step 8 返回【复制到文件夹】对话框，在【位置】文本框中查看文件的保存路径，单击【确定】按钮，如图 10-37 所示。

图 10-37

step 9 此时系统将开始自动复制文件到文件夹，打包完毕后会自动打开保存的文件夹"教学课件 CD"，将显示打包后的所有文件，如图 10-38 所示。

图 10-38

10.4.2 发布演示文稿

演示文稿制作完成后，还可以将它们转换为其他格式的文件，如图片文件、视频文件、PDF 文档等，以满足用户其他用途的需要。

1. 发布为 PDF/XPS 格式

PDF 和 XPS 格式是两种电子印刷品的格式，这两种格式都方便传输和携带。在PowerPoint 中，可以将演示文稿导出为PDF/XPS 文档来发布。

step 1 单击【文件】按钮，从弹出的界面中选择【导出】命令，选择【创建 PDF/XPS文档】选项，单击【创建 PDF/XPS】按钮，如图 10-39 所示。

step 2 打开【发布为 PDF 或 XPS】对话框，设置保存文档的路径，单击【选项】按钮，如图 10-40 所示。

图 10-39

图 10-40

step 3 打开【选项】对话框，在【发布选项】选项区域中选中【幻灯片加框】复选框，保持其他默认设置，单击【确定】按钮，如图 10-41 所示。

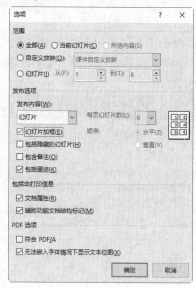

图 10-41

step 4 返回至【发布为 PDF 或 XPS】对话框，在【保存类型】下拉列表中选择 PDF 选项，单击【发布】按钮，如图 10-42 所示。

图 10-42

step 5 发布完成后，自动打开发布成 PDF 格式的文档，如图 10-43 所示。

图 10-43

2. 发布为图形文件

PowerPoint 支持将演示文稿中的幻灯片输出为 GIF、JPG、PNG、TIFF、BMP、WMF 及 EMF 等格式的图形文件。这有利于读者在更大范围内交换或共享演示文稿中的内容。

step 1 单击【文件】按钮，从弹出的界面中选择【导出】命令，在中间窗格的【导出】选项区域中选择【更改文件类型】选项，在右侧【更改文件类型】窗格的【图片文件类型】选项区域中选择【PNG 可移植网络图形格式】选项，单击【另存为】按钮，如图 10-44 所示。

图 10-44

step 2 打开【另存为】对话框，设置存放路径，单击【保存】按钮，如图 10-45 所示。

图 10-45

step 3 此时系统会弹出提示对话框，供用户选择输出为图片文件的幻灯片范围，单击【所有幻灯片】按钮，如图 10-46 所示。

图 10-46

step 4 完成输出后，自动弹出提示框，提示用户每张幻灯片都以独立的方式保存到文件夹中，单击【确定】按钮即可，输出的效果如图 10-47 所示。

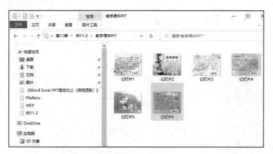

图 10-47

3. 发布为视频文件

PowerPoint 2021 可以将演示文稿转换为视频文件,以供用户通过视频播放器播放该视频文件,实现与其他用户共享该视频。

step 1 单击【文件】按钮,在弹出的菜单中选择【导出】命令,选择【创建视频】选项,并在右侧窗格的【创建视频】选项区域中设置显示选项和放映时间,单击【创建视频】按钮,如图 10-48 所示。

图 10-48

step 2 打开【另存为】对话框,设置视频文件的名称和保存路径,单击【保存】按钮,如图 10-49 所示。

图 10-49

step 3 此时 PowerPoint 的窗口任务栏中将显示制作视频的进度,如图 10-50 所示。

图 10-50

step 4 制作完毕后,打开视频存放路径,双击视频文件,即可使用计算机中的视频播放器来播放该视频,如图 10-51 所示。

图 10-51

4. 发布为讲义

在 PowerPoint 中创建讲义是指将 PowerPoint 中的幻灯片、备注等内容发送到 Word 中。

step 1 单击【文件】按钮,在弹出的菜单中选择【导出】命令,选择【创建讲义】选项,单击【创建讲义】按钮,如图 10-52 所示。

图 10-52

step ② 打开【发送到 Microsoft Word】对话框，选中【备注在幻灯片下】和【粘贴】单选按钮，单击【确定】按钮，如图 10-53 所示。

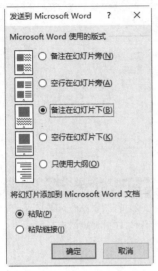

图 10-53

step ③ 发布成功后，将自动在 Word 中打开发布的内容，可以看到版式效果如图 10-54 所示。

图 10-54

10.4.3 共享演示文稿

使用联机演示和电子邮件共享可以将演示文稿提供给其他用户观看。

1. 联机演示

联机演示幻灯片利用 Windows Live 账户提供的联机服务，直接向远程观众呈现所制作的幻灯片。用户可以完全控制幻灯片的播放进度，而观众只需在浏览器中跟随浏览。使用【联机演示】功能时，需要用户先注册一个 Windows Live 账户。

step ① 单击【文件】按钮，在弹出的界面中选择【共享】选项，在右侧的【共享】界面中选择【联机演示】选项，单击【联机演示】按钮，如图 10-55 所示。

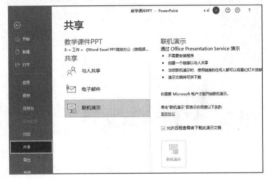

图 10-55

step ② 如果联网成功，即可显示共享的网络链接，其他用户用网页打开该链接，即可以全屏幕方式开始放映该演示文稿，如图 10-56 所示。

图 10-56

2. 电子邮件共享

读者还可以通过电子邮件发送演示文稿，并且可将演示文稿作为附件发送、以 PDF 形式发送、以 XPS 形式发送、以 Internet 传真形式发送等。选择发送后，将打开 Outlook 程序，在该程序中只需要输入收件人，单击【发送】按钮即可成功发送。

step ① 单击【文件】按钮，在弹出的界面中选择【共享】选项，在右侧的【共享】界面中选择【电子邮件】选项，单击【作为附件发送】按钮，如图 10-57 所示。

图 10-57

step ② 随后，打开 Outlook 程序，在附件位置显示演示文稿，输入收件人和正文等内容，单击【发送】按钮，如图 10-58 所示。

图 10-58

> **实用技巧**
>
> Office 2021 的三个组件，即 PowerPoint、Word、Excel 都可以电子邮件的形式发送文件，操作方法相类似。

10.5 打印演示文稿

在 PowerPoint 2021 中，制作完成的演示文稿不仅可以进行现场演示，还可以将其通过打印机打印出来，分发给观众作为演讲提示。

10.5.1 设置打印页面

在打印演示文稿前，用户可以根据自己的需要对打印页面进行设置，使打印的形式和效果更符合实际需要。

打开【设计】选项卡，在【自定义】组中单击【幻灯片大小】下拉按钮，在弹出的下拉列表中选择【自定义幻灯片大小】选项，如图 10-59 所示。

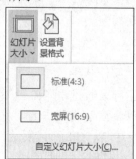

图 10-59

在打开的【幻灯片大小】对话框中对幻灯片的大小、编号和方向进行设置，单击【确定】按钮，如图 10-60 所示。

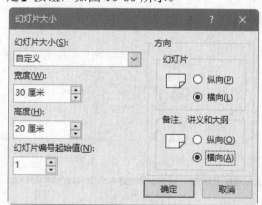

图 10-60

此时，系统会弹出提示对话框，供用户选择是要最大化内容大小还是按比例缩小以确保适应新幻灯片，单击【确保适合】按钮，如图 10-61 所示。

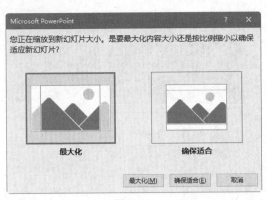

图 10-61

打开【视图】选项卡，在【演示文稿视图】组中单击【幻灯片浏览】按钮，此时即可查看设置页面属性后的幻灯片缩略图效果，如图 10-62 所示。

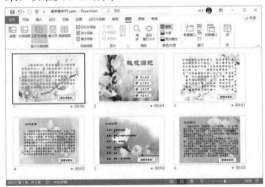

图 10-62

10.5.2 预览并打印

用户在页面设置中设置好打印的参数后，在实际打印之前，可以使用打印预览功能先预览一下打印效果。对当前的打印设置及预览效果满意后，可以连接打印机开始打印演示文稿。

单击【文件】按钮，从弹出的界面中选择【打印】命令，打开打印界面，在中间的【打印】窗格中进行相关设置，如图 10-63 所示。

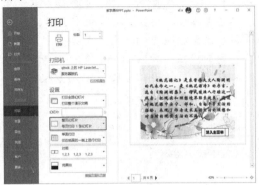

图 10-63

其中，各选项的主要作用如下。

▶ 【打印机】下拉列表：自动调用系统默认的打印机，当用户的计算机上装有多台打印机时，可以根据需要选择打印机或设置打印机的属性。

▶ 【打印全部幻灯片】下拉列表：用来设置打印范围，系统默认打印当前演示文稿中的所有内容，用户可以选择打印当前幻灯片或在其下的【幻灯片】文本框中输入需要打印的幻灯片编号。

▶ 【整页幻灯片】下拉列表：用来设置打印的版式、边框和大小等参数。

▶ 【对照】下拉列表：用来设置打印顺序。

▶ 【颜色】下拉列表：用来设置幻灯片打印时的颜色。

▶ 【份数】微调框：用来设置打印的份数。

10.6 案例演练

本章的案例演练部分是设置演示文稿的放映及发布，用户通过练习从而巩固本章所学知识。

【例 10-2】设置"公司宣传 PPT"演示文稿的放映及发布。

🎬视频+素材 (素材文件\第 10 章\例 10-2)

step 1 启动 PowerPoint 2021，打开"公司宣传 PPT"演示文稿，在【幻灯片放映】选项卡中，单击【开始放映幻灯片】组中的【自定义幻灯片放映】按钮，打开【自定义放映】对话框，单击【新建】按钮，打开【定义自定义放映】对话框，在【在演示文稿中的幻灯片】列表中选择第2、3、4张幻灯片，然后单击【添加】按钮，将3张幻灯片添加到【在自定义放映中的幻灯片】列表中，单击【确定】按钮，如图10-64所示。返回【自定义放映】对话框，单击【关闭】按钮。

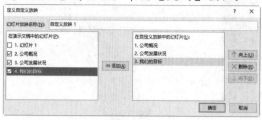

图 10-64

step 2 打开【幻灯片放映】选项卡，在【设置】组中单击【设置幻灯片放映】按钮，打开【设置放映方式】对话框。在【放映类型】选项区域中选中【演讲者放映（全屏幕）】单选按钮，然后单击【确定】按钮，即可使用该类型模式，如图10-65所示。

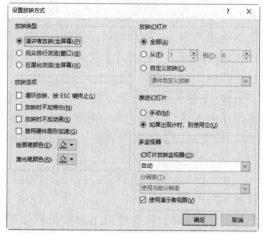

图 10-65

step 3 打开【幻灯片放映】选项卡，在【设置】组中单击【排练计时】按钮，打开【录制】工具栏，开始计时，效果如图 10-66所示。

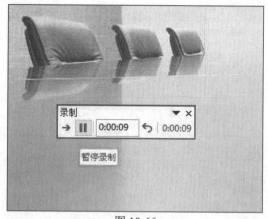

图 10-66

step 4 切换到需要添加备注的页面，如第3张幻灯片，单击幻灯片下方的【备注】按钮，在打开的备注窗格中输入备注文字内容，如图10-67所示。

图 10-67

step 5 打开【幻灯片放映】选项卡，在【开始放映幻灯片】组中单击【从头开始】按钮，或者直接按F5键，此时进入全屏模式的幻灯片放映视图，如图10-68所示。

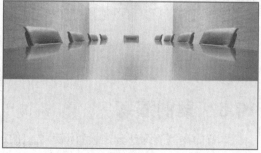

图 10-68

step 6　在放映的幻灯片上单击鼠标右键，在弹出的快捷菜单中选择【指针选项】|【荧光笔】命令，此时幻灯片中将显示一个黄色的小方块，按住鼠标左键不放并拖动鼠标，即可为幻灯片中的重点内容添加标记，如图 10-69 所示。

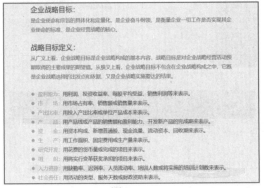

图 10-69

step 7　当幻灯片播放完毕后，单击鼠标左键退出放映状态时，系统将弹出对话框询问用户是否保留在放映时所做的墨迹注释，单击【保留】按钮，如图 10-70 所示。

图 10-70

step 8　放映时右击，选择【查看所有幻灯片】命令，在弹出的所有幻灯片缩略图中选择第 3 张幻灯片，即可跳转到第 3 张幻灯片，如图 10-71 所示。

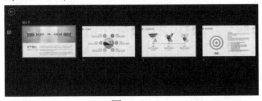

图 10-71

step 9　单击【文件】按钮，从弹出的界面中选择【导出】命令，选择【创建 PDF/XPS 文档】选项，单击【创建 PDF/XPS】按钮，如图 10-72 所示。

step 10　打开【发布为 PDF 或 XPS】对话框，设置保存文档的路径，单击【选项】按钮，如图 10-73 所示。

图 10-72

图 10-73

step 11　打开【选项】对话框，在【发布选项】选项区域中选中【幻灯片加框】复选框，保持其他默认设置，单击【确定】按钮，如图 10-74 所示。

图 10-74

step 12 返回【发布为 PDF 或 XPS】对话框，
单击【发布】按钮。发布完成后，自动打开
发布成 PDF 格式的文档，如图 10-75 所示。

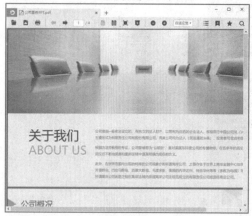

图 10-75

step 13 单击【文件】按钮，在弹出的菜单中
选择【导出】命令，选择【创建视频】选项，
并在右侧窗格的【创建视频】选项区域中设
置显示选项和放映时间，单击【创建视频】
按钮，如图 10-76 所示。

step 14 制作完毕后，打开视频存放路径，双
击视频文件，即可使用视频播放器播放该视
频，如图 10-77 所示。

图 10-76

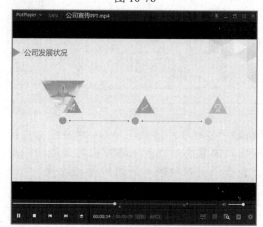

图 10-77

第11章

Office 移动和共享办公

使用 Office 组件中的 Outlook 可以轻松管理电子邮件，满足办公需求。此外，Office 组件之间还可以通过资源共享和相互协作提高办公效率。本章主要介绍办公邮件管理、Office 共享和移动办公应用等内容。

本章对应视频

11.1 Outlook 邮件管理

Outlook 在办公中主要用于邮件的管理与发送。本节主要介绍配置 Outlook，以及创建、编辑、发送、接收电子邮件等内容。

11.1.1 配置 Outlook

首次使用 Outlook，需要对 Outlook 进行简单配置，其相关操作步骤如下。

step① 启动 Outlook 2021，在打开的登录对话框中，输入邮箱账户名称，然后单击【连接】按钮，如图 11-1 所示。

图 11-1

step② 在弹出的界面中输入邮箱密码，然后单击【登录】按钮，如图 11-2 所示。

图 11-2

step③ 此时即可打开 Outlook 2021 主界面，并显示邮箱账户，如图 11-3 所示。

图 11-3

> **知识点滴**
>
> Outlook 支持不同类型的电子邮件账户，包括 Office 365、Outlook、Google、Exchange 及 POP、IMAP 等类型的邮箱，基本支持 QQ、网易、阿里、新浪、搜狐、企业邮箱等。本书使用的 Outlook 邮箱，可在登录前进行 POP 账户设置，不同的邮箱所使用的接收和发送邮件服务器各有不同的地址和端口。

11.1.2 创建、编辑和发送邮件

使用 Outlook 2021 的"电子邮件"功能，可以很方便地发送电子邮件。

step① 启动 Outlook 2021，单击【开始】选项卡下【新建】组中的【新建电子邮件】按钮，打开【邮件】对话框，在【收件人】文本框中输入收件人的电子邮箱地址，在【主题】文本框中输入邮件的主题，在邮件正文区中输入邮件的内容，如图 11-4 所示。

图 11-4

step 2 展开【邮件】选项卡【普通文本】组中的相关工具按钮，对邮件文本内容进行设置，设置完毕后单击【发送】按钮，如图 11-5 所示。

图 11-5

step 3 【邮件】窗口会自动关闭并返回主界面，在导航窗格的【已发送邮件】窗格中便多了一封已发送的邮件信息，Outlook 会自动将其发送出去，如图 11-6 所示。

图 11-6

11.1.3　接收和回复邮件

在 Outlook 2021 中接收和回复邮件是邮件操作中必不可少的操作，具体操作步骤如下。

step 1 当 Outlook 接收到邮件时，会在桌面任务栏右下角弹出消息弹窗通知用户。或者在 Outlook 2021 主界面的【发送/接收】选项卡中单击【发送/接收所有文件夹】按钮，如图 11-7 所示。

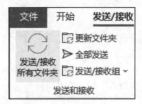

图 11-7

step 2 接收完毕后，返回主界面，在【收件箱】窗格中显示一条新邮件，如图 11-8 所示。

图 11-8

step 3 双击【收件箱】窗格中的邮件，即可打开【邮件】窗口，显示邮件的详细内容。如果要回复信件，则单击【邮件】选项卡下【响应】组中的【答复】按钮，如图 11-9 所示。

图 11-9

step 4 此时弹出回复工作界面，在【主题】下方的邮件正文区中输入需要回复的内容，Outlook 系统默认保留原邮件的内容，可以根据需要进行删除。内容输入完成后，单击【发送】按钮，即可完成邮件的回复，如图 11-10 所示。

图 11-10

11.1.4 转发邮件

转发邮件即将邮件原文不变或者稍加修改后发送给其他联系人，用户可以利用 Outlook 2021 将所收到的邮件转发给一个或者多个人。

step① 右击需要转发的邮件，在弹出的快捷菜单中选择【转发】命令，如图 11-11 所示。

图 11-11

step② 弹出转发邮件的工作界面，在【主题】下方的邮件正文区中输入需要补充的内容，Outlook 系统默认保留原邮件内容，可以根据需要进行删除。在【收件人】文本框中输入收件人的电子邮箱，单击【发送】按钮，即可完成邮件的转发，如图 11-12 所示。

图 11-12

11.1.5 删除邮件

如果是垃圾邮件或者是不想保存的邮件，用户可以在 Outlook 中进行删除邮件操作。

step① 右击需要删除的邮件，在弹出的快捷菜单中选择【删除】命令，如图 11-13 所示。

图 11-13

step② 删除邮件后，移动至【已删除邮件】窗格的邮件右侧出现【删除项目】按钮，单击该按钮，如图 11-14 所示。

图 11-14

step③ 弹出提示对话框，单击【是】按钮，如图 11-15 所示。

图 11-15

图 11-16

step 4 此时即可把邮件从邮箱中完全删除，如图 11-16 所示。

11.2　Office 2021 的共享办公

Office 文档可以放在网络或其他存储设备中，便于用户查看和编辑。用户可以跨平台、跨设备与其他人协作，共同编写文章、制作电子表格、编辑幻灯片等。

11.2.1　使用云端 OneDrive

云端 OneDrive 是微软公司推出的一项云存储服务，用户可以通过自己的 Microsoft 账户登录，并上传自己的图片、文档等到 OneDrive 中进行存储。无论身在何处，用户都可以访问 OneDrive 上的所有内容。

下面以 Excel 2021 为例，介绍将文档保存到云端 OneDrive 的具体操作步骤。

step 1 打开要保存到云端的文件，单击【文件】按钮，在打开的列表中选择【另存为】命令，在【另存为】区域选择【OneDrive】|【OneDrive-个人】选项（需要登录微软账号），如图 11-17 所示。

图 11-18

step 3 打开计算机中的【OneDrive】目录文件夹，即可看到保存的文件，如图 11-19 所示。

图 11-17

step 2 打开【另存为】对话框，在对话框中选择文件要保存的位置，这里选择保存在【OneDrive】|【文档】目录下，单击【保存】按钮，如图 11-18 所示。

图 11-19

11.2.2　共享 Office 各组件文档

　　Office 2021 提供了多种共享方式，包括与人共享、电子邮件、联机演示等。

step 1　打开一个 PowerPoint 演示文稿，单击【文件】按钮，选择【共享】命令，即可看到界面右侧的共享方式。若要将文档保存至 OneDrive 中，可以单击【与人共享】|【保存到云】按钮，如图 11-20 所示。

图 11-20

step 2　在打开的界面中选择【OneDrive-个人】选项，如图 11-21 所示。

图 11-21

step 3　打开【另存为】对话框，选择文件要保存的 OneDrive 中的文件夹，然后单击【保存】按钮即可，如图 11-22 所示。

　　电子邮件共享和联机演示共享在第 10 章中已经介绍过，这里不再赘述。

图 11-22

11.2.3　使用 OneNote 共享

　　Office 中的组件 OneNote 是一款自由度很高的笔记应用，用户可以在任何位置随时使用它记录自己的想法、添加图片、记录待办事项等。OneNote 同时也支持共享功能，用户可以用不同方式进行共享，达到信息的最大化利用。

step 1　启动 OneNote 2021，选择【文件】|【新建】命令，单击【浏览】按钮，如图 11-23 所示。

图 11-23

step 2　打开【创建新的笔记本】对话框，设置笔记本的位置和名称，然后单击【创建】按钮，如图 11-24 所示。

图 11-24

step 3 此时创建一个名为"工作笔记"的空白笔记本,默认情况下,新建笔记本后,包含一个"新分区 1"的分区,分区相当于活页夹中的标签分割片,用户可以创建不同的分区以方便管理,如图 11-25 所示。

图 11-25

step 4 在内容区输入标题和内容,完成笔记本内容的输入后,单击【文件】按钮,选择【信息】命令,在【笔记本信息】界面中单击【设置】下拉按钮,选择【共享或移动】选项,如图 11-26 所示。

step 5 在打开的界面中可以选择【与人共享】【获取共享链接】【与会议共享】【移动笔

记本】等选项进行共享,如图 11-27 所示。

图 11-26

图 11-27

11.3　Office 2021 的协同办公

在日常工作中,用户可以使用 Word、Excel 和 PowerPoint 等 Office 组件相互协作,以提高工作效率。

11.3.1　Word 和 Excel 的协同办公

为了节省输入数据的时间,用户可以在 Word 中导入现有的 Excel 表格或者在 Word 中直接粘贴 Excel 数据,也可以在 Excel 中粘贴 Word 文本。

1. 在 Word 文档中插入 Excel 表格

如果想要在 Word 文档"销售报告"中插入已经创建完毕并保存到电脑中的 Excel 表格"销售额统计表",只需选择该 Excel 表格,然后以链接或图标的形式将其插入文

档中,当源文件的数据发生变化时,导入 Word 中的 Excel 表格数据也会随之变化。

【例 11-1】在"销售报告"文档中插入"销售额统计表"。

视频+素材 (素材文件\第 11 章\例 11-1)

step 1 启动 Word 2021,打开"销售报告"文档,将光标插入点放置在要导入 Excel 表格的位置,在【插入】选项卡中单击【文本】组的【对象】右侧的下拉按钮,从展开的下拉列表中选择【对象】命令,如图 11-28 所示。

图 11-28

step② 打开【对象】对话框，选择【由文件创建】选项卡，单击【浏览】按钮，如图 11-29 所示。

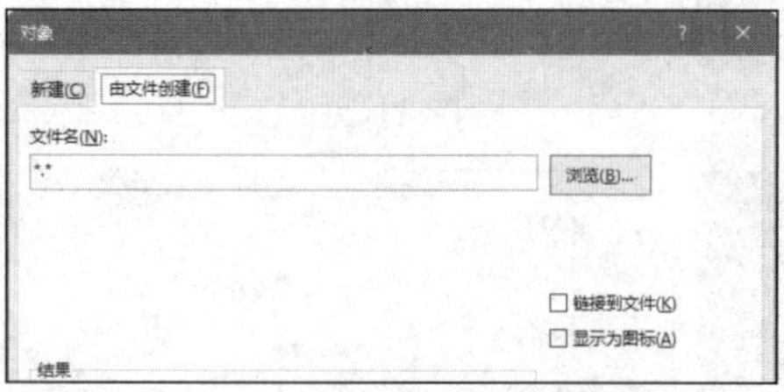

图 11-29

step③ 打开【浏览】对话框，选择需要导入的 Excel 文件，如选择"销售额统计表.xlsx"，单击【插入】按钮，如图 11-30 所示。

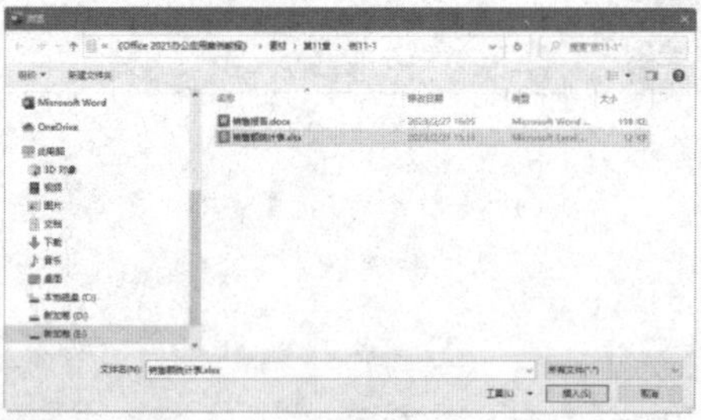

图 11-30

step④ 返回【对象】对话框，选中【链接到文件】复选框，单击【确定】按钮，如图 11-31 所示。

图 11-31

step⑤ 返回文档中，此时在光标插入点处显示出 "销售额统计表"的内容，如图 11-32 所示。

二、各地区销售额统计

2023年度销售额统计					
单位：万					
	一季度	二季度	三季度	四季度	总销售额
北京地区	11	25	10	30	76
重庆地区	50	60	40	30	180
四川地区	30	50	55	35	170
上海地区	5	4	6	5	20

图 11-32

step⑥ 双击 Word 中导入的工作表，打开【销售额统计表】工作簿，若要更改工作表中的数据，如将 B4 单元格数据更改为"12"，此时可以看到 Word 中数据发生相应的更改，如图 11-33 所示。

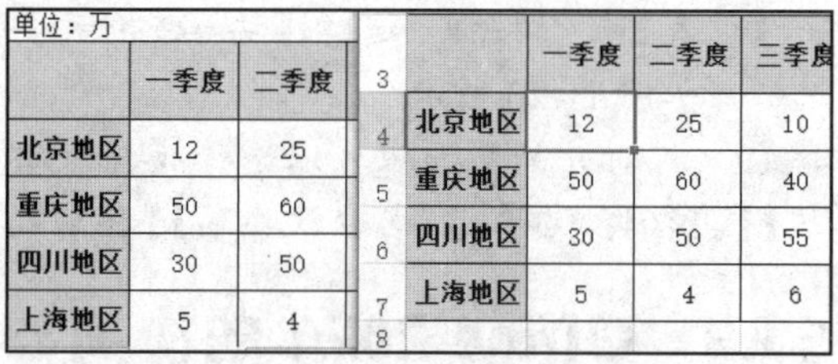

图 11-33

2. 将 Excel 中部分数据引用到 Word 中

如果用户只需要 Excel 表格中的部分数据，再采用导入对象的方式就不合适了。这里可以直接采用复制和粘贴的方法，只复制 Excel 中需要的部分数据，然后粘贴到 Word 中。

在销售报告中，如果只需要查看各地区各季度的销售情况，而不需要查看其总销售额，那么可利用复制、粘贴的方法只将 Excel 表格中的部分数据引入 Word 文档中。

step① 启动 Excel 2021，打开"销售额统计表"工作簿，选中要引入 Word 中的数据区域，如选中 A3:E7 单元格区域，按 Ctrl+C 组合键复制数据，如图 11-34 所示。

step 2 将光标插入点定位在要粘贴数据的位置，按 Ctrl+V 组合键粘贴要复制的数据，如图 11-35 所示。

2023年度销售额统计

	一季度	二季度	三季度	四季度	总销售额
北京地区	11	25	10	30	76
重庆地区	50	60	40	30	180
四川地区	30	50	55	35	170
上海地区	5	4	6	5	20

图 11-34

二、各地区销售额统计

	一季度	二季度	三季度	四季度
北京地区	11	25	10	30
重庆地区	50	60	40	30
四川地区	30	50	55	35
上海地区	5	4	6	5

图 11-35

3. 将 Word 中的表格转换为 Excel 表格

将 Word 中的数据转换到 Excel 表格中，便于利用 Excel 强大的数据处理和分析功能，对数据进行进一步的分析。方法是采用 Ctrl+C 组合键复制 Word 中的表格，切换至 Excel 中，按 Ctrl+V 组合键粘贴表格。

step 1 启动 Word 2021，打开"销售报告"文档，选中 Word 中的表格，按 Ctrl+C 组合键对其进行复制，如图 11-36 所示。

总的来说公司人员还是在增加的。其中人员减少的部门有销售部、财务部和物流部；人员在增多的部门有研发部、采购部和行政部，这些都属于比较正常的人员流动情况。现将各部门人员的流动情况列表如下：

部门	原有人数	现有人数	增减
销售部	110	103	-7
财务部	24	20	-4
研发部	102	110	+8
采购部	34	40	+6
行政部	12	18	+6
物流部	33	30	-3

图 11-36

step 2 切换至 Excel 中，按 Ctrl+V 组合键粘贴表格，如图 11-37 所示。

部门	原有人数	现有人数	增减
销售部	110	103	-7
财务部	24	20	-4
研发部	102	110	8
采购部	34	40	6
行政部	12	18	6
物流部	33	30	-3

图 11-37

11.3.2　Word 和 PPT 的协同办公

将 Word 文档转换为 PowerPoint 演示文稿的方法通常有两种：一种是最简单的直接复制、粘贴的方法；另一种是用大纲形式，即先将文档转换为不同级别的大纲形式，然后再将其导入 PowerPoint 演示文稿中。

1. 用复制、粘贴的方式

Word 中的文本、表格、图片等内容可以直接复制、粘贴到 PowerPoint 幻灯片中，复制的内容将包含原有的格式。

【例 11-2】在"销售报告"文档中的内容复制到"销售总结 PPT"中。

视频+素材 (素材文件\第 11 章\例 11-2)

step 1 启动 Word 2021，选择标题文本"各区域销售报告"，然后按 Ctrl+C 组合键进行复制，如图 11-38 所示。

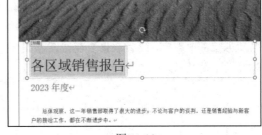

各区域销售报告

2023 年度

总体观察，这一年销售部取得了很大的进步，不论是客户的谈判，还是销售经验与新客户的接洽工作，都在不断进步中。

图 11-38

step 2 打开"销售总结 PPT"演示文稿，切换至第 1 张幻灯片，将插入点置于标题占位符中，按 Ctrl+V 键粘贴标题内容，或选择【粘贴】|【保留源格式】选项，如图 11-39 所示。

图 11-39

step 3 采用相同的方法，在 Word 中选择要复制的内容后按 Ctrl+C 组合键，然后切换至 PowerPoint 对应的幻灯片中，将光标插入点定位在要粘贴的占位符中，按 Ctrl+V 组合键进行粘贴，图 11-40 所示为粘贴的北京地区销售情况。

图 11-40

step 4 如果需要粘贴表格，在 Word 中选中表格并进行复制后，切换至对应的幻灯片中，粘贴到占位符中即可，此时表格自动应用当前幻灯片的主题效果，如图 11-41 所示。

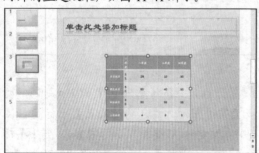

图 11-41

2. 使用幻灯片大纲功能

通过复制、粘贴的方法将 Word 文档内容转换为 PowerPoint 演示文稿虽然简单，但需要将 Word 文档中的内容逐一进行复制和粘贴，操作起来有些麻烦且容易出错。我们还可以将 Word 文档中的内容设置为不同的大纲级别，如将正标题设置为 1 级，副标题设置为 2 级，正文内容设置为 3 级，然后使用 PowerPoint 中的幻灯片大纲功能，将 Word 文档中的文本内容按照不同的大纲级别显示。

【例 11-3】使用大纲功能将 Word 转换为 PowerPoint。

视频+素材 (素材文件\第 11 章\例 11-3)

step 1 启动 PowerPoint 2021，打开"销售总结 PPT"演示文稿，切换至第 1 张幻灯片中，分别输入标题和副标题文本，如图 11-42 所示。

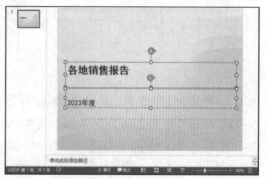

图 11-42

step 2 在【开始】选项卡中单击【新建幻灯片】按钮，从展开的下拉列表中选择【幻灯片（从大纲)】选项，如图 11-43 所示。

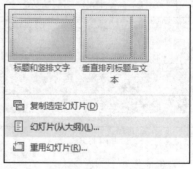

图 11-43

step 3 打开【插入大纲】对话框,选择需插入的 Word 文档保存的位置,然后选择要插入的文档, 这里选择 "北京地区销售报告.docx" 文档,单击【插入】按钮,如图 11-44 所示。

图 11-44

step 4 返回幻灯片中,此时可以看到系统自动插入了 Word 文档中的内容,并将标题显示在标题占位符中,而将正文内容显示在内容占位符中, 如图 11-45 所示。

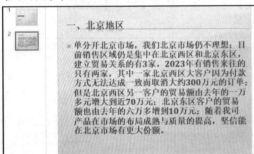

图 11-45

step 5 使用相同的方法,在【插入大纲】对话框中选择 "重庆地区销售报告.docx" 文档,该文档内容将插入第 3 张幻灯片中,如图 11-46 所示。

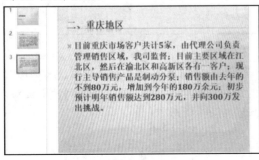

图 11-46

step 6 使用相同的方法,在【插入大纲】对话框中选择 "四川地区销售报告.docx" 文档,该文档内容将插入第 4 张幻灯片中,如图 11-47 所示。

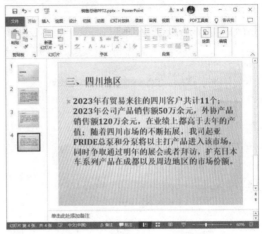

图 11-47

3. 将演示文稿链接到 Word 中

为了达到更直观的展示效果,用户可以将事先制作好的演示文稿以超链接的形式链接到 Word 文档中,使文档的内容更丰富,更具说服力。

【例 11-4】将 "销售总结 PPT" 链接到 "销售报告" 文档中。

🎬 视频+素材 (素材文件\第 11 章\例 11-4)

step 1 启动 Word 2021,打开 "销售报告" Word 文档,将光标插入点定位在要插入超链接的位置,然后在【插入】选项卡中单击【链接】按钮,如图 11-48 所示。

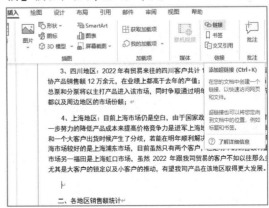

图 11-48

step 2 打开【插入超链接】对话框,在【链接到】列表框中选择【现有文件或网页】选项,然后在右侧的列表框中选择要插入的"销售总结PPT"演示文稿,单击【确定】按钮,如图11-49所示。

图 11-49

step 3 返回文档中,此时在光标插入点所在处插入了一个名为"销售总结 PPT.pptx"的超链接,按住 Ctrl 键后单击该超链接,如图 11-50 所示。

图 11-50

step 4 系统自动打开所链接到的"销售总结PPT"演示文稿,在该演示文稿中可详细浏览内容,如图 11-51 所示。

图 11-51

11.3.3 Excel 和 PPT 的协同办公

用户经常需要将 Excel 中制作完成的表格数据或图表插入幻灯片中,或者在 Excel 表格中插入演示文稿的链接。比如在"销售总结 PPT"演示文稿中插入"销售额统计表"表格数据,为演示文稿提供更具说服力的数据。

1. 在演示文稿中插入工作簿

在"销售总结 PPT"中,由于缺少相应的统计数据,因此需要将"销售额统计表"中的表格数据插入指定的幻灯片中。

【例 11-5】在"销售总结 PPT"中插入"销售额统计表"。

🔘 视频+素材 (素材文件\第 11 章\例 11-5)

step 1 启动 PowerPoint 2021,打开"销售总结 PPT"演示文稿,切换至需要插入表格数据的幻灯片,这里选择第 3 张幻灯片,在【插入】选项卡中单击【对象】按钮,如图 11-52 所示。

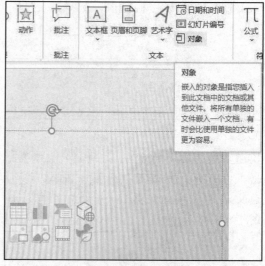

图 11-52

step 2 打开【插入对象】对话框,选中【由文件创建】单选按钮,再单击【浏览】按钮,如图 11-53 所示。

图 11-53

step 3 打开【浏览】对话框，选择要插入的"销售额统计表"工作簿，单击【确定】按钮，如图 11-54 所示。

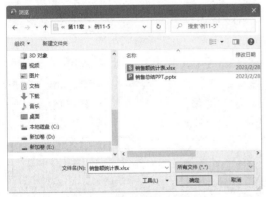

图 11-54

step 4 返回【插入对象】对话框，选中【链接】复选框，单击【确定】按钮。

step 5 返回幻灯片中，此时可以看到在幻灯片中插入了"销售额统计表"工作簿的表格，如图 11-55 所示。

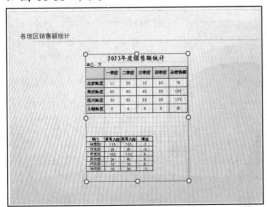

图 11-55

step 6 双击幻灯片中的表格，系统自动打开

"销售额统计表"工作簿。在工作簿中修改数据，修改后幻灯片中的数据也会跟着变化，如图 11-56 所示。

图 11-56

2. 在演示文稿中插入新建的工作表

除了可以在 PowerPoint 中插入已经创建完毕的 Excel 工作表，还可以在 PowerPoint 中插入一个空白的新建的 Excel 工作表。

【例 11-6】在"销售总结 PPT"中插入空白工作表。

视频+素材 (素材文件\第 11 章\例 11-6)

step 1 启动 PowerPoint 2021，打开"销售总结 PPT"演示文稿，切换至需要插入 Excel 工作表的幻灯片，这里选择第 4 张幻灯片，在【插入】选项卡中单击【对象】按钮。

step 2 打开【插入对象】对话框，选中【新建】单选按钮，然后在【对象类型】列表框中选择【Microsoft Excel Binary Worksheet】选项，单击【确定】按钮，如图 11-57 所示。

图 11-57

step 3 返回幻灯片中，此时在该幻灯片中插入一个空白的 Excel 工作表，工作表呈编辑状态，如图 11-58 所示。

step 4 在空白的工作表中输入需要的数据，如同在 Excel 组件中一样，用户可以在输入数据后适当调整文字大小、行高列宽等，并拖动四周的控制点，调整表格的大小，隐藏多余的空白单元格，调整完毕后单击幻灯片的空白处退出编辑状态，如图 11-59 所示。

图 11-58

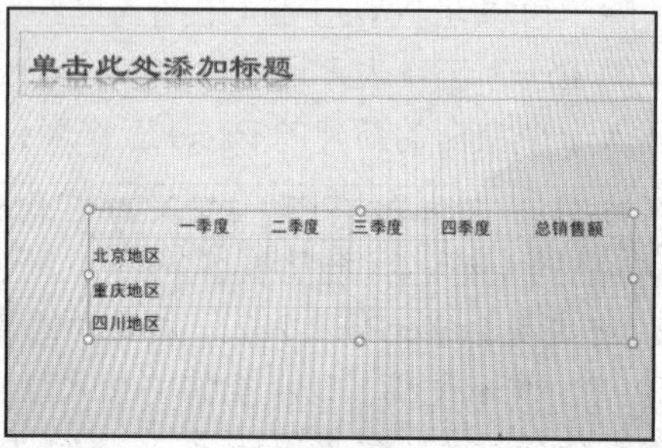

图 11-59

3. 在工作簿中插入演示文稿链接

在 Excel 中也可以插入 PowerPoint 文件，插入方法与前面介绍的在 Word 文档中插入 PowerPoint 文件的方法类似。

【例 11-7】在"销售额统计表"中插入 PPT 链接。

视频+素材 (素材文件\第 11 章\例 11-7)

step 1 启动 Excel 2021，打开"销售额统计表"工作簿，选中要插入超链接的单元格，如 A10 单元格，然后在【插入】选项卡中单击【链接】按钮，如图 11-60 所示。

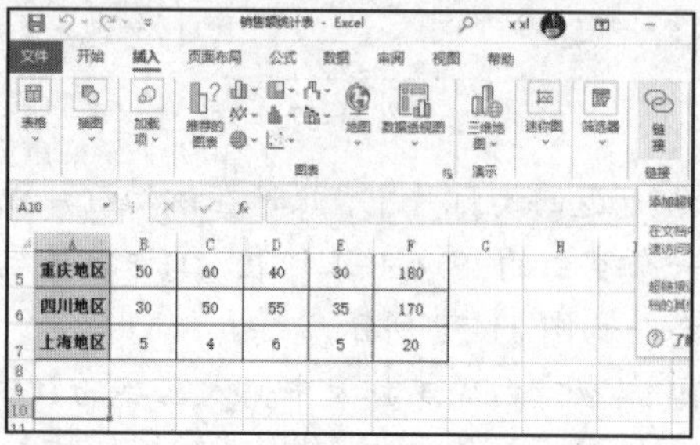

图 11-60

step 2 打开【插入超链接】对话框，在【链接到】列表框中选择【现有文件或网页】选项，选择【当前文件夹】选项，选择"销售总结 PPT"演示文稿，单击【确定】按钮，如图 11-61 所示。

图 11-61

step 3 返回文档中，此时在 A10 单元格中插入了一个名为"销售总结 PPT.pptx"的超链接，按住 Ctrl 键后单击该超链接，如图 11-62 所示。

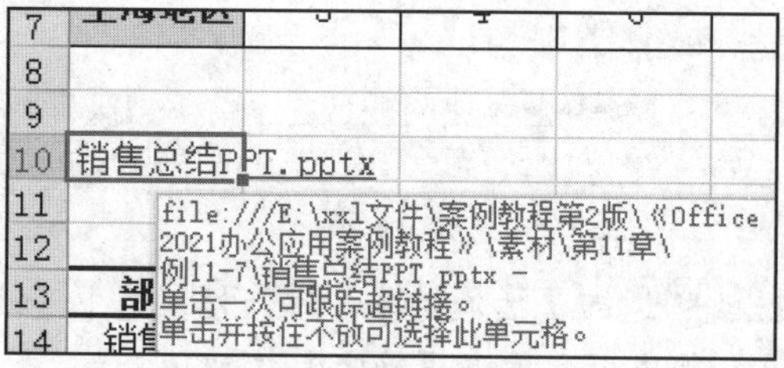

图 11-62

step 4 系统自动打开所链接到的"销售总结 PPT"演示文稿，在该演示文稿中可详细浏览内容，如图 11-63 所示。

图 11-63

step 5 此外还可以在 Excel 中制作一个新建演示文稿的链接，只需打开【插入超链接】对话框，在【链接到】列表框中单击【新建文档】按钮，在【新建文档名称】文本框中输入需要新建演示文稿的名称"新建销售PPT"，单击【更改】按钮，如图 11-64 所示。

图 11-64

step 6　打开【新建文档】对话框，设置新建演示文稿的保存位置和文件名，单击【确定】按钮，如图 11-65 所示。

图 11-65

step 7　返回【插入超链接】对话框，选中【开

始编辑新文档】单选按钮，单击【确定】按钮，如图 11-66 所示。

图 11-66

step 8　此时，系统自动新建一个名为"新建销售 PPT"的演示文稿，如图 11-67 所示。用户可以添加幻灯片对其进行编辑。

图 11-67

11.4　Office 的移动办公

使用移动设备上的 Office 各组件可以随时随地进行办公，轻松完成平时需要在电脑上完成的工作。本节介绍如何将电脑中的文件快速传输至移动设备中，以及使用移动设备上的 Office 进行办公的操作方法。

11.4.1　将文件传输到移动设备

移动办公是利用手机、平板电脑等移动设备上可以和电脑互联的软件应用系统，随时随地完成办公需求。移动办公的优势在于操作便利，方便携带，办公高效快捷。

要满足移动办公的设备必须具有以下特征。

▶ 便携性：手机、平板电脑和笔记本电脑等均适合移动办公，这些设备体积较小，便于携带，打破了空间的局限性，办公人员不用一直待在办公室里，在家里或在车上都可以工作。

▶ 系统和设备支持：要想实现移动办公，必须具有能够支持办公软件的操作系统和设备，如 iOS 操作系统、Android 操作系统、Windows Mobile 操作系统等具有扩展功能的系统及对应的设备等。现在流行的华为手机、苹果手机、OPPO 手机、iPad 平板电脑以及笔记本电脑等都可以实现移动办公。

▶ 网络支持：很多工作都需要在连接有网络的情况下进行，如传输办公文件等，所以网络的支持必不可少。目前最常用的网络有 4G/5G 网络和 Wi-Fi 无线网络等。

将办公文件传输到移动设备中，方便携带，还可以随时随地进行办公。

1. 将移动设备作为 U 盘传输办公文件

用户可以将移动设备以 U 盘的形式，使用数据线连接至电脑 USB 接口。在手机上弹出【USB 用于】窗口，选择【传输文件】选项表示可以和电脑传输文件，如图 11-68 所示。

图 11-68

此时，双击电脑桌面上的【此电脑】图标，打开【此电脑】对话框，双击并打开存储设备(此处为【OPPO Find X2 Pro】手机设备)，如图 11-69 所示，然后将电脑中的文件复制并粘贴至该移动设备中即可。

图 11-69

2. 使用同步软件

通过数据线或者 Wi-Fi 网络，在电脑中安装同步软件，然后将电脑中的数据下载至手机中。安卓设备可以借助 360 手机助手等，iOS 设备则可使用 iTunes 软件实现，如图 11-70 和图 11-71 所示。

图 11-70

图 11-71

3. 使用 QQ 传输文件

在移动设备和电脑中登录同一 QQ 账号,在电脑端 QQ 主界面的【我的设备】(此处为【我的 Android 手机】)中双击识别的移动设备,如图 11-72 所示。在打开的窗口中可直接将文件拖曳至窗口中,从而将办公文件传输到移动设备。

图 11-72

或者单击 QQ 对话窗口中的 按钮,如图 11-73 所示。

图 11-73

打开对话框,选择要传输的文件,单击【打开】按钮,如图 11-74 所示。

图 11-74

此时将文件上传至电脑端 QQ,如图 11-75 所示,再用手机上的 QQ 端接收文件即可。

图 11-75

4. 将文件备份到 OneDrive

用户可以直接将办公文件保存至 OneDrive,然后使用同一账号在移动设备中登录 OneDrive,实现电脑与手机文件的同步。

在【此电脑】窗口中选择【OneDrive】选项,打开【OneDrive】窗口。选择要上传的文件,复制并粘贴到【OneDrive】|【文档】窗口中,如图 11-76 所示。此时在手机中登录 OneDrive,即可查看和使用上传至【OneDrive】|【文档】中的文件内容。

图 11-76

11.4.2　使用手机修改 Word 文档

本节以 Android 手机上的 Microsoft Word 为例,介绍如何在手机上修改 Word 文档。

【例 11-8】 使用手机上的 Microsoft Word 修改文档。 🔑▶视频

step 1 下载并安装 Microsoft Word 手机端 App。使用前面的方法将文档传输到手机中，找到存储位置并单击"工作报告总结.docx"文档，即可使用手机版 Word 打开该文档，如图 11-77 所示。

图 11-77

step 2 打开文档，单击界面上方的 📄 按钮，可自适应手机屏幕显示文档；然后单击【编辑】按钮 ✏️，进入文档编辑状态；选中标题文本，单击【开始】面板中的【倾斜】按钮，使标题以斜体显示，如图 11-78 所示。

图 11-78

step 3 将插入点放置在合适的位置，按虚拟键盘的回车键另起一行，单击【开始】按钮，选择【插入】选项卡，如图 11-79 所示。

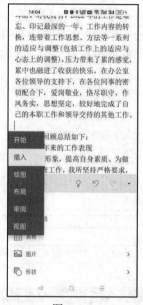

图 11-79

step 4 在该选项卡中选择【形状】选项，如图 11-80 所示。

图 11-80

step 5 选择【线条】|【直线】选项，如图 11-81 所示。

图 11-81

step 6 在空行中手绘直线，然后单击【轮廓】按钮 🖉，如图 11-82 所示。

图 11-82

step 7 选择一种轮廓颜色，如图 11-83 所示。

图 11-83

step 8 选中最后一行文字，将"三"修改成"四"，然后单击【字体颜色】按钮 A，如图 11-84 所示。

图 11-84

step 9 选择一种字体颜色,如图 11-85 所示。

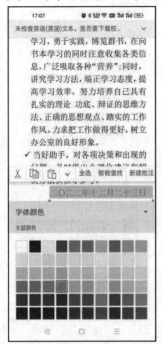

图 11-85

step 10 编辑完毕后,单击右上角的【菜单】按钮 ，在弹出的菜单中选择【保存】选项,保存修改后的 Word 文档,如图 11-86 所示。

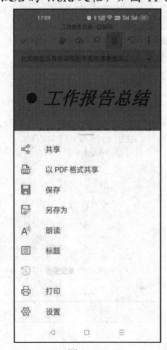

图 11-86

11.4.3　使用手机计算 Excel 数据

本节以 Android 手机上的 Microsoft Excel 为例,介绍如何在手机上计算 Excel 表格数据。

【例 11-9】 使用手机上的 Microsoft Excel 计算表格数据。 视频

step 1 下载并安装 Microsoft Excel 手机端 App。使用前面的方法将工作簿传输到手机中,找到存储位置并单击"销售汇总.xlsx"工作簿,即可使用手机版 Excel 打开该工作簿,如图 11-87 所示。

图 11-87

step 2 选中 D9 单元格,单击【开始】按钮,选择【公式】选项卡,如图 11-88 所示。

图 11-88

step 3 在该选项卡中选择【自动求和】选项，如图 11-89 所示。

图 11-89

step 4 继续选择【求和】选项，如图 11-90 所示。

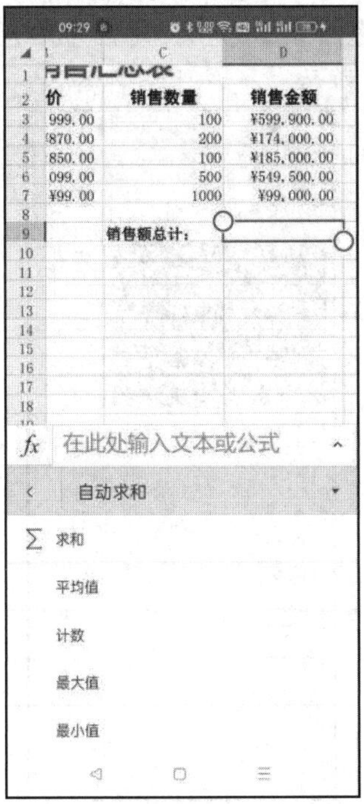

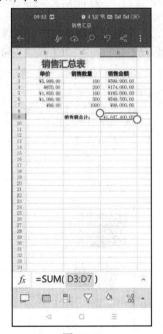

图 11-90

step 5 在编辑栏内输入求和公式，或者选择表格内的计算范围 "D3:D7"，然后单击☑按钮，如图 11-91 所示。

图 11-91

step 6 此时即可计算出销售额总计数值，如图 11-92 所示。

图 11-92

11.4.4　使用手机制作演示文稿

本节以 Android 手机上的 Microsoft PowerPoint 为例，介绍如何在手机上创建并编辑演示文稿。

【例 11-10】 使用手机上的 Microsoft PowerPoint 制作演示文稿。📀视频

step 1 下载并安装 Microsoft PowerPoint 手机端 App，进入其主界面，单击顶部的【新建】按钮➕，如图 11-93 所示。

图 11-93

step 2 进入【新建】界面，可以根据需要创建空白演示文稿，也可以选择下方的模板创建新演示文稿。这里选择【麦迪逊】选项，如图 11-94 所示。

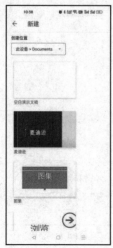

图 11-94

step 3 根据模板创建一个空白演示文稿，然后根据需要在两个标题文本占位符中输入相关文本内容，如图 11-95 所示。

图 11-95

step 4 单击【编辑】按钮✎，进入编辑状态，在【开始】面板中设置标题的字体、字号、字体颜色等，并将其设置为右对齐，如图 11-96 所示。

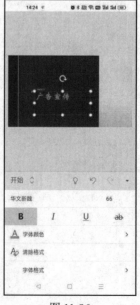

图 11-96

step 5　单击屏幕右下方的【新建】按钮 +，新建幻灯片页面，然后删除其中的文本占位符，如图 11-97 所示。

图 11-97

step 6　再次单击【编辑】按钮，进入文档编辑状态，选择【插入】选项卡，选择【图片】选项，如图 11-98 所示。

图 11-98

step 7　选择一张手机中存储的图片，如图 11-99 所示。

图 11-99

step 8　单击【完成】按钮即可插入图片，如图 11-100 所示。

图 11-100

step 9 在打开的【图片】面板中可以对图片进行样式选择、裁剪、旋转及移动等编辑操作，这里选择【样式】中的一种图片样式选项，如图 11-101 所示。

图 11-101

step 10 选择【映像】中的一种图片效果选项，如图 11-102 所示。

图 11-102

step 11 选择第 1 张幻灯片，选择【切换】选项卡，选择【切换效果】选项，如图 11-103 所示。

图 11-103

step 12 选择【推入】切换效果，如图 11-104 所示。

图 11-104

step ⑬ 返回【切换】选项卡，选择【效果选项】|【自右侧】选项，如图 11-105 所示。

图 11-105

step ⑭ 选择第 2 张幻灯片，选中图片后，选择【动画】选项卡，选择【进入效果】选项，如图 11-106 所示。

图 11-106

step ⑮ 选择【进入效果】中的【百叶窗】动画效果选项，如图 11-107 所示。

图 11-107

step ⑯ 返回【动画】选项卡，选择【效果选项属性】|【垂直】选项，如图 11-108 所示。

图 11-108

step ⑰ 制作完成之后，单击右上角的【菜单】按钮 ⁝⁝ ，在弹出的菜单中选择【保存】选项，如图 11-109 所示。

图 11-109

step ⑱ 在【保存】界面中选择【重命名此文件】选项，并设置名称为"广告宣传"，保存该演示文稿，如图 11-110 所示。

图 11-110

11.5 案例演练

本章的案例演练部分是在演示文稿中插入 Excel 图表，用户通过练习从而巩固本章所学知识。

【例 11-11】新建演示文稿，插入 Excel 图表。

🎬视频+素材 （素材文件\第 11 章\例 11-11）

step ① 启动 PowerPoint 2021，新建一个名为"Excel 图表"的演示文稿。

step ② 启动 Excel 2021，打开"成绩表"工作簿，选中需要在演示文稿中使用的图表，如图 11-111 所示，按下 Ctrl+C 组合键进行复制。

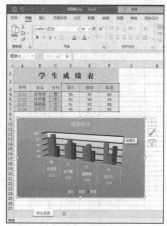

图 11-111

step ③ 切换到 PowerPoint，选择【开始】选项卡，在【剪贴板】组中单击【粘贴】按钮，在弹出的下拉列表中选择【保留原格式和嵌入工作簿】选项，如图 11-112 所示。

图 11-112

step ④ 拖动图表四周的控制点，可以调整其在幻灯片中的位置和大小，如图 11-113 所示。

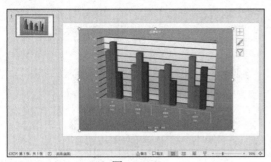

图 11-113

step 5　此外还可以在 PowerPoint 中新建 Excel 图表。新建空白幻灯片，选择【插入】选项卡，在【文本】组中单击【对象】按钮，打开【插入对象】对话框，在【对象类型】列表框中选中【Microsoft Excel Chart】选项，然后单击【确定】按钮，如图 11-114 所示。

图 11-114

step 6　此时，将在幻灯片中插入一个如图 11-115 所示的 Excel 预设图表。

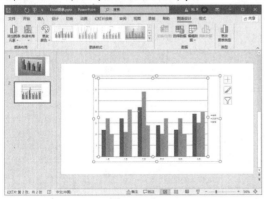

图 11-115

step 7　选中图表，单击【图表设计】选项卡的【编辑数据】按钮，弹出【Microsoft PowerPoint 中的图表】窗口，输入图表数据，如图 11-116 所示。

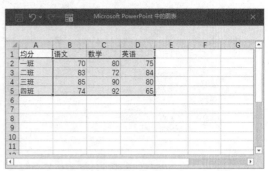

图 11-116

step 8　关闭该窗口，此时图表效果如图 11-117 所示。

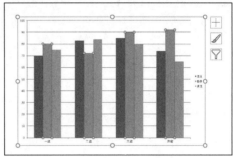

图 11-117

step 9　右击图表，在弹出的快捷菜单中选择【更改图表类型】命令，在打开的【更改图表类型】对话框中，可以修改图表的类型，如图 11-118 所示。

图 11-118

step 10　双击图表，用户可以在打开的窗格中设置图表背景等，如图 11-119 所示。

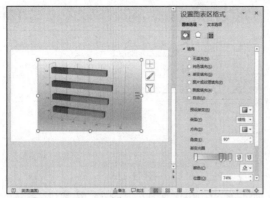

图 11-119

step ⑪ 在【图表设计】选项卡中选择一种图表样式，效果如图 11-120 所示。

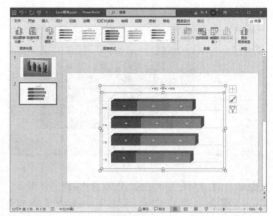

图 11-120

第12章

综合办公应用案例

本章将通过多个办公实用案例来串联各知识点，帮助用户加深与巩固所学知识，灵活运用 Office 2021 的各种功能。

本章对应视频

例 12-1 制作"公司年度总结报告"　　例 12-3 制作"产品推广 PPT"
例 12-2 制作"工资表"

12.1 制作"公司年度总结报告"

年度总结报告是公司常用文档之一，如果报告文字内容较多，一般使用 Word 而不是 PowerPoint 制作。使用 Word 制作年度总结报告，首先需要注意报告的样式整齐美观。利用 Word 的样式功能可以快速调整文档格式，并插入封面和目录以丰富报告内容。

【例 12-1】使用 Word 制作"公司年度总结报告"。

视频+素材 (素材文件\第 12 章\例 12-1)

step 1 启动 Word 2021，新建名为"公司年度总结"的文档并输入文本。单击【设计】选项卡中的【主题】按钮，从弹出的下拉菜单中选择【包裹】主题样式，如图 12-1 所示。

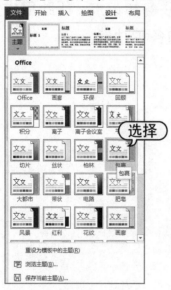

图 12-1

step 2 此时文档就可以应用选择的主题样式，效果如图 12-2 所示。

图 12-2

step 3 单击【设计】选项卡【文档格式】组中的 ▽ 按钮，在弹出的样式列表中选择【极简】样式，如图 12-3 所示。

图 12-3

step 4 标题前面带有大写序号的是 1 级标题，选中这个标题。单击【开始】选项卡【段落】组中的对话框启动器按钮 ↘，打开【段落】对话框，设置其大纲级别为【1 级】，然后单击【确定】按钮，如图 12-4 所示。

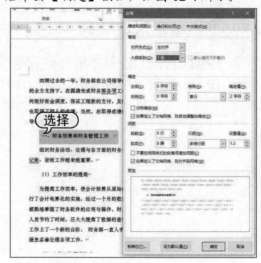

图 12-4

step 5 标题前面带有括号序号的是 2 级标题，选中这个标题。单击【开始】选项卡【段落】组中的对话框启动器按钮，打开【段落】对话框，设置其大纲级别为【2 级】，然后单击【确定】按钮，如图 12-5 所示。

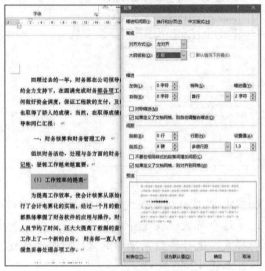

图 12-5

step 6 保持选中 2 级标题，在【开始】选项卡的【样式】组中选择标题样式，如选择【强调】，标题就套用了这种样式，如图 12-6 所示。

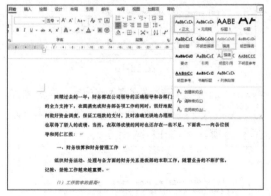

图 12-6

step 7 单击【开始】选项卡中的【格式刷】按钮，鼠标变为刷子形状，然后依次选择其他 2 级标题，如图 12-7 所示，则可将该样式应用到所有的 2 级标题中。

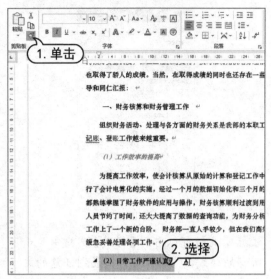

图 12-7

step 8 单击【开始】选项卡【样式】组中的对话框启动器按钮，打开【样式】窗格，单击【选项】按钮，如图 12-8 所示。

图 12-8

step 9 在打开的【样式窗格选项】对话框中选择要显示的样式为【所有样式】，选中【选择显示为样式的格式】下方的所有复选框，单击【确定】按钮，如图 12-9 所示。

图 12-9

step 10 此时可以看到【样式】窗格中显示了所有的样式，将鼠标光标放置到任意的文字段落中，【样式】窗格中就会出现这段文字对应的样式，如图 12-10 所示。

图 12-10

step 11 在【样式】窗格下方单击【新建样式】按钮，打开【根据格式化创建新样式】对话框，设置新样式【名称】为"1级标题新样式"，并设置字体格式、行距等选项，然后单击【确定】按钮，如图 12-11 所示。

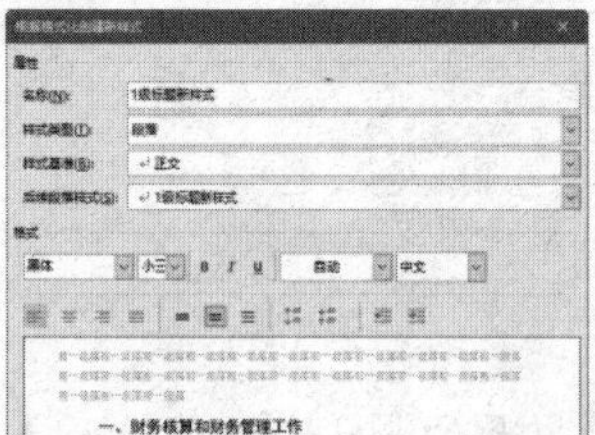

图 12-11

step 12 此时，1 级标题成功运用了新样式，利用格式刷将此样式复制到所有的 1 级标题中，即可完成 1 级标题的样式设置，如图 12-12 所示。

图 12-12

step 13 将光标放到正文中的任意位置，表示选中这个样式，在【样式】窗格中右击选中的样式，选择快捷菜单中的【修改样式】选项，如图 12-13 所示。

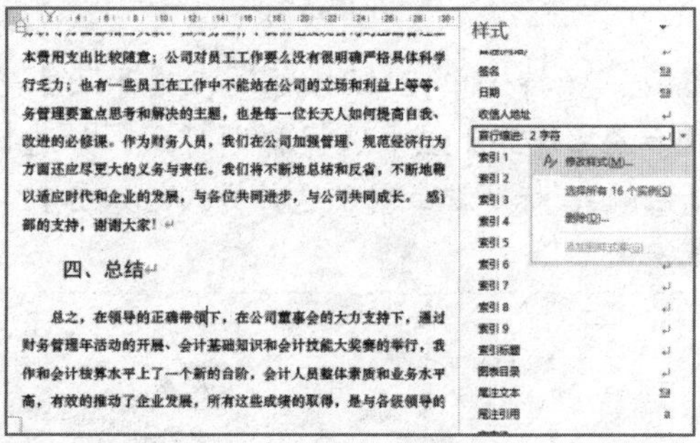

图 12-13

step 14 打开【修改样式】对话框，单击左下方的【格式】按钮，在弹出的菜单中选择【段落】选项，如图 12-14 所示。

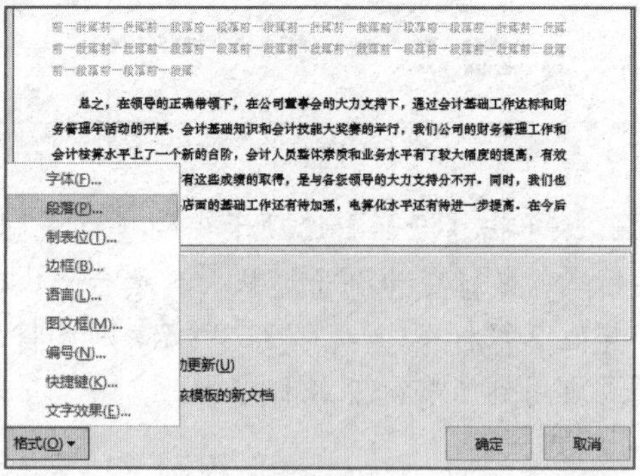

图 12-14

step 15 在打开的【段落】对话框中设置【段后】为 8 磅，设置【行距】为【1.5 倍行距】，然后单击【确定】按钮，如图 12-15 所示。返回【修改样式】对话框，再单击【确定】按钮。此时文档中所有的正文已应用修改后的新样式。

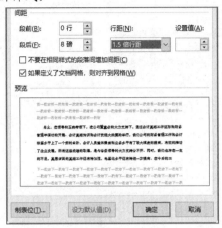

图 12-15

step 16 在【插入】选项卡中单击【封面】按钮，选择【平面】封面样式，如图 12-16 所示。

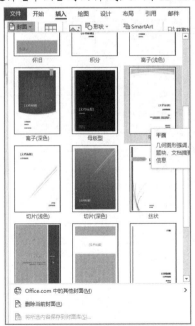

图 12-16

step 17 插入封面后，在自带的文本框中输入文本内容，如图 12-17 所示。

图 12-17

step 18 在文本框中选中文本，在【开始】选项卡中各自设置不同的字体和字体颜色，如图 12-18 所示。

图 12-18

step 19 将光标放到正文最开始的位置，单击【布局】选项卡中的【分隔符】按钮，选择下拉菜单中的【分页符】选项，插入空白页，如图 12-19 所示。

图 12-19

277

step20 输入文字"目录",设置字体为【微软雅黑】、字号为【小二】,设置加粗、左对齐格式,并打开【字体】对话框,设置文字的间距为【加宽】【10磅】,如图12-20所示。

图 12-20

step21 在【引用】选项卡中单击【目录】下拉按钮,选择【自定义目录】命令,打开【目录】对话框,选择【制表符前导符】类型,单击【确定】专钮,如图12-21所示。

图 12-21

step22 拖动鼠标选中所有的目录内容,设置目录的字体为【微软雅黑】,字号为【小四】,【加粗】,如图12-22所示。

图 12-22

step23 用鼠标拖动选中"一、"下方的二级目录,打开【段落】对话框,设置目录的段落缩进,如图12-23所示。使用同样的方法设置其余的二级目录格式。

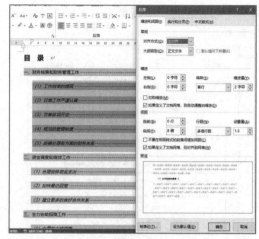

图 12-23

step24 此时完成目录页的设置,效果如图12-24所示。

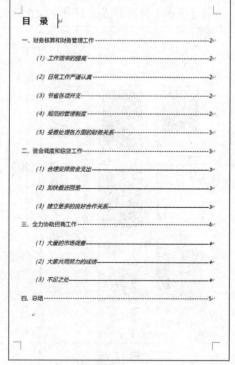

图 12-24

12.2　制作"工资表"

工资表是企业财务部门常用的一种文档。财务部门主要按照各部门各个员工考核指标来发放工资，故需制作工资表。其中，涉及奖金或扣款的设置，都可以使用 Excel 的公式和函数进行计算，避免出错。

【例 12-2】使用 Excel 计算"工资表"中的数据。
（素材文件\第 12 章\例 12-2）

step 1 启动 Excel 2021，打开"工资表"工作簿的【Sheet1】工作表，首先计算岗位工资，根据公司规定各职位的岗位工资均有所不同，其中，【公司管理】为 1500、【行政人员】为 800、【销售管理】为 1500、【销售人员】为 1000。

step 2 选定 G2 单元，输入嵌套的 IF 函数 "=IF(E2="行政人员",800,IF(E2="销售人员",1000, 1500))"，按 Enter 键即可计算出对应员工的岗位工资，如图 12-25 所示。

图 12-25

step 3 相对引用 G2 单元格中的公式，计算所有员工的岗位工资，如图 12-26 所示。

图 12-26

step 4 下面计算住房补贴，根据公司规定各职位的住房补贴均有所不同，其中【公司管理】为 600、【行政人员】为 300、【销售管理】为 600、【销售人员】为 300。

step 5 选定 H2 单元格，输入函数 "=IF(E2="行政人员",300,IF(E2="销售人员",300,600))"，按 Enter 键即可计算出对应员工的住房补贴，如图 12-27 所示。

图 12-27

step 6 相对引用 H2 单元格中的公式，计算所有员工的住房补贴，如图 12-28 所示。

图 12-28

step 7 下面计算奖金，行政部门奖金为 500；销售部门的奖金为完成 30 万销售额奖金为 500，超额完成部分提成 1%，没有完成 30 万销售额的销售部员工没有奖金。

step 8 首先将【Sheet1】工作表重命名为【工资表】，然后新建一个名为【销售统计】

的工作表，并在其中输入当月销售情况，如图 12-29 所示。

	A	B	C	D	E	F
1	员工编号	姓名	部门	员工类别	销售额(万元)	
2	SX005	田添	销售	销售管理	55	
3	SX006	高伟伟	销售	销售管理	42	
4	SX007	刘宏	销售	销售人员	20	
5	SX008	杨子琳	销售	销售人员	18	
6	SX009	苏康	销售	销售人员	43	
7	SX010	郭静	销售	销售人员	36	
8	SX011	黄晓宁	销售	销售人员	38	
9	SX012	张拉拉	销售	销售人员	29	
10	SX013	曹伟	销售	销售人员	31	
11	SX014	戴玲	销售	销售人员	33	
12	SX015	陈帅	销售	销售人员	39	
13	SX016	张荣	销售	销售人员	40	
14	SX017	君瑶	销售	销售人员	46	
15	SX018	刘组明	销售	销售人员	32	
16						
17						
18						
19						
20						
21						

工资表　销售统计　⊕

图 12-29

step 9 在【工资表】工作表内为行政部门的员工输入奖金金额 500，如图 12-30 所示。

	C	D	E	F	G	H	I
1	部门	性别	员工类别	基本工资	岗位工资	住房补贴	奖金
2	行政	男	公司管理	4000	1500	600	500
3	行政	男	行政人员	2000	800	300	500
4	行政	女	行政人员	2000	800	300	500
5	行政	男	行政人员	2000	800	300	500
6	销售	男	销售管理	3800	1500	600	
7	销售	男	销售管理	3800	1500	600	
8	销售	男	销售人员	2000	1000	300	
9	销售	男	销售人员	2000	1000	300	
10	销售	女	销售人员	2000	1000	300	
11	销售	男	销售人员	2000	1000	300	
12	销售	女	销售人员	2000	1000	300	
13	销售	女	销售人员	2000	1000	300	
14	销售	男	销售人员	2000	1000	300	
15	销售	女	销售人员	2000	1000	300	
16	销售	男	销售人员	2000	1000	300	
17	销售	男	销售人员	2000	1000	300	
18	销售	女	销售人员	2000	1000	300	
19	销售	男	销售人员	2000	1000	300	
20							
21							

工资表　销售统计　⊕

图 12-30

step 10 下面计算销售部员工的奖金，选定 I6 单元格，在其中输入公式 "=IF(AND(C6="销售",销售统计!E2>=30),500+100*(销售统计!E2-30),0)"，按 Enter 键即可计算该员工应获得的奖金，如图 12-31 所示。

step 11 相对引用 I6 单元格中的公式，快速计算出所有销售部员工应获得的奖金，如图 12-32 所示。

=IF(AND(C6="销售",销售统计!E2>=30),500+100*(销售统计!E2-30),0)

F	G	H	I	J	K	L
本工资	岗位工资	住房补贴	奖金	应发合计	事假天数	事假扣
4000	1500	600	500		0	
2000	800	300	500		0	
2000	800	300	500		0	
2000	800	300	500		1	
3800	1500	600	3000		0	
3800	1500	600			0	
2000	1000	300			1	
2000	1000	300			0	
2000	1000	300			0	
2000	1000	300			0	
2000	1000	300			2	
2000	1000	300			0	
2000	1000	300			0	
2000	1000	300			0	
2000	1000	300			1	
2000	1000	300			0	

图 12-31

	C	D	E	F	G	H	I
1	部门	性别	员工类别	基本工资	岗位工资	住房补贴	奖金
2	行政	男	公司管理	4000	1500	600	500
3	行政	男	行政人员	2000	800	300	500
4	行政	女	行政人员	2000	800	300	500
5	行政	男	行政人员	2000	800	300	500
6	销售	男	销售管理	3800	1500	600	3000
7	销售	男	销售管理	3800	1500	600	1700
8	销售	男	销售人员	2000	1000	300	0
9	销售	男	销售人员	2000	1000	300	0
10	销售	男	销售人员	2000	1000	300	1800
11	销售	女	销售人员	2000	1000	300	1100
12	销售	男	销售人员	2000	1000	300	1300
13	销售	女	销售人员	2000	1000	300	0
14	销售	男	销售人员	2000	1000	300	600
15	销售	女	销售人员	2000	1000	300	800
16	销售	男	销售人员	2000	1000	300	1400
17	销售	男	销售人员	2000	1000	300	1500
18	销售	女	销售人员	2000	1000	300	2100
19	销售	男	销售人员	2000	1000	300	700
20							
21							

工资表　销售统计　⊕

图 12-32

step 12 下面使用求和函数计算【应发合计】的金额。在【工资表】工作表的 J2 单元格中输入求和函数 "=SUM(F2:I2)"，按 Enter 键即可计算该员工应发工资的合计金额，如图 12-33 所示。

J2　　　　　　fx　=SUM(F2:I2)

	F	G	H	I	J
1	基本工资	岗位工资	住房补贴	奖金	应发合计
2	4000	1500	600	500	6600
3	2000	800	300	500	
4	2000	800	300	500	
5	2000	800	300	500	
6	3800	1500	600	3000	
7	3800	1500	600	1700	
8	2000	1000	300		

图 12-33

step⑬ 相对引用 J2 单元格中的公式，快速计算出每个员工的应发工资的合计金额，如图 12-34 所示。

	F	G	H	I	J
	J2			fx	=SUM(F2:I2)
1	基本工资	岗位工资	住房补贴	奖金	应发合计
2	4000	1500	600	500	6600
3	2000	800	300	500	3600
4	2000	800	300	500	3600
5	2000	800	300	500	3600
6	3800	1500	600	3000	8900
7	3800	1500	600	1700	7600
8	2000	1000	300	0	3300
9	2000	1000	300	0	3300
10	2000	1000	300	1800	5100
11	2000	1000	300	1100	4400
12	2000	1000	300	1300	4600
13	2000	1000	300	0	3300
14	2000	1000	300	600	3900
15	2000	1000	300	800	4100
16	2000	1000	300	1400	4700
17	2000	1000	300	1500	4800
18	2000	1000	300	2100	5400
19	2000	1000	300	700	4000

图 12-34

step⑭ 下面计算【事假扣款】，公司规定事假超过 14 天，扣除应发工资的 80%；不到 14 天以及包括 14 天，则扣除应发工资除以 22 天再乘以事假天数。

step⑮ 在【工资表】工作表的 L2 单元格中，输入【事假扣款】的计算公式 "=IF(K2>14, J2*0.8,J2/22*K2)"，按 Enter 键即可计算该员工的事假扣款金额，如图 12-35 所示。

	G	H	I	J	K	L
	L2			fx	=IF(K2>14, J2*0.8,J2/22*K2)	
1	岗位工资	住房补贴	奖金	应发合计	事假天数	事假扣款
2	1500	600	500	6600	0	0
3	800	300	500	3600	0	
4	800	300	500	3600	0	
5	800	300	500	3600	1	
6	1500	600	3000	8900	0	
7	1500	600	1700	7600	0	
8	1000	300	0	3300	1	
9	1000	300	0	3300	0	
10	1000	300	1800	5100	0	
11	1000	300	1100	4400	0	
12	1000	300	1300	4600	0	
13	1000	300	0	3300	2	
14	1000	300	600	3900	0	
15	1000	300	800	4100	0	
16	1000	300	1400	4700	0	
17	1000	300	1500	4800	0	
18	1000	300	2100	5400	1	
19	1000	300	700	4000	0	

图 12-35

step⑯ 相对引用 L2 单元格中的公式，快速计算出所有员工的事假扣款金额，如图 12-36 所示。

	G	H	I	J	K	L
	L2			fx	=IF(K2>14, J2*0.8,J2/22*K2)	
1	岗位工资	住房补贴	奖金	应发合计	事假天数	事假扣款
2	1500	600	500	6600	0	0
3	800	300	500	3600	0	0
4	800	300	500	3600	0	0
5	800	300	500	3600	1	164
6	1500	600	3000	8900	0	0
7	1500	600	1700	7600	0	0
8	1000	300	0	3300	1	150
9	1000	300	0	3300	0	0
10	1000	300	1800	5100	0	0
11	1000	300	1100	4400	0	0
12	1000	300	1300	4600	0	0
13	1000	300	0	3300	2	300
14	1000	300	600	3900	0	0
15	1000	300	800	4100	0	0
16	1000	300	1400	4700	0	0
17	1000	300	1500	4800	0	0
18	1000	300	2100	5400	1	245
19	1000	300	700	4000	0	0

图 12-36

step⑰ 下面计算【病假扣款】，假设该公司规定病假扣款规则为应发工资除以 22 天再乘以病假天数。

step⑱ 在【工资表】工作表中选择 N2 单元格，输入【病假扣款】的计算公式 "=J2/22*M2"，按 Enter 键即可计算该员工的病假扣款金额，如图 12-37 所示。

	I	J	K	L	M	N
	N2			fx	=J2/22*M2	
1	奖金	应发合计	事假天数	事假扣款	病假天数	病假扣款
2	500	6600	0	0	0	0
3	500	3600	0	0	1	
4	500	3600	0	0	1	
5	500	3600	1	164	0	
6	3000	8900	0	0	0	
7	1700	7600	0	0	2	
8	0	3300	1	150	0	
9	0	3300	0	0	0	
10	1800	5100	0	0	0	
11	1100	4400	0	0	0	
12	1300	4600	0	0	0	
13	0	3300	2	300	0	
14	600	3900	0	0	0	
15	800	4100	0	0	0	
16	1400	4700	0	0	3	
17	1500	4800	0	0	0	
18	2100	5400	1	245	0	
19	700	4000	0	0	1	

图 12-37

step⑲ 相对引用 N2 单元格中的公式，快速计算出所有员工的病假扣款金额，如图 12-38 所示。

"=(F2+G2)*0.08",按 Enter 键即可计算该员工应扣除的养老保险金额，如图 12-41 所示。

N2 | =J2/22*M2

应发合计	事假天数	事假扣款	病假天数	病假扣款
6600	0	0	0	0
3600	0	0	0	0
3600	0	0	1	164
3600	1	164	0	0
8900	0	0	0	0
7600	0	0	2	691
3300	1	150	0	0
3300	0	0	0	0
5100	0	0	0	0
4400	0	0	0	0
4600	0	0	0	0
3300	2	300	0	0
3900	0	0	0	0
4100	0	0	0	0
4700	0	0	3	641
4800	0	0	0	0
5400	1	245	0	0
4000	0	0	1	182

图 12-38

step 20 下面计算【扣款合计】，【扣款合计】的金额为【事假扣款】【病假扣款】与【其他扣款】的金额总和。

step 21 在【工资表】工作表中选择 P2 单元格，输入【扣款合计】的计算公式"=L2+N2+O2"，如图 12-39 所示。

P2 | =L2+N2+O2

应发合计	事假天数	事假扣款	病假天数	病假扣款	其他扣款	扣款合计
6600	0	0	0	0	0	0
3600	0	0	0	0	0	
3600	0	0	1	164	0	
3600	1	164	0	0	0	
8900	0	0	0	0	0	
7600	0	0	2	691	0	
3300	1	150	0	0	0	
3300	0	0	0	0	0	
5100	0	0	0	0	0	
4400	0	0	0	0	0	
4600	0	0	0	0	0	
3300	2	300	0	0	0	
3900	0	0	0	0	0	
4100	0	0	0	0	0	
4700	0	0	3	641	0	
4800	0	0	0	0	0	
5400	1	245	0	0	0	
4000	0	0	1	182	0	

图 12-39

step 22 相对引用 P2 单元格中的公式，计算所有员工的【扣款合计】，如图 12-40 所示。

step 23 下面计算【养老保险】，假设规定【养老保险】是按基本工资和岗位工资总数的 8%扣除。

step 24 在【工资表】工作表中选择 Q2 单元格，输入【养老保险】的计算公式

P2 | =L2+N2+O2

应发合计	事假天数	事假扣款	病假天数	病假扣款	其他扣款	扣款合计
6600	0	0	0	0	0	0
3600	0	0	0	0	0	0
3600	0	0	1	164	0	164
3600	1	164	0	0	0	164
8900	0	0	0	0	0	0
7600	0	0	2	691	0	691
3300	1	150	0	0	0	150
3300	0	0	0	0	0	0
5100	0	0	0	0	0	0
4400	0	0	0	0	0	0
4600	0	0	0	0	0	0
3300	2	300	0	0	0	300
3900	0	0	0	0	0	0
4100	0	0	0	0	0	0
4700	0	0	3	641	0	641
4800	0	0	0	0	0	0
5400	1	245	0	0	0	245
4000	0	0	1	182	0	182

图 12-40

Q2 | =(F2+G2)*0.08

应发合计	事假天数	事假扣款	病假天数	病假扣款	其他扣款	扣款合计	养老保险
6600	0	0	0	0	0	0	440
3600	0	0	0	0	0	0	
3600	0	0	1	164	0	164	
3600	1	164	0	0	0	164	
8900	0	0	0	0	0	0	
7600	0	0	2	691	0	691	
3300	1	150	0	0	0	150	
3300	0	0	0	0	0	0	
5100	0	0	0	0	0	0	
4400	0	0	0	0	0	0	
4600	0	0	0	0	0	0	
3300	2	300	0	0	0	300	
3900	0	0	0	0	0	0	
4100	0	0	0	0	0	0	
4700	0	0	3	641	0	641	
4800	0	0	0	0	0	0	
5400	1	245	0	0	0	245	
4000	0	0	1	182	0	182	

图 12-41

step 25 相对引用 Q2 单元格中的公式，快速计算出所有员工的养老保险扣款金额，如图 12-42 所示。

Q2 | =(F2+G2)*0.08

事假扣款	病假天数	病假扣款	其他扣款	扣款合计	养老保险
0	0	0	0	0	440
0	0	0	0	0	224
0	1	164	0	164	224
164	0	0	0	164	224
0	0	0	0	0	424
0	2	691	0	691	424
150	0	0	0	150	240
0	0	0	0	0	240
0	0	0	0	0	240
0	0	0	0	0	240
0	0	0	0	0	240
300	0	0	0	300	240
0	0	0	0	0	240
0	0	0	0	0	240
0	3	641	0	641	240
0	0	0	0	0	240
245	0	0	0	245	240
0	1	182	0	182	240

图 12-42

step 26 下面计算【医疗保险】,假设规定【医疗保险】是按基本工资和岗位工资总数的2%扣除。

step 27 在【工资表】工作表中选择 R2 单元格,输入【医疗保险】的计算公式"=(F2+G2)*0.02",按 Enter 键即可计算该员工应扣除的医疗保险金额,如图 12-43 所示。

图 12-43

step 28 相对引用 R2 单元格中的公式,快速计算出所有员工的医疗保险金额,如图 12-44所示。

图 12-44

step 29 下面计算【应扣社保合计】,【应扣社保合计】是【养老保险】与【医疗保险】的总额。

step 30 在【工资表】工作表中选择 S2 单元格,输入【应扣社保合计】的计算公式

"=Q2+R2",按 Enter 键即可计算该员工应扣社保的总金额,如图 12-45 所示。

图 12-45

step 31 相对引用 S2 单元格中的公式,快速计算出所有员工的应扣社保的总金额,如图 12-46 所示。

图 12-46

step 32 下面计算【应发工资】,【应发工资】为【应发合计】与【扣款合计】【应扣社保合计】的差额。

step 33 在【工资表】工作表中选择 T2 单元格,输入【应发工资】的计算公式"=J2-P2-S2",按 Enter 键即可计算该员工应发工资的金额,如图 12-47 所示。

图 12-47

step 34 相对引用 T2 单元格中的公式，快速计算出所有员工应发工资的金额，如图 12-48 所示。

	P	Q	R	S	T
1	扣款合计	养老保险	医疗保险	应扣社保合计	应发工资
2	0	440	110	550	6050
3	0	224	56	280	3320
4	164	224	56	280	3156
5	164	224	56	280	3156
6	0	424	106	530	8370
7	691	424	106	530	6379
8	150	240	60	300	2850
9	0	240	60	300	3000
10	0	240	60	300	4800
11	0	240	60	300	4100
12	0	240	60	300	4300
13	300	240	60	300	2700
14	0	240	60	300	3600
15	0	240	60	300	3800
16	641	240	60	300	3759
17	0	240	60	300	4500
18	245	240	60	300	4855
19	182	240	60	300	3518

图 12-48

step 35 下面计算【代扣税】，假设【代扣税】的计算规则为应发工资没超过 2000 的不扣税；应发工资在 2000~2500 的，代扣税为超出 2000 部分的 5%；应发工资在 2500~4000 的，代扣税为超出 2000 部分的 10% 再减去 25；应发工资在 4000~7000 的，代扣税为超出 2000 部分的 15% 再减去 125；应发工资在 7000~22000 的，代扣税为超出 2000 部分的 20% 再减去 375。

step 36 在【工资表】工作表中选择 U2 单元格，在其中输入【代扣税】的计算公式 "=IF(T2-2000<=0,0,IF(T2-2000<=500,(T2-2000)*0.05,IF(T2-2000<=2000,(T2-2000)*0.1-25,IF(T2-2000<=5000,(T2-2000)*0.15-125,IF(T2-2000<=20000,(T2-2000)*0.2-375,"复核应发工资")))))"，按 Enter 键即可计算该员工代扣税金额，如图 12-49 所示。

图 12-49

step 37 相对引用 U2 单元格中的公式，快速计算出所有员工的代扣税金额，如图 12-50 所示。

图 12-50

step 38 下面计算【实发合计】，【实发合计】为【应发工资】减去【代扣税】的金额。

step 39 在【工资表】工作表中选择 V2 单元格，输入【实发合计】的计算公式 "=T2-U2"，按 Enter 键即可计算该员工实发工资金额，如图 12-51 所示。

图 12-51

step 40 相对引用 V2 单元格中的公式，快速计算出所有员工的实发工资金额，如图 12-52 所示。

	P	Q	R	S	T	U	V
1	扣款合计	养老保险	医疗保险	应扣社保合计	应发工资	代扣税	实发合计
2	0	440	110	550	6050	483	5568
3	0	224	56	280	3320	107	3213
4	164	224	56	280	3156	91	3066
5	164	224	56	280	3156	91	3066
6	0	424	106	530	8370	899	7471
7	691	424	106	530	6379	532	5847
8	150	240	60	300	2850	60	2790
9	0	240	60	300	3000	75	2925
10	0	240	60	300	4800	295	4505
11	0	240	60	300	4100	190	3910
12	0	240	60	300	4300	220	4080
13	300	240	60	300	2700	45	2655
14	0	240	60	300	3600	135	3465
15	0	240	60	300	3800	155	3645
16	641	240	60	300	3759	151	3608
17	0	240	60	300	4500	250	4250
18	245	240	60	300	4855	303	4551
19	182	240	60	300	3518	127	3391

图 12-52

12.3 制作"产品推广 PPT"

当公司需要向客户介绍公司产品时，需要用到产品推广 PPT。这种演示文稿包含了产品简介、产品亮点、产品服务等内容信息，尽力展示出产品闪光点。首先要创建演示文稿，再制作框架如封面、底页、目录等，然后制作相关内容。

【例 12-3】使用 PowerPoint 制作"产品推广 PPT"。

视频+素材 (素材文件\第 12 章\例 12-3)

step 1 启动 PowerPoint 2021，新建名为"产品推广 PPT"的演示文稿，在【开始】选项卡中单击【新建幻灯片】下拉按钮，在弹出的菜单中选择【空白】选项，插入一张新的空白幻灯片，效果如图 12-53 所示。

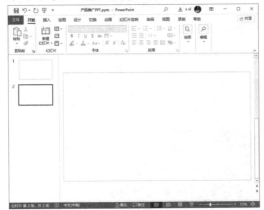

图 12-53

step 2 选中封面幻灯片，按 Ctrl+A 组合键，选中所有内容，如图 12-54 所示，再按 Delete 键，将这些内容删除。

图 12-54

step 3 单击【插入】选项卡【图像】组中的【图片】按钮，在弹出的下拉列表中选择【此设备】选项，打开【插入图片】对话框，选中一张图片，单击【插入】按钮，如图 12-55 所示。

图 12-55

step 4 插入图片后，选中图片，拖动调整图片位置，并调整其大小，如图 12-56 所示。

图 12-56

step 5 选择【图片格式】选项卡，在【大小】组中单击【裁剪】按钮，用鼠标调整图片上的裁剪框大小来裁剪图片，如图 12-57 所示。

图 12-57

step 6 单击【裁剪】下拉按钮，在弹出的菜单中选择【剪裁为形状】|【箭头：五边形】选项，此时显示剪裁后的图片形状，如图 12-58 所示。

图 12-58

step 7 在页面中绘制一个横排文本框，并输入文字并设置字体，如图 12-59 所示。

图 12-59

step 8 使用相同的方法，添加横排文本框并输入文本，如图 12-60 所示。

图 12-60

step 9 按 Ctrl+A 组合键，选中封面页中的所有内容，然后按 Ctrl+C 组合键复制内容，选择封底页幻灯片，单击【开始】选项卡中的【粘贴】按钮，选择下拉菜单中的【使用目标主题】选项，即可粘贴封面页内容，如图 12-61 所示。

图 12-61

step 10 删除两个文本框内的文字，输入新的文字，然后设置文字的格式，如图 12-62 所示。

图 12-62

step 11 新建一页空白幻灯片，使用前面的方法插入一张图片，效果如图 12-63 所示。

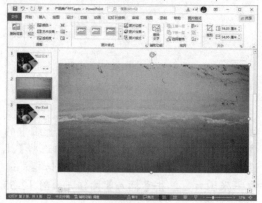

图 12-63

step 12　在【插入】选项卡的【插图】组中单击【形状】下拉按钮，选择【矩形：折角】选项，绘制一个折角矩形，如图 12-64 所示。

图 12-64

step 13　移动矩形到图片左上方，在【形状格式】选项卡中设置【形状轮廓】为无，【形状填充】为蓝色，如图 12-65 所示。

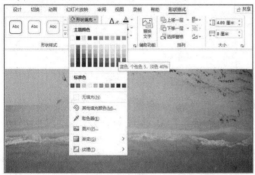

图 12-65

step 14　使用上面的方法绘制 1 个菱形，然后进行复制和粘贴，形成 3 个菱形，如图 12-66 所示。

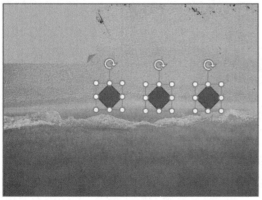

图 12-66

step 15　设置菱形格式（无轮廓，浅蓝色填充）后，单击【对齐对象】按钮，在弹出的下拉菜单中选择【纵向分布】选项，效果如图 12-67 所示。

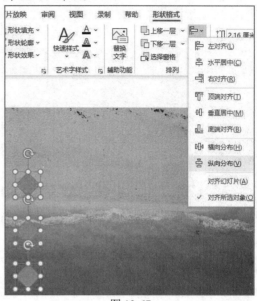

图 12-67

step 16　在矩形中输入"目录"，设置字体格式为【华文中宋】、字号为【72】，然后在 3 个菱形中输入数字编号，如图 12-68 所示。

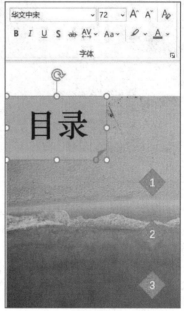

图 12-68

step 17 添加文本框，输入目录文字，并调整目录文字的格式，如图 12-69 所示。

图 12-69

step 18 单击【视图】选项卡中的【幻灯片母版】按钮，如图 12-70 所示，进入母版视图。

图 12-70

step 19 选择左侧还没有使用过的版式缩略图，否则更改版式设计会影响到当前页面中完整的幻灯片，如图 12-71 所示。

step 20 按 Ctrl+A 组合键，选中页面中的所有内容元素，如图 12-72 所示，再按 Delete 键，删除所有内容。

图 12-71

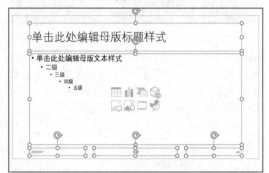

图 12-72

step 21 在页面中绘制两个三角形形状，设置位置、大小和形状格式等，如图 12-73 所示。

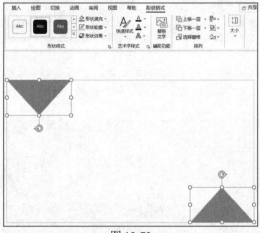

图 12-73

step 22 选中【幻灯片母版】选项卡中的【标题】复选框，在页面中添加一个标题文本框，输入文本并设置字体格式，如图 12-74 所示。

图 12-74

step 23 为了避免版式混淆，需要为版式重新命名。右击版式缩略图，在弹出的快捷菜单中选择【重命名版式】命令，如图 12-75 所示。

图 12-75

step 24 在打开的【重命名版式】对话框中，输入版式的新名称"内容页版式"，单击【重命名】按钮，如图 12-76 所示。

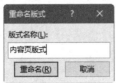

图 12-76

step 25 完成版式设计后，单击【关闭母版视图】按钮，即可返回普通视图页面，如图 12-77 所示。

图 12-77

step 26 将光标定位在第 2 张幻灯片后面，表示要在这里新建幻灯片，选择【新建幻灯片】菜单中的【内容页版式】选项，如图 12-78 所示。

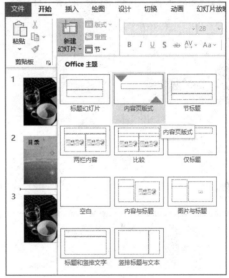

图 12-78

step 27 利用版式新建幻灯片后，页面中会自动出现版式中所有的设计内容，直接单击标题文本框输入内容，然后再插入 1 张图片，并调整位置和大小，如图 12-79 所示。

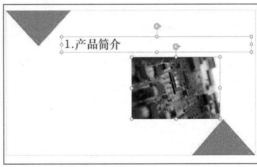

图 12-79

step 28 绘制一个横排文本框，输入文字并设置文字格式，如图 12-80 所示。

图 12-80

step 29 按照同样的方法，完成其他内容页的设计，效果如图 12-81 和图 12-82 所示。

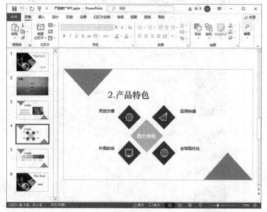

图 12-81

图 12-82